建筑装饰装修职业技能岗位培训教材

建筑装饰装修金属工

（高级工　技师　高级技师）

中国建筑装饰协会培训中心组织编写

中国建筑工业出版社

图书在版编目（CIP）数据

建筑装饰装修金属工(高级工　技师　高级技师)/中国建筑装饰协会培训中心组织编写.—北京：中国建筑工业出版社，2003
建筑装饰装修职业技能岗位培训教材
ISBN 7-112-05737-X

Ⅰ.建…　Ⅱ.中….Ⅲ.金属饰面材料-工程装修-技术培训-教材　Ⅳ.TU767

中国版本图书馆 CIP 数据核字（2003）第 021106 号

建筑装饰装修职业技能岗位培训教材
建筑装饰装修金属工
（高级工　技师　高级技师）
中国建筑装饰协会培训中心组织编写
*
中国建筑工业出版社出版、发行（北京西郊百万庄）
新　华　书　店　经　销
北京市彩桥印刷厂印刷
*
开本：850×1168 毫米　1/32　印张：11⅜　字数：306 千字
2003 年 7 月第一版　2003 年 7 月第一次印刷
印数：1—3000 册　定价：**16.00** 元
ISBN 7-112-05737-X
TU·5036（11376）

本社网址：http：//www. china-abp.com.cn
网上书店：http：//www. china-building.com.cn

本教材根据建筑装饰装修职业技能标准和鉴定规范进行编写，考虑建筑装饰装修金属工的特点，围绕高级工、技师、高级技师的“应知应会”内容，全书由建筑识图、金属装饰材料、金属工施工常用机具、金属装饰施工工艺和建筑装饰金属工程施工组织与管理五章组成，以材料和施工工艺为主线。

本书可作为金属工技术培训教材，也适用于上岗培训，以及读者自学参考。

出版说明

为了不断提高建筑装饰装修行业一线操作人员的整体素质,根据中国建筑装饰协会2003年颁发的《建筑装饰装修职业技能岗位标准》要求,结合全国建设行业实行持证上岗、培训与鉴定的实际,中国建筑装饰协会培训中心组织编写了本套"建筑装饰装修职业技能岗位培训教材"。

本套教材包括建筑装饰装修木工、镶贴工、涂裱工、金属工、幕墙工五个职业（工种），各职业（工种）教材分初级工、中级工和高级工、技师、高级技师两本，全套教材共计10本。

本套教材在编写时，以《建筑装饰装修职业技能鉴定规范》为依据，注重理论与实践相结合，突出实践技能的训练，加强了新技术、新设备、新工艺、新材料方面知识的介绍，并根据岗位的职业要求，增加了安全生产、文明施工、产品保护和职业道德等内容。本套教材经教材编审委员会审定，由中国建筑工业出版社出版。

为保证全国开展建筑装饰装修职业技能岗位培训的统一性，本套教材作为全国开展建筑装饰装修职业技能岗位培训的统一教材。在使用过程中，如发现问题，请及时函告我会培训部，以便修正。

中国建筑装饰协会

2003年6月

建筑装饰装修职业技能岗位标准、鉴定规范、习题集及培训教材编审委员会

顾　　问：马挺贵　张恩树

主任委员：李竹成　徐　朋

副主任委员：张京跃　房　箴　王燕鸣　姬文晶

委　　员　（按姓氏笔划排序）

王　春　王本明　王旭光　王毅强

田万良　朱希斌　朱　峰　成湘文

李　平　李双一　李　滨　李继业

宋兵虎　陈一龙　陈晋楚　张元勃

张文健　杨帅邦　吴建新　周利华

徐延凯　顾国华　黄　白　韩立群

梁家珽　鲁心源　彭纪俊　彭政国

路化林　樊淑玲

前　言

本书是中国建筑装饰协会规定的“建筑装饰装修职业技能岗位培训统一教材”之一，是根据中国建筑装饰协会颁发的《建筑装饰装修工人技能标准》和《建筑装饰装修工人技能鉴定规范》编写的。本书内容包括金属工高级工、技师、高级技师的识图、机具、材料、施工工艺及施工管理等。通过系统的学习培训，可分别达到高级工、技师、高级技师的标准。

本书根据建筑装饰装修金属工的特点，以材料和工艺为主线，突出了针对性、实用性、和先进性，力求作到图文并茂、通俗易懂。

本书由山东农业大学水利土木工程学院王旭光主编，刘念华、王仲发任副主编，由李继业主审。编写分工：魏秀本编写第一章，孙勇编写第二章，王仲发编写第三章，刘念华编写第四章，王旭光编写第五章。在编写过程中得到了有关领导和同行的支持及帮助，参考了一些专著书刊，在此一并表示感谢。

本书除作为业内金属工岗位培训教材外，也适用于中等职业学校建筑装饰专业、职业高中教学及读者自学参考。

本教材与《建筑装饰装修金属工职业技能岗位标准、鉴定规范、习题集》配套使用。

由于时间紧迫，经验不足，书中难免存在缺点和错漏，恳请广大读者指正。

目　录

第一章 建筑识图

第一节 制图基本知识

一、制图前的准备工作

1. 选择制图房间

制图是一项精细的工作，特别是打底稿时，应使用硬铅笔画细线，必须有一定亮度才能看清楚。因此制图房间必须有足够的亮度，但又不能让阳光直射到图纸上产生眩光。南向的房间必须设有窗帘。光线应从制图者左方射入，室内除有顶灯外，绘图桌上应有台灯。绘图桌右侧最好放一略低于桌面，有抽屉的小柜，用来放绘图工具。

2. 准备制图工具

除图板、丁字尺、三角板、比例尺、圆规和绘图笔外，还要准备一块抹布，用来浸水擦拭制图工具，时刻保持清洁；准备一块桌布，用来盖图板。

3. 选择绘图纸

硫酸纸应选择易着墨的，质次的硫酸纸表面光滑，墨线描上去后会收缩，形成断线和毛边。我们绘图时如果手上有油粘到硫酸纸上也会有这种结果，因此绘图前必须用肥皂洗手。选道林纸要选吸水率小的，否则墨线描上去也会形成毛边。

二、画草图

（1）根据所画内容选取合适的图幅。图框线、标题栏、会签栏要符合国家规范。

（2）根据所画内容选取合适的比例。

(3) 根据所画内容确定画几幅图，在图面上怎样布局，然后再按比例用比例尺量一下每幅图的水平尺寸和垂直尺寸看能否放得下，注意一定留出标注尺寸和画引出符号的位置。

(4) 用丁字尺画出水平基线，再用三角板画出垂直基线。如果绘制平面图，一般先绘好左边及下边的轴线作为基线。

(5) 根据水平和垂直基线画出轴线网，再根据轴线网画具体内容。

(6) 在几幅图中一般先画出平面图，由平面图向上作垂线画出立面图，再由立面图作水平线画出侧面图或剖面图，再画详图。

(7) 草图完成后先自审，再请有关人员和上级审核。

三、画墨线图

审核完毕后，开始画墨线图，一定要注意粗、中、细线型分明，图面整洁，如果发生“拖墨”或描错，可在图纸下面垫块三角板，用刮脸刀片反复刮，刮完后用橡皮擦再重新画墨线。

第二节 装饰施工图

装饰施工图是设计人员按照投影原理，用线条、数字、文字、符号及图例在图纸上画出的图样。通过装饰造型、构造，表达设计构思和艺术观点。

一、装饰施工图的特点

虽然装饰施工图与建筑施工图在绘图原理和图例、符号上有很多一致，但由于专业分工不同，还有一些差异。主要有以下几方面：

(1) 装饰工程涉及面广，它与建筑、结构、水、暖、电、家具、室内陈设、绿化都有关；也和钢、铝、铜、塑料、木材、石材等各种建筑材料等有关。因此，装饰施工图中常出现建筑制图、家具制图、园林制图和机械制图画法并存的现象。

(2) 装饰施工图内容多，图纸上文字辅助说明较多。

（3）建筑施工图的图例已满足不了装饰施工图的需要，图纸中有一些目前流行的行业图例。

二、装饰工程图的归纳与编排

装饰工程图由效果图、装饰施工图和室内设备施工图组成。从某种意义上讲，效果图也应该是施工图。在施工中，它是形象、材质、色彩、光影与氛围处理的重要依据。

装饰施工图也分基本图和详图两部分。基本图包括装饰平面图、装饰立面图、装饰剖面图；详图包括装饰构配件详图和装饰节点详图。

三、装饰平面图

装饰平面图是装饰施工图的首要图纸，其他图样均以平面图为依据而设计绘制的。装饰平面图包括楼、地面装饰平面图和顶棚装饰平面图。

（一）装饰平面图图示方法

1. 楼、地面装饰平面图图示方法

楼、地面装饰平面图与建筑平面图的投影原理基本相同、但前者主要表现地面装饰材料、家具和设备等布局，以及相应的尺寸和施工说明，如图 1-1 为使图纸简明，一般都采用简化建筑结构，突出装饰布局的画图方法，对结构用粗实线或涂黑表示。

2. 顶棚平面图图示方法

采用镜像投影法绘制。该投影轴纵横定位轴线的排列与水平投影图完全相同，只是所画的图形是顶棚，如图 1-2。

装饰平面图的识读步骤和要点

1. 楼、地面平面图的识读

以图 1-1 为例。

（1）看标题，明确为何种平面图

从标题栏得知此图为宾馆二套间平面图。

（2）看轴线，明确房间位置

从图中可见二套间位置在横轴⑧～⑩，纵轴Ⓚ～Ⓛ。

（3）看主体结构

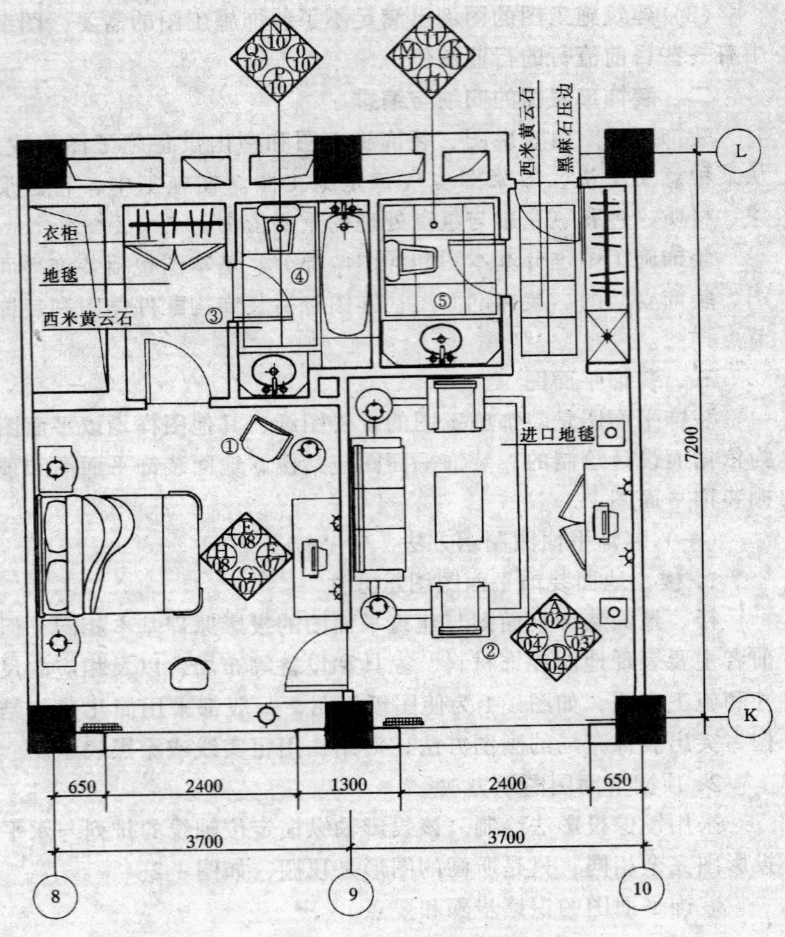

图 1-1　二套间平面图

从图中可见有 6 个柱子，柱网横向 3700mm，纵向 7200mm，可肯定为框架结构，柱间墙为非承重墙，但墙未有材料符号和文字说明，墙体材料需查阅其他图纸。

(4) 看各房间的功能，面积

图中共有 5 个房间，①号房间为卧室，②号房间为会客室，④、⑤号房间为卫生间，③为衣柜间。整个二套间面积约为

$53m^2$。本图尺寸不全，精确算面积要找建筑施工图。

（5）看门窗位置、尺寸

入口门1个、房间门4个、所有门材料、尺寸不详，要查找建筑施工图。

（6）看卫生间、空调设备

⑤号房间有洗脸盆1个，坐便器1个；④号房间有浴盆1个，洗脸盆1个，坐便器1个。北墙有管道线，没见空调设施。

（7）看电器设备

①号房间有电视机1台，台灯4个，插座2个。②号房间有电视机1台，台灯2个，插座2个。

（8）看家具

①号房间双人床1个，床头柜2个，沙发2个，茶几1个，电视柜1个。②号房间3人沙发1个，单人沙发2个，茶几1个，电视柜1个。进口地毯1件。③号房间和过道衣柜1个。

（9）看地面装饰材料种类、色彩

①、②、③号房间未标注，④、⑤号房间和入口过道为西米黄云石，黑麻石压边。

（10）看内视符号

①、②、④、⑤号房间都有内视符号，说明这些房间4面墙都有立面图。

（11）看索引

没有。

2. 顶棚平面图的识读

以图1-2为例。

（1）看标题

看标题得知为二套间镜像投影顶棚图。

（2）看轴线，明确房间位置

从图中可见二套间位置在横轴⑧～⑩，纵轴Ⓚ～Ⓛ。

（3）看主体结构

从图中可见有6个柱子，柱网横向3700mm，纵向7200mm，

可以肯定为框架结构，柱间墙为非承重墙

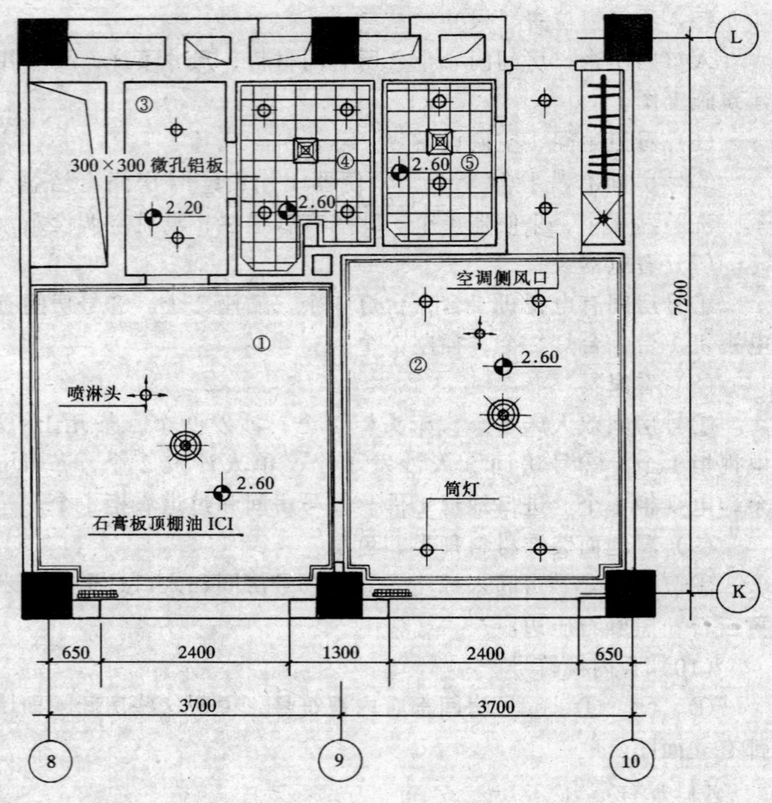

注：图中 为装饰装修工程中相对标高符号，以地面装修完成面为±0.00。

图 1-2　二套间顶棚图（镜像）

（4）看顶棚的造型，平面形状和尺寸

5 个房间均为平顶，没有迭级造型。

（5）看顶棚装饰材料、规格和标高

①、②号房间为石膏板吊顶油 ICI 涂料，相对标高 2.6m；④、⑤号房间为 300×300 微孔铝板吊顶，相对标高 2.6m；③号房间和过道顶棚未注，但从相对标高 2.2m 和各房间功能分析来

看可能仍为石膏板吊顶。

(6) 看灯具的种类、规格和位置

①、②号房间吊顶中心位置各设花吊灯1个；②、③、④、⑤和过道吊顶设有筒灯，规格未标注。

(7) 看送风口的位置，消防自动报警系统，音响系统

①号房间有消防喷淋头1个，④、⑤号房间方形散流器各1个，过道空调侧风口1个。

(8) 看索引符号

没有。

四、装饰立面图

装饰立面图是建筑物外墙面及内墙面的正立面投影图，用以表现建筑内、外墙各种装饰图样的相互位置和尺寸。

(一) 装饰立面图的图示方法

(1) 外墙表现方法同建筑立面图；

(2) 单纯在室内空间见到的内墙面的图示：以粗实线画出这一空间的周边断面轮廓线（楼板、地面、相邻墙交线），墙面装饰、门窗、家具、陈设及有关施工的内容，如图1-3为图1-1 $\frac{F}{07}$ 方向立面图，图1-4为 $\frac{H}{08}$ 方向立面图；上述所示立面图只表现一面墙的图样，有些工程常需要同时看到所围绕的各个墙面的整体图样。根据展开图原理，在室内某一墙角处竖向剖开，对室内空间所环绕的墙面依次展开在一个立面上，所画出的图样，称为室内立面展开图（图1-5）。

(二) 装饰立面图的识读步骤和要点

1. 看标题再看平面图，弄清立面图的平面位置

从图1-3知此立面图为图1-1①号房间东墙立面。

2. 看标高

地面标高为±0.00，棚顶标高为2.60。

3. 看装饰面装饰材料及施工要求

顶棚和墙交界有石膏顶棚线，墙面贴进口墙（壁）纸，墙纸

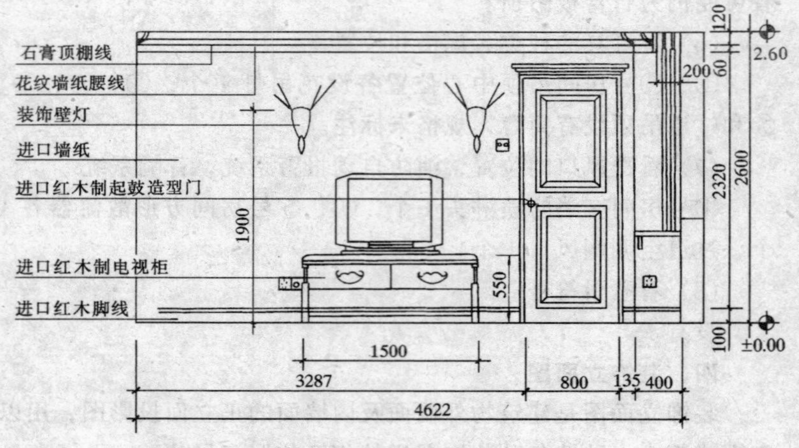

图 1-3　装饰立面图之一（F 立面图）

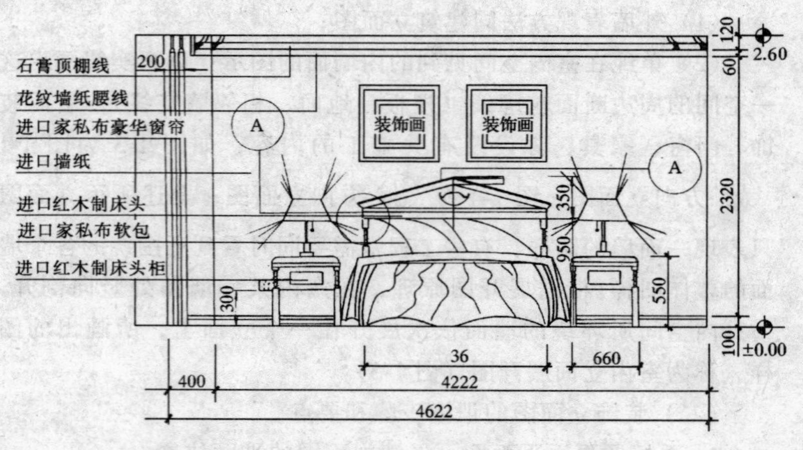

图 1-4　装饰立面图之三（H 立面图）

和石膏线之间是花纹墙纸腰线，踢脚板为进口红木。

4．看各装饰面之间衔接收口方式，根据图中索引找出详图

本图吊顶和墙之间用石膏装饰线收口，其他各装饰面之间衔接简单，故没有详图介绍构造。

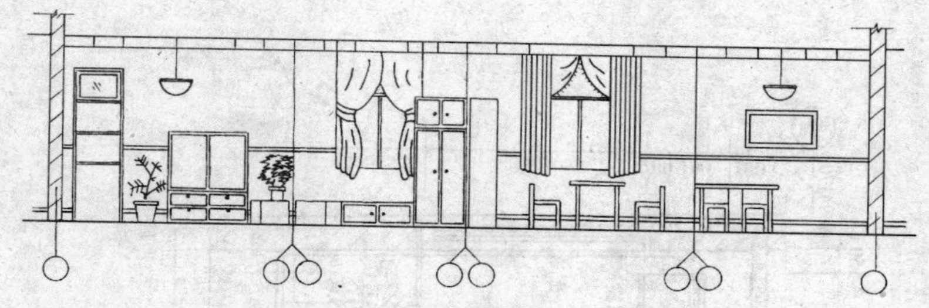

图 1-5　某餐厅室内立面展开图

5. 看门、窗、装饰隔断等设施的高度和安装尺寸

门为进口红木制起鼓造形门，只画窗帘的双滑道和窗帘盒断面，没画窗，窗的图样、材料见另一张图，从图 1-1 可知为 G 立面图。

6. 看墙面上设施的安装位置，电源开关、插座的安装位置和安装方式，以便施工中留位。

装饰壁灯 2 盏，高 1900mm，电插座 3 个，电视插座 1 个。

7. 看家具、摆设

电视机 1 台，高 550mm 进口红木制电视柜 1 个。

8. 看装饰结构之间以及装饰结构与建筑结构之间的连接固定方式，以便提前准备预埋件。

本图因未画吊顶，因此吊顶与楼板之间连接不详；为固定木门应在墙上预留木砖或铁件。

五、装饰剖面图

建筑装饰剖面图是用假想平面将室外某装饰部位或室内某装饰空间垂直剖开而得的正投影图。其表现方法与建筑剖面图一致。它主要表明上述部位或空间的内部构造情况，或者说是表明装饰结构与建筑结构、结构材料与饰面材料之间的关系。

如果剖开一房间东、西墙面，看北墙（图 1-6），则装饰剖面图和室内装饰立面图有很多相同之处，其内容与识图步骤和要点也相同。但也有区别，即：

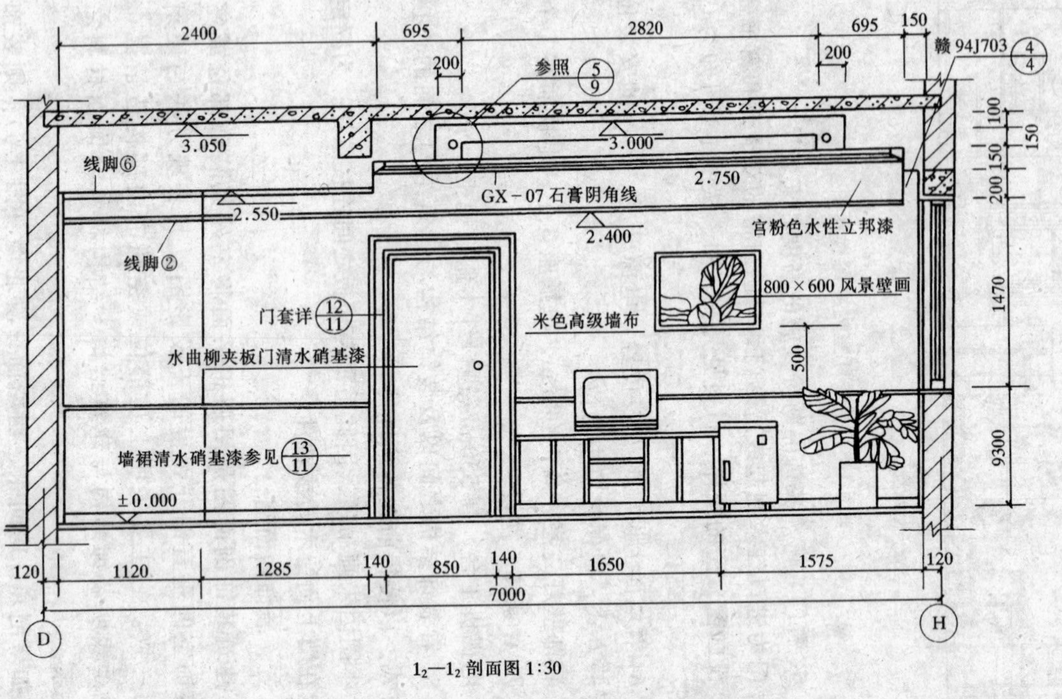

1_2—1_2 剖面图 1:30

图 1-6　室内装饰剖面图

(1）装饰剖面图剖切位置用剖切符号表示，室内装饰立面图用内视符号注明视点位置、方向及立面编号，因此剖面图的名称为“×-×剖面图”而装饰立面图的名称为⊗立面图。

(2）装饰剖面图必须将剖切到的建筑结构画清楚，如图 1-6 必须将剖到的东、西墙和楼板表示清楚；而室内装饰立面图则可只画室内墙面、地面、顶棚的内轮廓线。

(3）装饰剖面图上的标高必须是以首层地面为±0.000；而室内装饰立面图则可以本图中房间地面为±0.000。

六、装饰详图

在装饰平面图、装饰立面图、装饰剖面图中，由于受比例的限制，其细部无法表达清楚，因此需要详图做精确表达。

（一）装饰详图的图示方法

装饰详图是将装饰构造、构配件的重要部位，以垂直或水平方向剖开，或把局部立面放大画出的图样。

（二）装饰详图的分类

1. 装饰节点详图

有的来自平、立、剖面图的索引，也有单独将装饰构造复杂部位画图介绍。

2. 装饰构配件详图

装饰所属的构配件项目很多。它包括各种室内配套设置体，如酒吧台、服务台和各种家具等；还包括一些装饰构件如装饰门、门窗套、隔断、花格、楼梯栏板等。

（三）装饰详图识读步骤和要点

(1）结合装饰平面图、立面图、剖面图，了解详图来自何部位。

(2）对于复杂的详图，可将其分成几块。图 1-7 为一总服务台的剖面详图，可将其分成墙面、吊顶、服务台 3 块。

(3）找出各块的主体，如服务台的主体是一钢筋混凝土基体，花岗石板、三夹板是它的饰面。

(4）看主体和饰面之间如何连接，如通过 B 节点详图可知

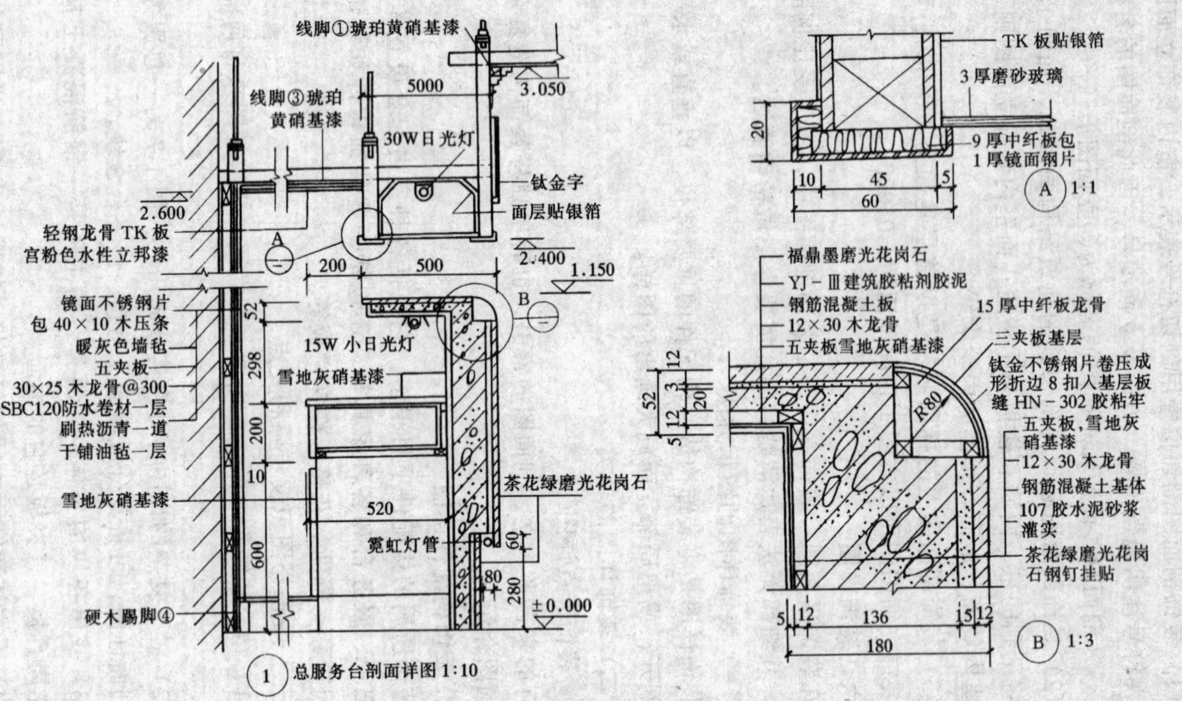

图 1-7　总服务台剖面详图

花岗石板是通过砂浆与混凝土基体连接；五夹板通过木龙骨与基体连接；钛金不锈钢片通过折边扣入三夹板缝，并用胶粘牢。

（5）看饰面和饰物面层处理，如通过 B 节点详图五夹板表面涂雪地灰硝基漆。

第三节　展　开　图

把形体的表面按其实际形状和大小摊平在一个平面上，称为立体表面的展开。展开后所得的图形叫展开图或放样图。

一、棱柱表面的展开

将一个四棱柱放在 H 面上，使它在 H 面上顺次绕各侧棱向同一侧滚翻，每滚翻一次，就在 H 面上画出一个侧面的实形。将棱柱滚翻一周，连续画出各个侧面的实形，即得棱柱表面的展开图。这种方法叫滚翻法（图 1-8）。

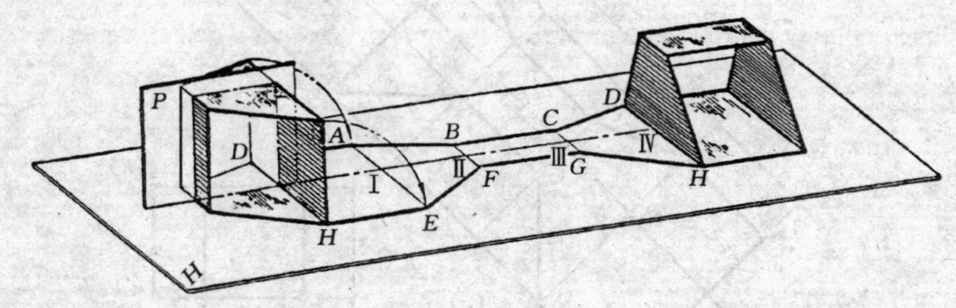

图 1-8　滚翻法

下面用滚翻法作两节雨水管的展开图（图 1-9）

（1）立管表面的展开——立管的上端口为矩形，并垂直于柱轴，所以它就是棱柱的法截面。展开时使立管向左翻滚。作图步骤如下：

1）首先展开法截面，得一垂直于侧棱的直线及法截面顶点 A、B、C、D、A 各点。

（2）过各点作截面展开线的垂线，依次截取相应侧棱的实长。由于各侧棱平行于 V 面，它们的长度可从直管的 V 投影直接量取。亦可将各侧棱的实长，直接从 V 投影平移到展开图上，如图 1-9（b）所示。

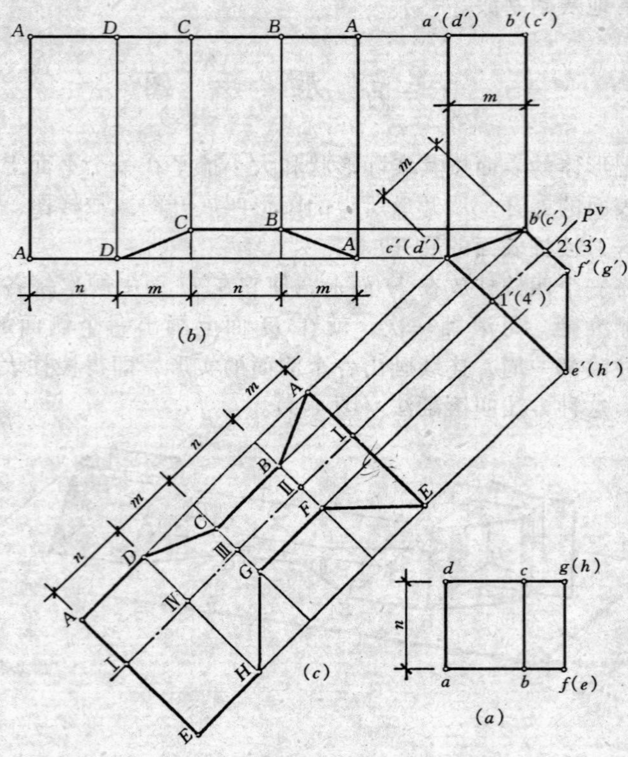

图 1-9　雨水管的展开

（3）顺次连接各侧棱下端点 A、B、C、D、A，得展开图。

2. 斜管表面的展开

（1）在斜管中间任意位置作一垂直于侧棱（平行柱轴）的辅助截面 P，截得法截面 Ⅰ、Ⅱ、Ⅲ、Ⅳ，法截面的 V 投影为 1′

2′（3′）（4′）；

（2）由于法截面各边实长已知，所以可在 P^V 延长线上展开法截面，得Ⅰ、Ⅱ、Ⅲ、Ⅳ、Ⅰ各点；

（3）过各点作截面展开线的垂线。分别过各侧棱的上下两端点的 V 投影，作线平行于 P^V，与展开图上相应的侧棱相交，得 A、B、C、D、A 和 E、F、G、H、E 各点。

（4）分别以线段依次连上下管口各端点，所得图形，即为所求，如图 1-9（c）所示。

二、圆管的展开图

在工地常用金属板卷制成管进行圆柱体表面装饰，如果把圆管纵向剖开来并摊平实际上是长方形，由此可知一根管子的展开图也应是长方形，等于圆周长 $\pi D\times$ 管长 h，如图 1-10 所示。

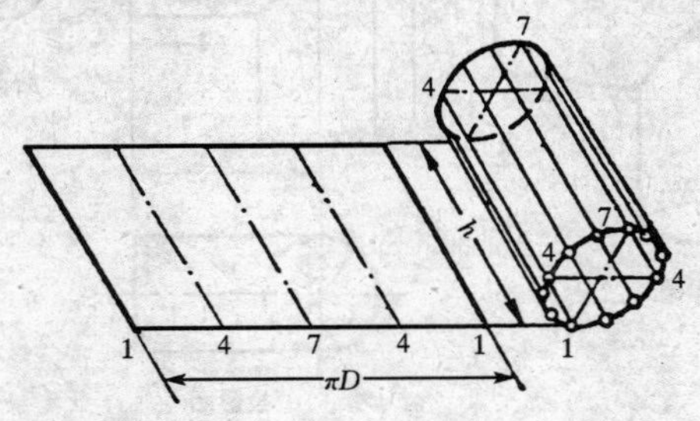

图 1-10 展开的管子是长方形

在实际放样中，可根据已知的投影图作出展开图，如图1-11所示。通过断面图可知圆管展开图的 12 个等分点的顺序标号为 1、2、3、4、5、6、7、6、5、4、3、2、1，这 12 个等分点的总长度就是所需展开的管子的圆周长 πD。左边 1 与右边 1 卷成圆管时是重合的。

三、直角马蹄弯管展开图

图 1-12 为马蹄弯的主体图和投影图。马蹄弯管展开图的作图步骤如下：

（1）以管外径 D 为直径画圆。

（2）把半圆 6 等分，其等分点的标号为 1、2、3、4、5、6、

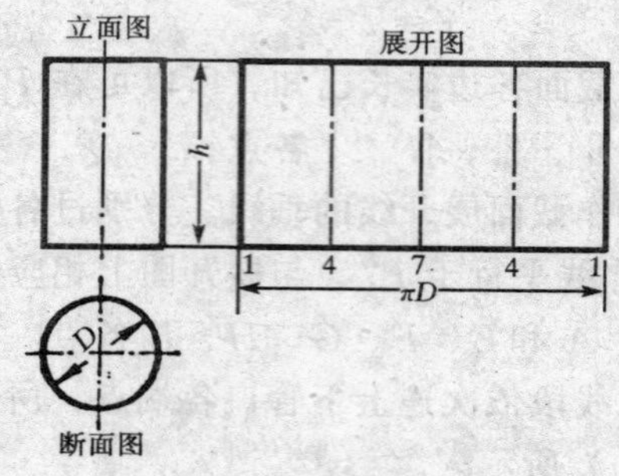

图 1-11　十二等分圆管展开图

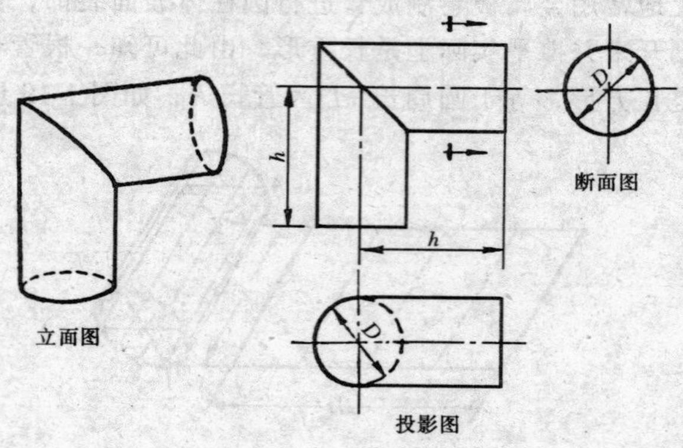

图 1-12　马蹄弯管的立体图和投影图

7。

（3）把圆管周长展开成 12 等分的水平线总长度为 πD，自左至右依次标注各等分点的标号为 1、2、3、4、5、6、7、6、5、4、3、2、1。

（4）在展开的水平线上，由各点作垂直线，同时由半圆周上各等分点向右引水平线与之相交。

（5）用光滑曲线连接各垂直线同水平线的相应交点，即得直角马蹄弯管的展开图，如图 1-13 所示。

四、同径直交三通管的展开图

同径直交三通管亦称同径正三通，图 1-14 是其立体图和正

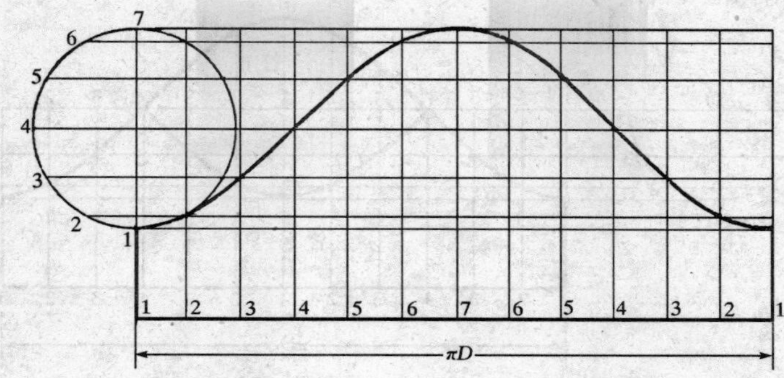

图 1-13　直角马蹄弯管展开图

投影图。其展开图的作图步骤如下：

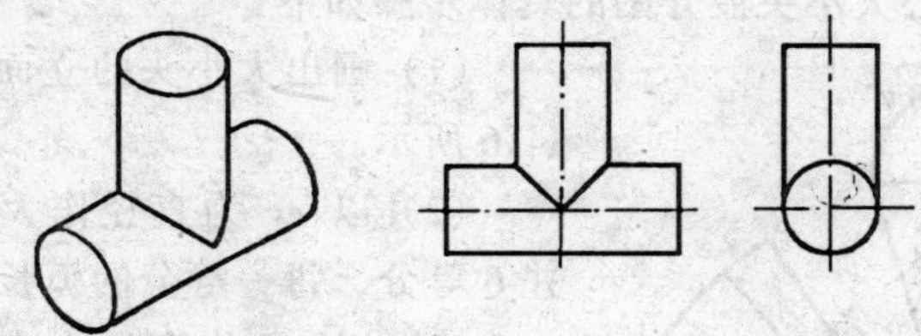

图 1-14　三通管的立体图和投影图

(1) 以 O 为中心，以二分之一管外径 $\left(即\frac{D}{2}\right)$ 为半径作半圆并 6 等分之，等分点为 4′、3′、2′、1′、2′、3′、4′。

(2) 把半圆上的直线 4′-4′向右引延长线 AB，在 AB 上量取管外径的周长并 12 等分之。自左至右等分点的顺序标号定为 1、2、3、4、3、2、1、2、3、4、3、2、1。

(3) 作直线 AB 上各等分点的垂直线，同时，由半圆上各等分点（1′、2′、3′、4′）向右引水平线与各垂直线相交。将所得的对应交点连成光滑的曲线，即得管Ⅰ展开图。

(4) 以直线 AB 为对称线，将 4-4 范围内的垂直线，对称的向上截取，并连成光滑的曲线，即得管Ⅱ展开图，如图 1-15 所示。

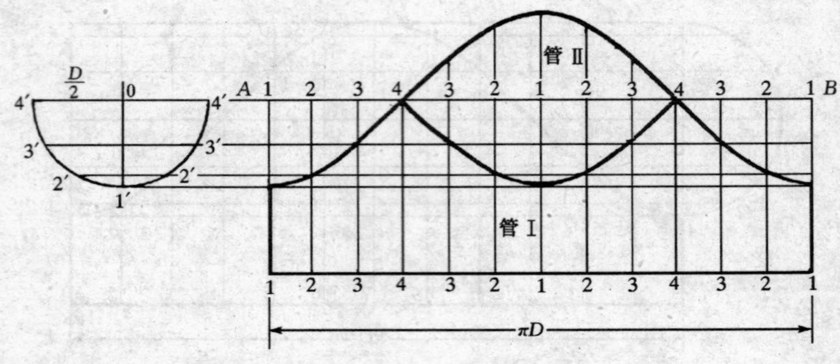

图 1-15　正三通的展开图

五、同心大小头的展开图

求同心大小头展开图的具体步骤如下：

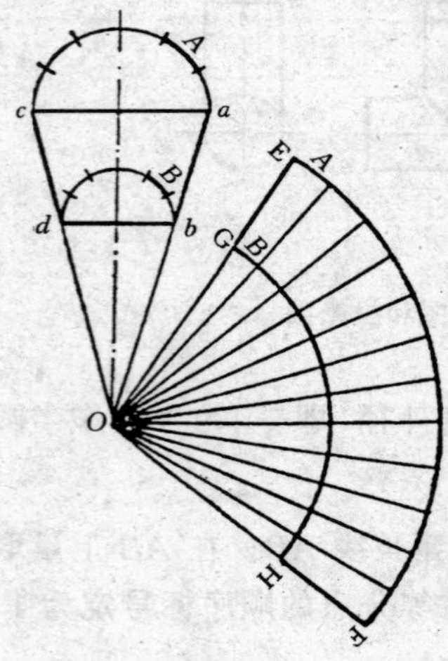

图 1-16　同心大小头展开图

（1）画出大小头的立面图，如图 1-16 所示。

（2）以 ac 为直径作大头的半圆并 6 等分，每一等分的弧长为 A；

（3）以 bd 为直径作小头的半圆并 6 等分，每一等分弧长为 B；

（4）延长斜边 ab 及 cd，相交 O 点；

（5）以 Oa 及 Ob 为半径，画圆弧 $\overset{\frown}{EF}$ 及 $\overset{\frown}{GH}$，分别为大头及小头的圆周长，连接 E、F、G、H 4 点，即为大小头的展开图，如图 1-16 所示。

在具体画大头及小头的圆周长时，可用圆规对弧长 A 和弧长 B 分别量取 12 等分，然后再连接等分线端部的 4 点即成展开图。

六、球面的近似展开

球面是一种双向回转面，属于不可展面，它只能用近似方法来展开。常用方法有柳叶法和锥面法两种。下面介绍柳叶法（图

1-17)。

通过铅垂旋转轴切割球面为若干等分，则每分均呈柳叶状。把每个柳叶片从球面上剥下来（图 1-17），近似地当作圆柱面摊平在一个平面上，连接起来，就得到球面的近似展开图。柳叶片的展开图作法如下：

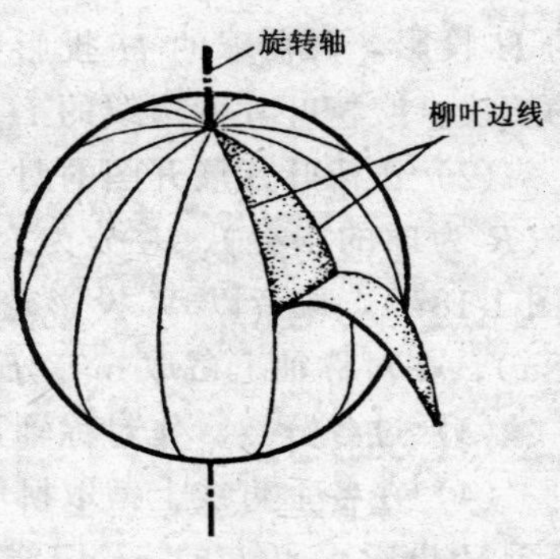

图 1-17 柳叶法

(1) 在球的 H 投影中，过点 O 将球分为十二等分，每一等分就是一片柳叶。又在球的 V 投影中，分球的 V 投影轮廓线为十二等分，并过等分点 1′、2′、3′作纬圆的 V 投影，然后作纬圆

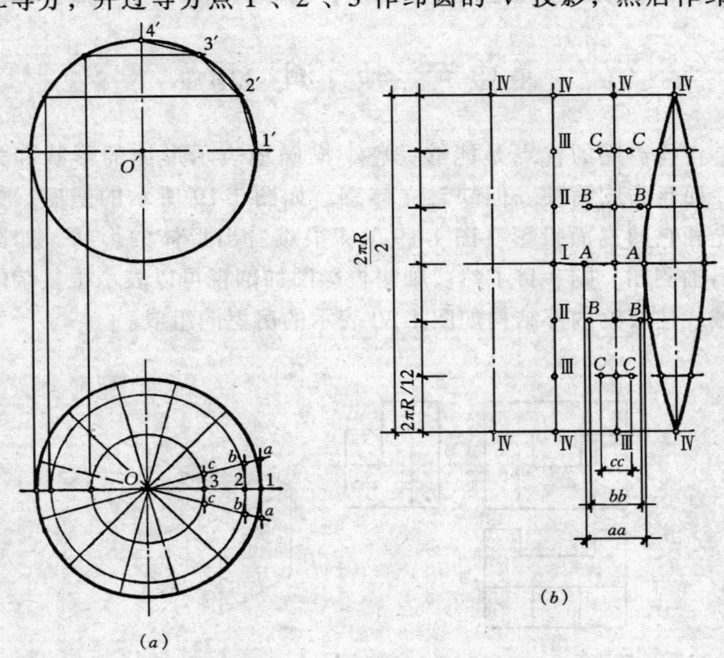

图 1-18 球的展开方法——柳叶法

(a) 投影图；(b) 展开图作法步骤

的 H 投影。再在球的 H 投影中，过点 1、2、3 作纬圆 H 投影的切线，交柳叶片两边线的 H 投影于 a、b、c 点（图 1-18a）。

（2）作柳叶片展开图的对称轴ⅣⅣ，使它的长度等于 $2\pi R/2$（R 为球的半径），并分为六等分，上下各得Ⅰ、Ⅱ、Ⅲ分点（图 1-18b）。或者以 V 投影轮廓线上一等分的弦长 $1'2'$（图 1-18a），在对称轴上截取 6 等分。

（3）过各分点，作对称轴ⅣⅣ的垂直线；

（4）在各垂直线上截取柳叶片的宽度。在Ⅰ分点上截取 AA 等于 H 投影 1 点上的 aa 切线之长，在Ⅱ、Ⅲ分点上截取 BB、CC 等于切线 bb 和 cc 之长，用光滑曲线连接Ⅳ、C、B、A、B、C、Ⅳ点，得一片柳叶的展开图（图 1-18b）。用这一叶片的实形做一样板，依次连续地画出十二片，就得到球面的近似展开图。

第四节　轴　测　图

正投影图的优点是能够完整、准确地表示形体的形状和大小，而且作图简便。但缺乏立体感。如图 1-19 所示的垫座，如果光画它的三面投影（图 1-19a），很难看出形体的形状，如图画出轴测图，则一目了然。轴测投影图加剖视可以表示很复杂的机械或建筑物内部结构如图 1-20 表示的房屋的组成。

图 1-19　垫座投影图

（a）正投影图；（b）轴测图

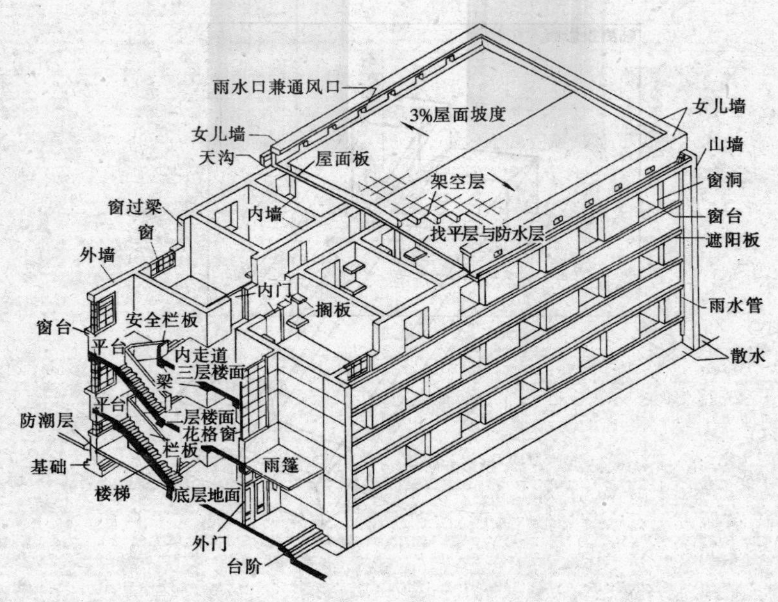

图 1-20　房屋的组成

一、轴测图的形成

根据平行投影的原理，向与形体三个投影轴（OX、OY、OZ）都不一致的方向 S 进行投影，将空间形体及确定其位置的直角坐标系 OX、OY、OZ 一起投影到一个新的投影面上，所得到的投影称为轴测投影图，简称轴测图。如图 1-21 所示。

二、轴测图的分类

轴测图可分两大类：正轴测和斜轴测。

(1) 正轴测图是指投影线垂直于投影面（和正投影一样），但形体的空间坐标轴（OX、OY、OZ）和投影面倾斜所得到的投影图叫正轴测图。如图 1-22 所示。正轴测图中的特例，就是 OX、OY、OZ 三个投影轴和投影面的夹角都相等。这时三个轴测投影轴 O_1X_1、O_1Y_1、O_1Z_1 的夹角均为 120°（图 1-23b），称为正等测图。这样就带来了作图的方便（图 1-23a）。我们所

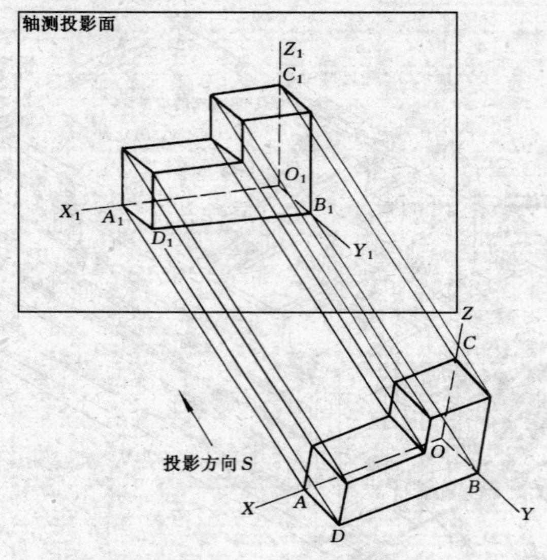

图 1-21　轴测图的形成与名词介绍

OX、OY、OZ 为坐标轴；O_1X_1、O_1Y_1、O_1Z_1 为轴测轴

$\angle X_1O_1Y_1$、$\angle Z_1O_1X_1$、$\angle Z_1O_1Y_1$ 为轴间角

见的轴测图大都是正等测图。

（2）斜轴测图指投影线倾斜于投影面，形体的空间坐标轴（OX、OY、OZ）和投影线都不一致，而得到的轴测图（图 1-21）。此时如果形体有一平面和投影面平行所得的轴测图称为正面斜轴测图（图 1-24）。这也给作图带来方便，因为平行于投影面的平面投影反映实形。其他投影线都可由此画出。正面斜轴测图根据变形系数的不同又分为正面斜等测图（图 1-25）和正面斜二测图（图 1-26）前者为 1 后者为 0.5。

三、轴测图线性尺寸的标注方法

轴测图的线性尺寸，应标注在各自所在的坐标面内，尺寸线应与被注长度平行，尺寸界线应平行于相应的轴测轴，尺寸数字的方向应平行于尺寸线，如图 1-27 所示。

轴测图中的直径尺寸，应标注在圆所在的坐标面内；尺寸线与尺寸界线应分别平行于各自的轴测轴（图 1-28）。

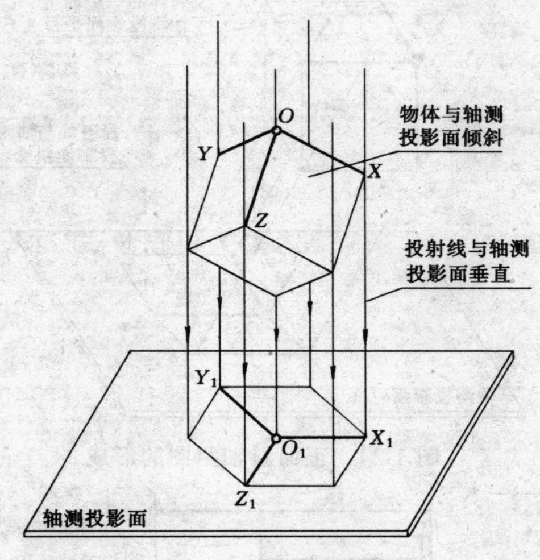

图 1-22　正轴测图的形成

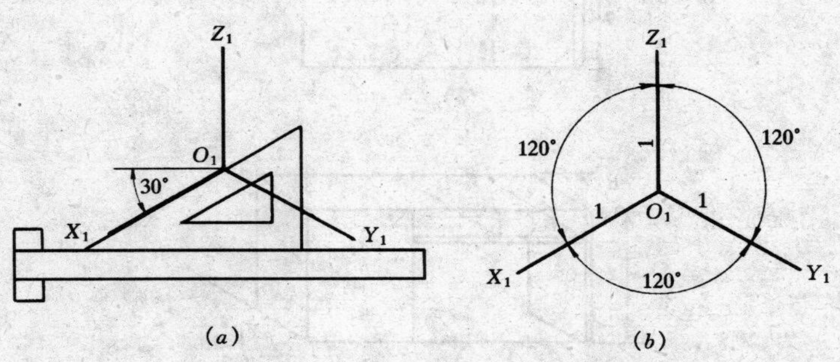

图 1-23　正等测轴间角及简化系数

（a）轴测轴的画法；（b）轴间角与简化系数

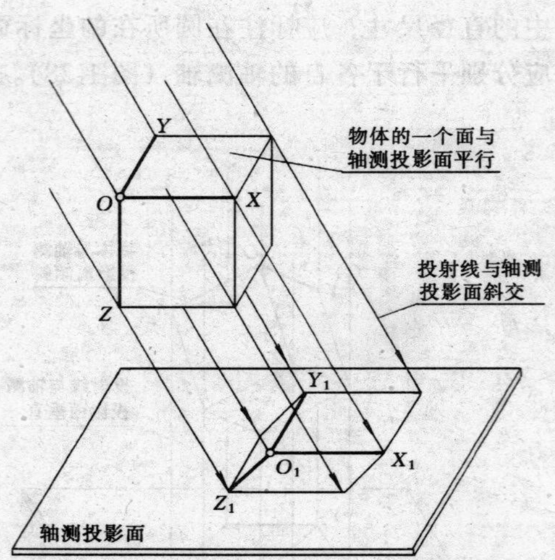

图 1-24　正面斜轴测图的形成

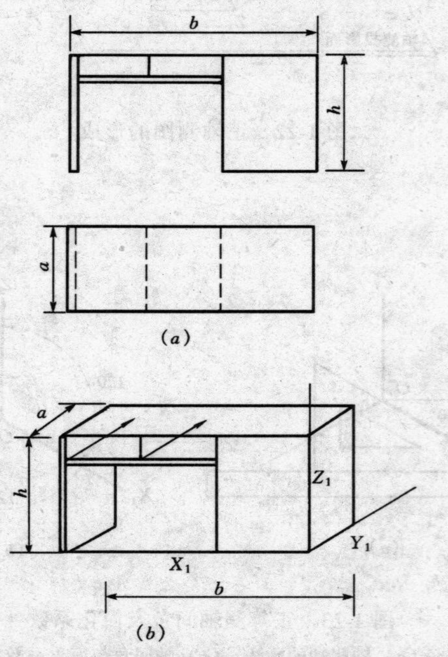

图 1-25　正面斜等测图画法

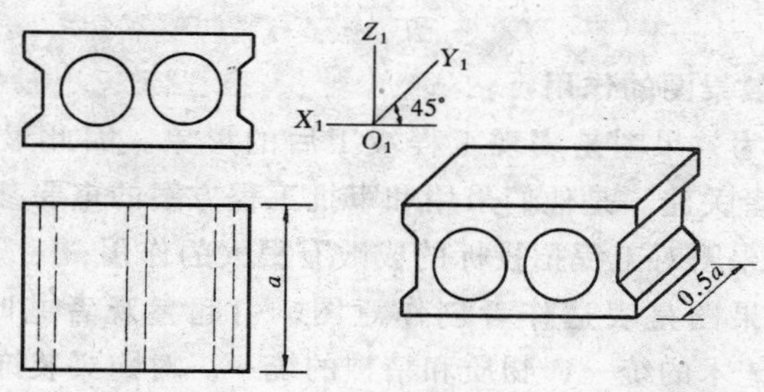

图 1-26　正面斜二测画法

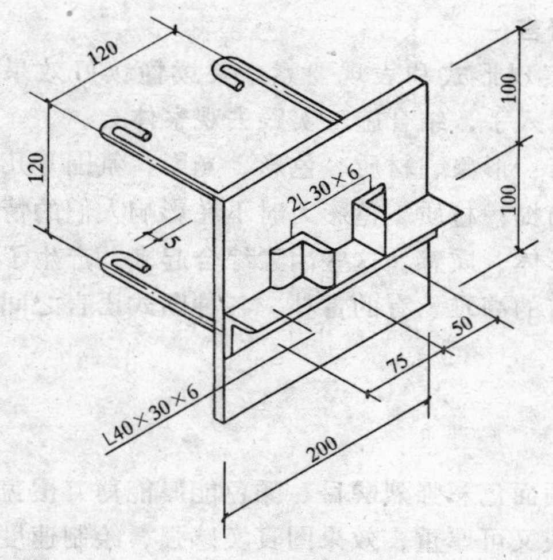

图 1-27　轴测图线性尺寸的标注方法

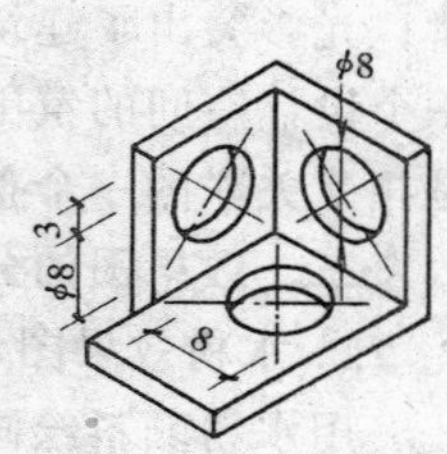

图 1-28　轴测图圆直径标注方法

第五节　效　果　图

效果图是设计者展示设计构思、效果的图样。建筑装饰效果图是设计者利用线条、形体、色彩、质感、空间等表现手法将设计意图以设计图纸形象化的表现形式，往往是对装饰工程竣工后的预想。它是具有视觉真实感的图纸，也称之为表现图或建筑画。

一、效果图的作用

1. 因为效果图是表现工程竣工后的形象，因此最为建设单位和审批者关注。是他们采用和审批工程方案的重要参考资料；

2. 效果图对工程招投标的成败有很大的作用；

3. 效果图是表达作者创作意图，引起参观者共鸣的工具，是技术和艺术的统一，物质和精神的统一。对购买装饰装修材料和采用施工工艺有很大的导向性，因此在这种意义上来说，效果图也是施工图。

二、效果图的图式语言

效果图综合了许多表现形式和表现要素。要读懂读好效果图，就得从效果图各要素入手，结合施工实践去观察体会。

效果图中图式语言有：形象、材质、色彩、光影、氛围等几种要素。形象是画面的前提；材质、色彩无时不在影响人们的情绪；光影突出了建筑的形体、质感。这些因素综合起来，产生了一个设计空间的氛围，有的高雅、有的古朴。各种图式语言之间是相互关联的一个整体。

三、效果图的分类

1. 水粉效果图

用水粉颜料绘画，画面色彩强烈醒目、颜色能厚能薄、覆盖力强、表现效果既可轻快又可厚重，效果图真实感强，绘制速度快，技法容易掌握。

2. 水彩效果图

用水彩颜料绘画，和水粉画的区别是颜色透明，因此水彩画具有轻快透明、湿润的特点。

3. 喷笔效果图

用喷笔作画，质感细腻，色彩变化柔合均匀，艺术效果精美。

4. 电脑效果图

作电脑效果图要有一台优质电脑和几个作图软件。电脑效果图以其成图快捷准确、气氛真实、画面整洁漂亮、易于修改等优点很快被人们接受，并成为目前最常见的效果图。

第六节　识读装饰施工图的方法

识读图纸的方法是：四看、四对照、二化、一抓、一坚持。具体说明如下：

(1)“四看”就是由外向里看、由大到小看、由粗到细看、由建筑结构到设备专业看。也即：先查看图纸目录和设计说明，通过图纸目录看各专业施工图纸有多少张，图纸是否齐全；看设计说明，对工程在设计和施工要求方面有一概括了解；其二，按整套图纸目录顺序粗读一遍，对整个工程在头脑中形成概念。如工程地点、规模、周围环境、结构类型、装饰装修特点和关键部位等；其三按专业次序深入细致地识读基本图；其四读详图。

(2)“四对照”就是平立剖面、几个专业、基本图与详图、图样与说明对照看。也即：看立面和剖面图时必须对照平面图才能理解图面内容；一个工程的几个专业之间是存在着联系的，主体结构是房屋的骨架，装饰装修材料、设备专业的管线都要依附在这个骨架上。看过几个专业的图纸就要在头脑中树立起以这个骨架为核心的房屋整体形象，如想到一面墙就能想到它内部的管线和表面的装饰装修，也就是将几张各专业的图纸在头脑中合成一张。这样也会发现几个专业功能上或占位的矛盾；详图是基本图的细化，说明是图样的补充，只有反复对照识读才能加深理解。

(3)“二化一抓、一坚持”就是化整为零、化繁为简、抓纲带目、坚持程序。也即：当你面对一张线条错综复杂、文字密密麻麻的图纸时，必须有化繁为简的办法和抓住主要的办法，首先应将图纸分区分块，集中精力一块一块识读；其二就是按项目，集中精力一项一项地识读，坚持这样的程序读任何复杂的图纸都会变得简单，也不会漏项；“抓纲带目”就是识读图纸必须抓住图纸要交待的主要问题，如一张详图要表明两个构件的连接，那么这两个构件就是这张图的主体，连接是主题，一些螺栓连接、焊接等是实现连接的方法，读图时先看这两个构件，再看螺栓、焊缝。

第七节 装饰施工图审核

审核施工图可把图纸中的错误在施工前发现，因此对提高工程质量，加快施工进度，提高经济效益的作用是巨大的。审核施工图对于从事装饰施工的单位来说有两方面含义，一是图纸设计者的自审、互审和请高一级技术人员（如技师将图纸送交高级技师）审核；二是施工单位对设计单位图纸的审核。

审核图纸的内容有二方面，一方面是对绘图方面的审核，第二方面则是对专业技术的审核。

一、对绘图的审核

（1）标题栏是否有设计者和上级领导的签字。涉及到几个专业配合的项目会签栏是否有人签字，这是一项非常重要的内容，图纸无人签字和一般文件无人签字一样，是无效图纸，不能成为具有法律效力的技术文件。

（2）图纸幅面规格、图线、字体、比例、符号、图例、尺寸标注、投影法是否符合最新国家标准的规定。中华人民共和国建设部 2001 年 11 月 1 日在建标［2001］220 号“关于发布《房屋建筑制图统一标准》等六项国家标准的通知”中规定自 2002 年 3 月 1 日起实行新标准，相对应的六项老标准同时废止。

（3）形体在平面图和立面图中反映的长度尺寸，在平面图和侧面图中反映的宽度尺寸，在立面图和侧面图中反映的高度尺寸是否一致。

（4）一个形体的外形和内部构造是否表达清楚。

（5）一个视图有的物件是否在其他能涉及到的视图和详图中漏画。

（6）图中说明是否漏项。

（7）图纸是否把该装饰的表面都给予表达，有否漏项。

（8）图纸中尺寸计算是否有误。

（9）施工图中所列各种通用图集是否有效。

二、对专业技术内容的审核

（1）看图中所用材料是否符合国家标准。

（2）看图纸中采用材料是否是落后产品，有没有新产品可以代替。

（3）看设计图纸能否施工和方便施工。设计和施工的着眼点不同，设计人员不一定有施工经验。因此有时图纸脱离实际，甚至有的设计无法施工或施工很困难，而把设计稍加改动施工就很方便，这在施工现场经常看到，因此审好图是施工单位应尽的义务。

（4）看各工种之间是否有矛盾。

审图时要把发现的问题逐条记下来。如果是施工单位自己画的图，把审核结果整理成文，一式 2 份向设计人提交一份，自留 1 份，对于难解决的问题应该由技术负责人召集有关人员，研究解决。审核结束，审核人必须在图纸标题栏签名。如果是审核设计单位的图纸，则应把审核出来的问题整理成文，向上级领导汇报，必要时召开由技术负责人主持，施工技术人员、管理人员及主要工种技术骨干参加的会议。由责任审图人把读图中发现的问题和提出的建议逐条解释，与会人员提出看法。会后整理成文，一式几份，分别自留及提交设计单位、建设单位及有关人员，供会审时使用。

三、图纸的会审

施工图会审的目的是为了使施工单位、监理单位、建设单位进一步了解设计意图和设计要点。通过会审可以澄清疑点，消除设计缺陷，统一思想，使设计经济合理、安全可靠、美观适用。

（一）图纸会审的内容

（1）是否无证设计或越级设计，图纸是否经设计单位正式签署并盖出图章。

(2) 设计图纸是否齐全和符合目录。

(3) 各专业图纸与装饰施工图有无矛盾。

(4) 各项设计是否都能实施施工，是否有容易导致质量、安全、费用增加等方面的问题。

(5) 图纸中涉及的材料有无国家规范、国家和地方政府文件规定不能使用的材料，材料来源有无保证，能否代换。

(6) 图纸中有无缺项和错误。

(二) 图纸会审的方法和步骤

图纸会审由建设单位或监理单位主持，请设计单位和施工单位参加。步骤如下：

(1) 首先由设计人员进行技术交底，将设计意图、工艺流程、建筑装饰、结构形式、标准图的采用，对材料的要求，对施工过程的建议等，向与会者交底。

(2) 由监理单位、施工单位按会审内容提出问题，由设计单位或建设单位解答；对难解决的问题，展开讨论，研究处理方法。

(3) 将提出的问题、讨论的结果，最后的结论整理成会议纪要，由与会各方的代表会签形成文件。图纸会审文件和要求设计单位补充、修改的图纸是施工图的重要部分。

第二章　金属工施工常用机具

金属工施工常用机具是保证金属加工施工质量的重要手段，是提高工效的基本保证。在建筑装饰工程中，金属工施工常用机具须完整齐备，才能保证装饰施工的正常进行。装饰工程的各个部分都离不开施工常用机具。在我国市场上能够买到的施工常用机具主要是我国、日本及德国的产品。这些施工常用机具产品繁多，性能各异，应在了解其使用功能和产品特征后方可使用。

第一节　锯(切、割、截、剪)断机具

一、电动曲线锯

电动曲线锯可以在金属、木材、塑料、橡胶皮条、草板材料上切割直线或曲线，能锯割复杂形状和曲率半径小的几何图形。锯条的锯割是直线的往复运动，其中粗齿锯条适用于锯割木材，中齿锯条适用于锯割有色金属板材、层压板，细齿锯条适用于锯割钢板。电动曲线锯由电动机、往复机构、风扇、机壳、开关、手柄、锯条等零件组成。

(一) 特点

电动曲线锯具有体积小、质量轻、操作方便、安全可靠、适用范围广的特点，是建筑装饰工程中理想的锯割工具。

(二) 用途

电动曲线锯在装饰工程中常用于铝合金门窗安装、广告招牌安装及吊顶等。

(三) 规格

电动曲线锯的规格及型号以最大锯割厚度表示。我国生产的

回 JIQZ-3 型曲线锯规格及锯条规格分别见表 2-1 及表 2-2。

电动曲线锯规格 **表 2-1**

型 号	电压 (V)	电流 (A)	电源频率 (Hz)	输入功率 (W)	锯割最大厚度 (mm)		最小曲率半径 (mm)	锯条负载往复次数 (次/min)	锯条往复行程 (mm)
					钢板	层压板			
回 JIQZ-3	220	1.1	50	230	3	10	50	1600	25

二、电剪刀

电剪刀是剪裁钢板以及其他金属板材的电动工具，在钣金工剪切镀锌铁皮等操作中，能按需要切出一定曲线形状的板件，并能提高工效，也可剪切塑料板、橡胶板等。

电动曲线锯锯条规格 **表 2-2**

规 格	齿 距 (mm)	每英寸齿数 (个)	制造材料	表面处理	适用锯割材料
粗齿	1.8	10	T10	发黑	木材
中齿	1.4	14	W18Gr4V		有色金属层压板
细齿	1.1	18	W18Gr4V		普通钢板

(一) 特点

电剪刀使用安全，操作简便，美观适用。

(二) 构造

电剪刀主要由单相串激电动机、偏心齿轮、外壳、刀杆、刀架、上下刀头等组成。

(三) 规格

电动剪刀的规格以型号及最大剪切厚度表示，见表 2-3。

电动剪刀的规格 **表 2-3**

型 号	回 J_1J-1.5	回 J_1J-2	回 J_1J-2.5
剪切最大厚度 (mm)	1.5	1.5	2.5
剪切最小半径 (mm)	30	30	35
电 压 (V)	220	220	220

续表

型号	回 J_1J-1.5	回 J_1J-2	回 J_1J-2.5
电流 (A)	1.1	1.1	1.75
输出功率 (W)	230	230	340
刀具往复次数 (次/min)	3300	1500	1260
剪切速度 (m/min)	2	1.4	2
持续率 (%)	35	35	35
质量 (kg)	2	2.5	2.5

三、型材切割机

型材切割机主要用于切割金属型材。它根据砂轮磨损原理，利用高速旋转的薄片砂轮进行切割，也可改换合金锯片切割木材、硬质塑料等，在建筑装饰施工中，多用于金属内外墙板、铝合金门窗安装、吊顶等工程。

型材切割机由电动机（三相工频电动机)、切割动力头、变速机构、可转夹钳、砂轮片等部件组成。现在国内装饰工程中所用切割机多为国产的和日本产的，如 J_3G-400 型、J_3GS-300 型，其主要参数见表 2-4。

四、JT10 型风动锯

(一) 结构特点

JT10 型风动锯采用旋转式节流阀。为了减少导杆上下高速运动带来的振动，前部设计有平衡装置。

(二) 用途

适用于建筑装饰装修行业中对铝合金、塑料、橡胶、木材等板材的直线或曲线锯割。

型材切割机型号及主要参数　　表 2-4

型号	J_3G-400 型	J_3GS-300 型
电动机	三相工频电动机	三相工频电动机
额定电压 (V)	380	380
额定功率 (kW)	2.2	1.4
转速 (r/min)	2880	2880

续表

型号		J_3G-400 型	J_3GS-300 型
极数		二极	二极
增强纤维砂轮片 (mm)		400×32×3	300×32×3
切割线速度 (m/min)		砂轮片 60	砂轮片 68 木工圆锯片 32
最大切割范围 (mm)	圆钢管、异型等	135×6	95×5
	槽钢、角钢	100×10	80×10
	圆钢、方钢	ϕ50	ϕ25
	木材、硬质塑料		ϕ90
夹钳可转角度		0°,15°,30°,45°	0～45°
切割中心调整量 (mm)		50	—
机身质量 (kg)		8	4

（三）基本参数

JT10 型风动锯的基本参数如下：

（1）最大锯割厚度；普通热轧钢板 5mm，铝板 10mm。

（2）使用气压：0.5MPa。

（3）空载频率：2500 次/min。

（4）耗气量：0.6m^3/min。

（5）机身质量：2.0kg。

第二节 钻（拧）孔机具

一、电钻

电钻是用来对金属、塑料或其他类似材料或工件进行钻孔的电动工具。电钻的特点是体积小、质量轻，操作快捷简便，工效高。对体积大、质量大、结构复杂的工件，利用电钻来钻孔尤其方便，不需要将工件夹固在机床上进行施工。因此，电钻是金属工施工过程中最常用的电动工具之一。为适应不同用途，电钻有单速、双速、四速和无级调速等种类。电钻的规格以钻孔直径表示，见表 2-5。电动小电钻工作前检查卡头是否卡紧。工作物要放平放稳，小工件、薄工件应使用卡盘夹紧或用钳夹紧，然后再进行操作。

交直流两用电钻规格　　表 2-5

电钻规格（mm）	额定转速（r/min）	额定转矩（N·m）
4	≥2200	0.4
6	≥1200	0.9
10	≥700	2.5
13	≥500	4.5
16	≥400	7.5
19	≥330	3.0
23	≥250	7.0

二、冲击电钻

冲击电钻，亦称电动冲击钻。它是可调节式旋转带冲击的特种电钻，当把旋钮调到纯旋转位置时，装上钻头，就像普通电钻一样，可对钢制品进行钻孔；如把旋钮调到冲击位置，装上镶硬质合金冲击钻头，就可以对混凝土、砖墙进行钻孔。

（一）用途

冲击电钻广泛应用于建筑装饰工程以及安装水、电、煤气等方面。

（二）规格

冲击电钻的规格以型号及最大钻孔直径表示，见表 2-6。

冲击电钻规格型号　　表 2-6

参数 ＼ 型号		回 JIZC-10 型	回 JIZC-20 型
额定电压（V）		220	220
额定转速（r/min）		≥1200	≥800
额定转矩（N·m）		0.009	0.035
额定冲击次数（次/min）		14000	8000
额定冲击幅度（mm）		0.8	1.2
最大钻孔直径（mm）	钢铁中	6	13
	混凝土制品中	10	20

三、电锤

电锤在国外也叫冲击电钻，其工作原理同电动冲击钻，也兼具冲击和旋转两种功能。由单相串激式电机、传动箱、曲轴、连杆、活塞机构、保险离合器、刀夹机构、手柄等组成。

（一）特点

电锤的特点是利用特殊的机械装置将电动机的旋转运动变为冲击、或冲击带旋转运动。按其冲击旋转的形式可分为：动能冲击锤、弹簧冲击锤、弹簧气垫锤、冲击旋转锤、曲柄连杆气垫锤和电磁锤等。

（二）用途

电锤主要用于建筑工程中各种设备的安装，在装饰工程中可用于在砖石、混凝土结构上钻孔、开槽、粗糙表面，也可用来钉钉子、铆接、捣固、去毛刺等加工作业。另外，在现代装饰工程中用于铝合金门窗的安装、铝合金吊顶、石材安装等工程中。

（三）型号

国内设计试制生产的电锤主要有以下四种：

1. J_1ZC-22 型电锤

该电锤由外壳、电动机、减速器、旋转套筒、磁心轴—连杆—活塞机构、钻杆、镇定装置、离合器、手柄、开关等组成。该电锤用于金属、木材和塑料钻孔时，应采用短尾钻杆使可产生旋转运动。在开槽和粗糙表面作业中应采用杆尾直径小于钎套内六角孔内切圆直径钻钎，刀头只冲击，不旋转，手柄位于机身后面，机身前后还装有辅助手柄。开关采用能快速切断、自动复位的可撤式开关，装在手柄内，操作十分方便。

主要技术数据：

（1）钻眼直径：ϕ14、ϕ16、ϕ18、ϕ20、ϕ22mm。

（2）冲击次数：2100 次/min。

（3）转钎转数：250r/min。

（4）外型尺寸：425mm×235mm×100mm。

（5）机身质量：7.5kg。

（6）电动机：输出功率 310W；额定功率 220W；额定电流 3.2A；电源为交流 50Hz 或直流。

2. J_1SJ-28 型电锤

该电锤由单相串激电动机、减速箱、弹簧气垫冲击机构、开关、手柄等部分组成。

主要技术数据：

（1）钻孔直径：19～28mm。

（2）最大钻孔深度：150mm。

（3）冲击次数：2300 次/min。

（4）外型尺寸：460mm×130mm×270mm。

（5）机身质量：11kg。

（6）发动机：输出功率 750W；额定电压 720V；频率为交流 50Hz 或直流。

3. Z_2SC-1 型电锤

该电锤由电动机、机壳、手柄、开关、传动装置、风扇等组成。可冲击式旋转，有自动保护装置，防止电机超负荷运转。

主要技术数据：

（1）钻孔直径：ϕ10、ϕ14、ϕ18mm。

（2）钻孔最大深度：150mm。

（3）工作效率：ϕ14mm 钻头水平方向打 C40 混凝土的工效为 30～40mm/min。

（4）机身质量：7.5kg。

（5）电动机：输出功率 300～3500W；额定电压 220V；额定电流 2.5A；频率 50Hz；相数 3 相。

4. ZC-22 型电锤

该电锤由电动机、传动箱、曲轴、连杆、活塞机构、保险离合、刀夹机构、手柄等组成。有冲击和旋转两种功能，有自动保护装置防止传动损坏和电机过载。该产品还带有标准辅助件和任选辅助件。

主要技术数据：

(1) 电压：110V、115V、120V、127V、200V、220V、230V、240V。

(2) 空载转速：800 次/min。

(3) 满载冲击率：3150 次/min。

(4) 工作效率：混凝土 22mm，钢材 13mm，木材 30mm。

(5) 机身质量：4.3kg。

四、风动冲击锤（HQ-A-20 型）

(一) 结构特点

采用 4 位 6 通手动单向球型转换阀门及 G7815 线型过滤器，结构小巧，工艺性能好，操作方便可靠。有旋转和往复冲击两个工作腔，通过齿轮进行有机结合，阀衬采用聚酯型泡沫塑料，密封性好，耐磨。

(二) 用途

主要供装上镶硬质合金冲击钻头或自钻式膨胀螺栓，对各种混凝土、砖石结构件进行钻孔，以便安装膨胀螺栓之用，从而代替预埋件，加快安装速度，提高劳动效率。广泛应用于建筑、机械、化工、冶金、电力设备和管道、电气器材等的安装工程。

(三) 基本参数

风动冲击锤的基本技术参数如下：

(1) 使用气体压力：0.5～0.6MPa。

(2) 耗气量：$0.4m^3$/min。

(3) 转速(空载)：300r/min;

(负载)：270r/min。

(4) 冲击频率(空载)：2500 次/min;

(负载)：4000 次/min。

(5) 效率：400W。

(6) 穿透能力（水泥）：200mm。

(7) 胶管内径：10mm。

(8) 风动冲击锤质量：4.5kg。

(9) 使用最高压力：0.8MPa。

第三节　铣、车、钻、刨机具

一、铣床

铣床是用铣刀进行加工的机床。由于铣床应用了多刃刀具连续切削，所以它的生产率较高，而且还可以获得较好的加工表面质量。铣床的工艺范围很广，在铣床上可以加工平面、沟槽、分齿零件、螺旋形表面。因此，在机器制造业中，铣床得到广泛的应用。

铣床的主要类型有：卧式铣床、立式铣床、工作台不升降铣床、龙门铣床、工具铣床等，此外，还有仿形铣床、仪表铣床和各种专门化铣床。

1. 卧式铣床

卧式升降台铣床的主轴是水平布置的，所以习惯上称为"卧铣"。

图 2-1 为卧式升降台铣床外形图。

万能卧式铣床与一般卧式铣床的区别，仅在于万能卧式铣床有回转盘（位于工作台和滑座之间），回转盘可绕垂直轴线在 ±45°范围内转动，工作台能沿调整转角的方向在回转盘的导轨上进给，以便铣削不同角度的螺旋槽。

2. 立式铣床

图 2-2 为数控立式升降台铣床的外形图。这类铣床与卧式升降台铣床的主要区别，在立式铣床上可加工平面、斜面、沟槽、台阶、齿轮、凸轮以及封闭轮廓表面等。卧式和立式铣床适用于单件及成批生产中。

3. 工作台不升降铣床

这类铣床工作台不作升降运动，机床的垂直进给运动由安装在立柱上的主轴箱作升降运动完成。这样可以增加机床的刚度，

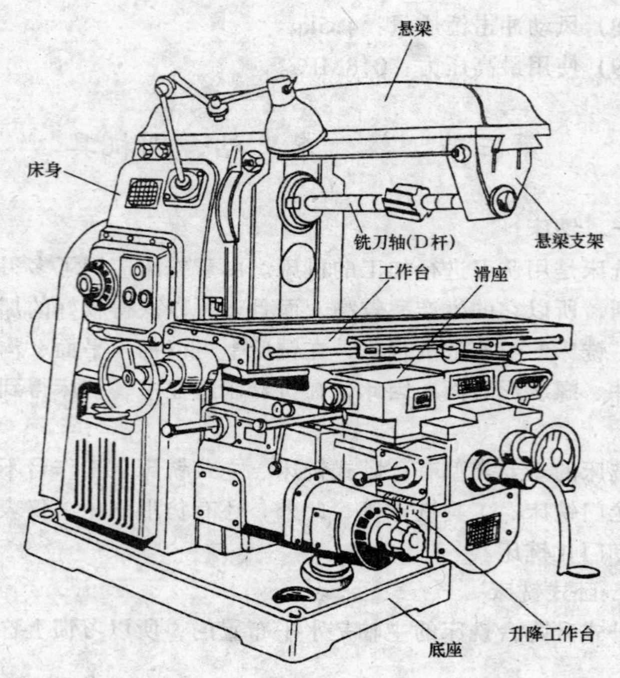

图 2-1 卧式升降台铣床

可以用较大的切削用量加工中等尺寸的零件。

它适用于成批大量生产中铣削中、小型工件的平面。

4. 龙门铣床

龙门铣床是一种大型高效通用机床，主要用于加工各类大型工件上的平面、沟槽等。可以对工件进行粗铣、半精铣，也可以进行精铣加工。由于在龙门铣床上可以用多把铣刀同时加工工件的几个平面，所以，龙门铣床生产率很高，在成批和大量生产中得到广泛应用。

二、车床

1. 车床的用途

车床类机床主要用于加工各种回转表面，如内外圆柱表面、

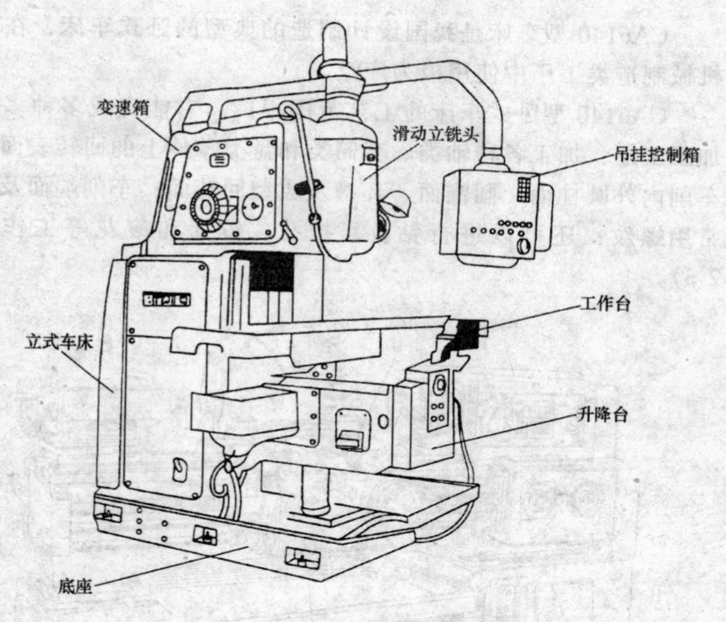

图 2-2　XK5040-1 型数控立式升降台铣床的外形图

圆锥表面、成形回转表面和回转体的端面等，有些车床还能加工螺纹面。由于大多数机器零件都具有回转表面，车床的通用性又较广，因此在一般机器制造厂中，车床的应用极为广泛，在金属切削机床中所占的比重最大，约占机床总台数的 20%～35%。

在车床上使用的刀具，主要是各种车刀，有些车床还可以采用各种孔加工刀具（如钻头、扩孔钻、铰刀等）和螺纹刀具（丝锥、板牙等）进行加工。

2. 车床的分类

车床的种类很多，按其结构和用途的不同，主要可分为：卧式车床及落地车床，立式车床，转塔车床，单轴自动车床，多轴自动和半自动车床，仿形车床及多刀车床，专门化车床（如凸轮轴车床、曲轴车床、车轮车床、铲齿车床）等等。

3. CA6140 型卧式车床的工艺范围

CA6140 型车床是我国设计制造的典型的卧式车床，在我国机械制造类工厂中使用极为广泛。

CA6140 型卧式车床的工艺范围很广，它能完成多种多样的加工工序：加工各种轴类、套筒类和盘类零件上的回转表面，如车削内外圆柱面、圆锥面、环槽及成型回转面；车削端面及各种常用螺纹；还可以进行钻孔、扩孔、铰孔和滚花等工作（图 2-3）。

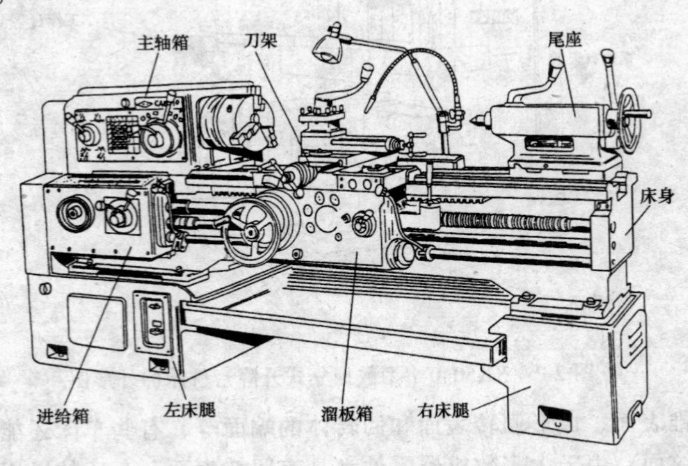

图 2-3　CA6140 型卧式车床的外形图

三、钻床

钻床是孔加工用机床，主要用来加工外形较复杂，没有对称回转轴线的工件上的孔，如箱体、机架等零件上的各种用途的孔。在钻床上加工时，工件不动，刀具作旋转主运动，同时沿轴向移动，完成进给运动。钻床可完成钻孔、扩孔、铰孔、平面、攻螺纹等工作。

钻床的加工方法及所需的运动如图 2-4 所示。

钻床主参数是最大钻孔直径。

钻床可分为：立式钻床、台式钻床、摇臂钻床、深孔钻床及其他钻床等。

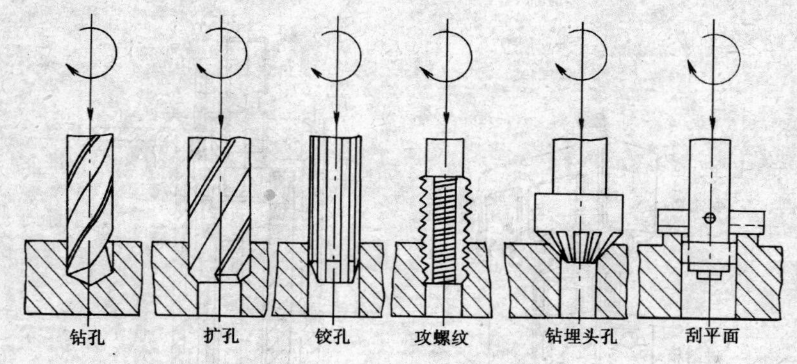

图 2-4　钻床的加工方法

（一）立式钻床（图 2-5）

在立式钻床上，加工完一个孔后再钻另一个孔时，需要移动工件，使刀具与另一个孔对准，对于大而重的工件，操作很不方便。因此，立式钻床仅适用于在单件、小批生产中加工中、小型零件。

立式钻床除上述的基本品种外，还有一些变型品种，较常用的有可调式和排式。可调式多轴立式钻床主轴箱上装有很多主轴，其轴心线位置可根据被加工孔的位置进行调整。加工时，主轴箱带着全部主轴对工件进行多孔同时加工，生产率较高。排式多轴钻床相当于几台单轴立式钻床的组合。它的各个主轴用于顺次地加工同一工件的不同孔径或分别进行各种孔加工工序，如钻、扩、铰和攻螺纹等。由于这种机床加工时是一个孔一个孔地加工，而不是多孔同时加工，所以它没有可调式多轴钻床的生产率高。

但它与单轴立式钻床相比，可节省更换刀具的时间。这种机床主要用于中小批生产中。

（二）台式钻床

台式钻床，简称“台钻”。图 2-6 是它的外形图。台钻的钻孔直径一般小于 15mm，最小可加工直径十分之几毫米的小孔。

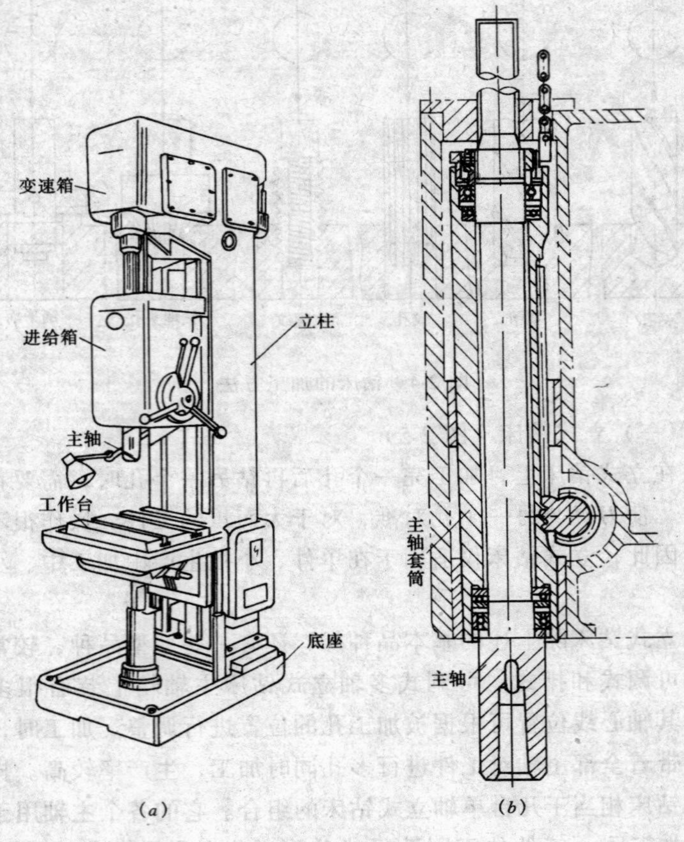

图 2-5　立式钻床

由于加工的孔径很小，所以，台钻主轴的转速很高，有的竟达每分钟 12 万转。

台钻的自动化程度较低，通常是手动进给。它的结构简单，使用灵活方便。

（二）摇臂钻床（图 2-7、图 2-8）

这时希望工件不动，而钻床主轴能在空间任意调整其位置，于是就产生了摇臂钻床。摇臂钻床广泛地应用于单件和中、小批

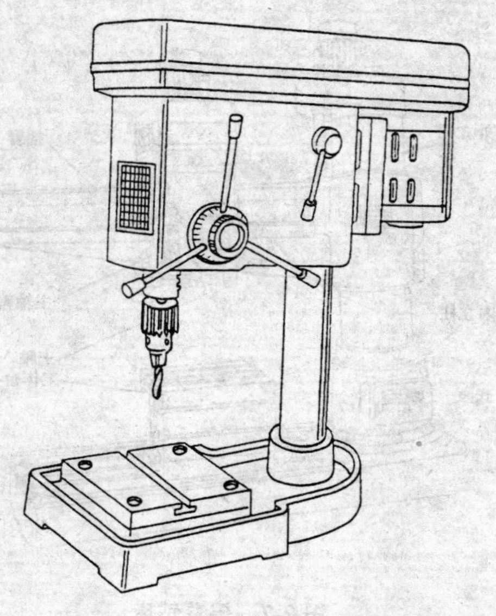

图 2-6　台式钻床

生产中加工大、中型零件。

（四）深孔钻床

深孔钻床是专门化机床，专门用于加工深孔，例如加工枪管、炮筒和机床主轴等零件的深孔。这种机床加工的孔较深，为了减少孔中心线的偏斜，加工时通常是由工件转动来实现主运动，深孔钻头并不转动，只作直线进给运动。此外，由于被加工孔较深而且工件又往往较长，为了便于排除切屑及避免机床过于高大，深孔钻床通常是卧式布局。

四、直线运动机床

直线运动机床是指主运动为直线运动的机床，这类机床有刨床和拉床。

（一）刨床

刨床类机床主要用于加工各种平面和沟槽。刨床的表面成形方法是轨迹——轨迹法，机床的主运动和进给运动均为直线移

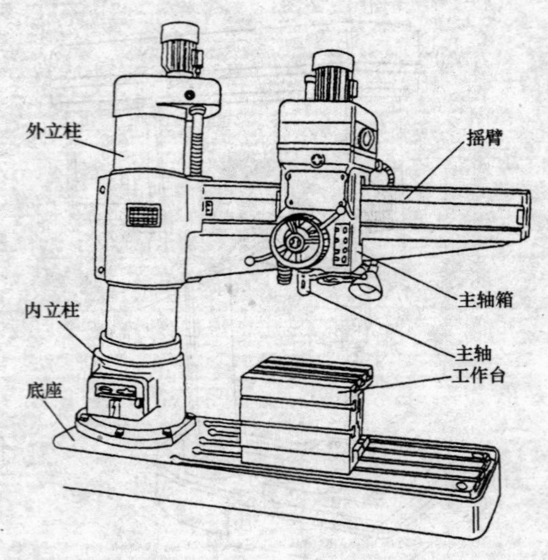

图 2-7　摇臂钻床

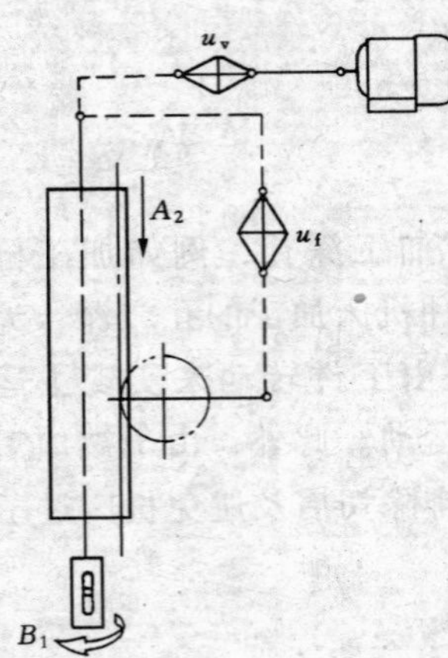

图 2-8　钻床的传动原理图

动。由于工件的尺寸和重量不同，表面成形运动有不同的分配形式。

工件尺寸和重量较小时，由刀具的移动实现主运动，进给运动则由工件的移动来完成，牛头刨床和插床就是这样的运动分配形式。

牛头刨床的滑枕刀架带着刀具在水平方向作往复直线运动，而工作台带着工件作间歇的横向进给运动。由于刀具反向运动时不加工（称为空行程)，浪费工时；在滑枕换向的瞬间有较大的惯性冲击，限制了主运动速度的提高，所以，牛头刨床的生产率较低，在成批大量生产中，牛头刨床多为铣床所代替。

当滑枕带着刀具在竖直方向作往复直线运动(主运动)时，这种机床称为插床。插床实质上是立式刨床。图 2-9 是插床的外形图。插床主要应用于单件小批生产中插削槽、平面及成型表面等。

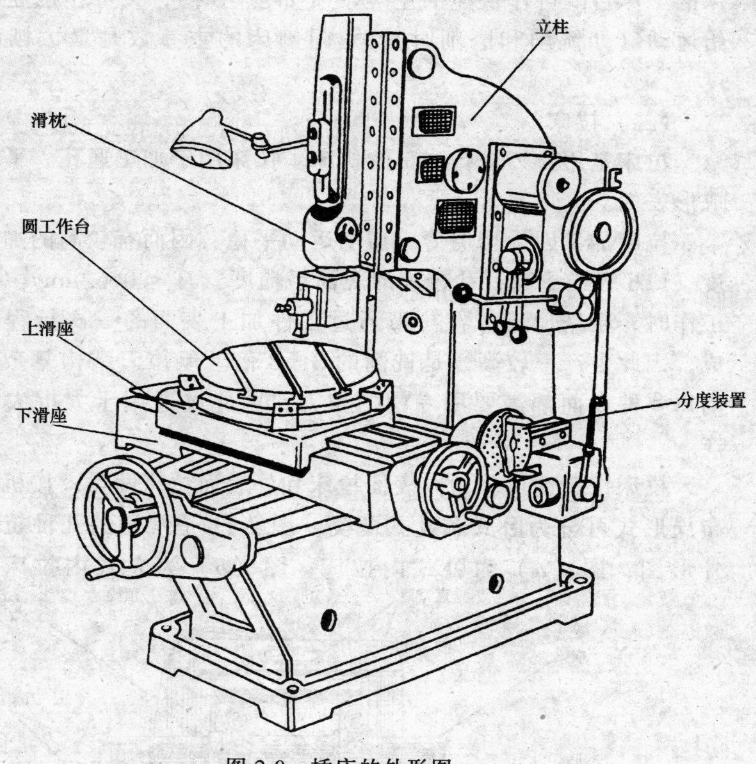

图 2-9　插床的外形图

当工作台带着工件作往复直线运动（主运动），而刀具作间歇的横向进给运动时，这类机床称为龙门刨床。图 2-10 是龙门刨床的外形图。

应用龙门刨床进行精细刨削，可得到较高的精度（直线度小于 0.02mm/1000m）和较好的表面质量（$R_a = 0.32 \sim 2.5\mu m$），大型机床的导轨通常是用龙门刨床精细刨削来完成终加工工序的。

由于大型工件装夹费时而且麻烦，大型龙门刨床往往还附有铣头和磨头等部件，以便使工件在一次安装中完成刨、铣及磨平面等工作。这种机床又称为龙门刨铣床或龙门刨铣磨床。这种机床的工作台既可作快速的主运动（如刨削时），又可作慢速的进给运动（如铣削和磨削时）。龙门刨床的主参数是最大刨削宽度。

（二）拉床

拉床是用拉刀进行加工的机床。拉床用于加工通孔、平面及成形表面。

拉床加工因为切屑薄，切削运动平稳，因而有较高的加工精度（IT6 级或更高）和较细的表面粗糙度（$R_a<0.62\mu m$）。拉床工作时，粗精加工可在拉刀通过工件加工表面的一次行程中完成，因此生产率较高，是铣削的 3～8 倍。但拉刀结构复杂，拉削每一种表面都需要用专门的拉刀，因此仅适用于大批大量生产。

拉床按用途可分为内表面拉床和外表面拉床两类；按机床的布局形式可分为卧式和立式两类。图 2-11 是常用的几种拉床的外形图，图（a）为卧式内拉床；图（b）为立式内拉床；图

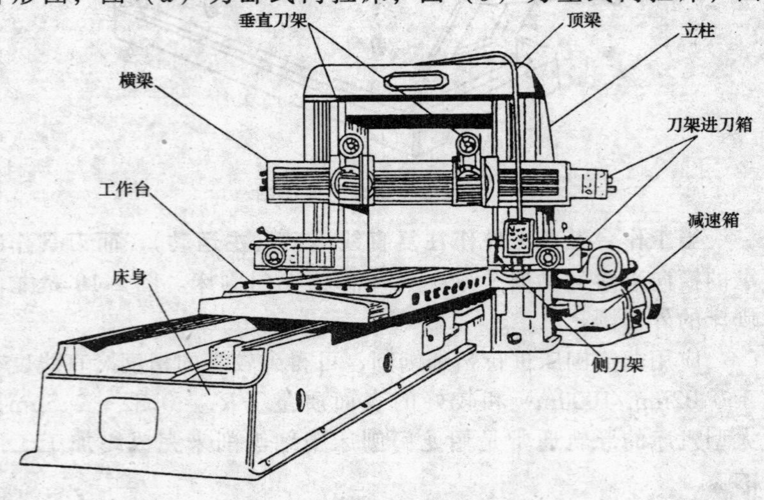

图 2-10　龙门刨床的外形图

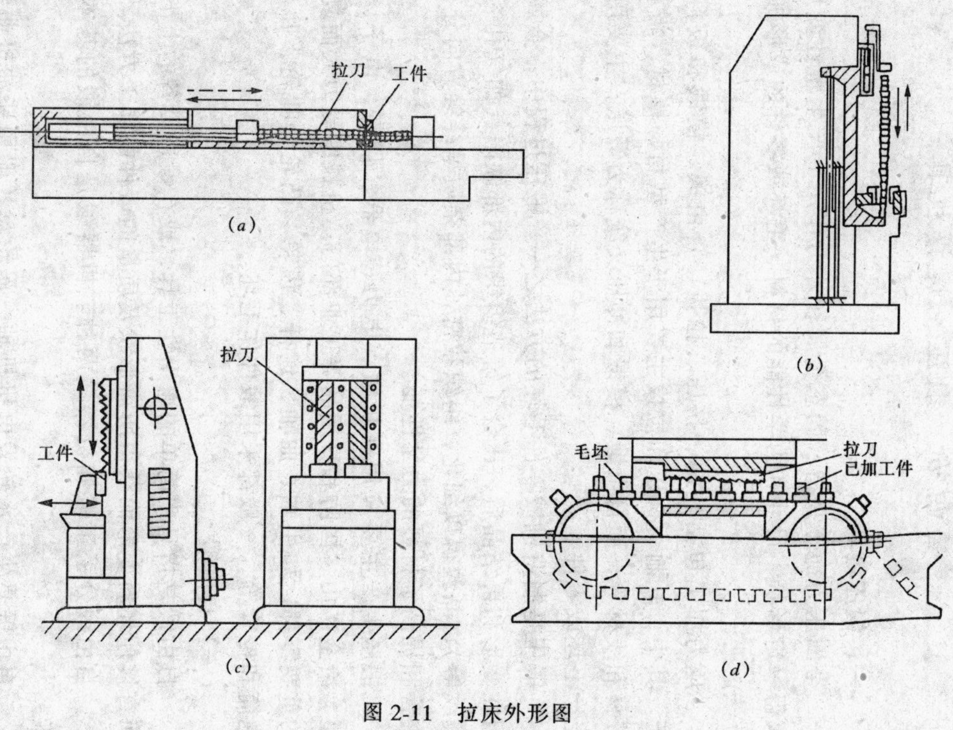

图 2-11　拉床外形图

(*c*) 为立式外拉床；图 (*d*) 为连续式拉床。

第四节　锻压、焊接机具

一、锻压机具

金属压力加工是指：固态金属在外力作用下产生塑性变形，获得一定形状、尺寸和力学性能的材料、毛坯或零件的成形加工方法。

压力加工包括轧制、挤压、拉拔、自由锻、模锻和板料冲压。其中，轧制、挤压和拉拔主要用于生产型材、棒材、板材、带材和线材等，而自由锻、模锻和冲压又统称为锻压，主要用于生产毛坯或零件。

锻压是制造机械零件毛坯的方法之一。锻压过程中，金属经塑性变形和再结晶后，压合了铸造组织的内部缺陷（如气孔、微裂纹等），晶粒得以细化，组织致密，内部杂质呈纤维方向分布，改善和提高了材料的力学性能。

锻压生产主要应用在机械、电力、电器、仪表、电子、交通、冶金矿山、国防和日用品等工业部门。机械中受力大而复杂的重要零件，如主轴、曲轴、连杆、齿轮、凸轮、叶轮、叶片、炮筒和枪管等，一般都采用锻件作毛坯。

（一）自由锻

自由锻是指只用简单的通用性工具，或在锻造设备的上下砧间直接使坯料变形而获得所需形状及质量的锻件的加工方法。

自由锻分手工锻和机器锻两种。机器锻是自由锻的基本方法。

自由锻是生产水轮发电机机轴、涡轮盘、船用柴油机曲轴、轧辊等重型锻件（重量可达 250t）唯一可行的方法，在重型机械制造厂中占有重要的地位。对于中小型锻件，从经济上考虑，只有在单件、小批生产时，采用自由锻才是合理的。

（二）模锻

利用锻模使坯料变形而获得锻件的锻造方法，称为模锻。

模锻与自由锻相比，其优点是：锻件尺寸精度高，表面粗糙度值小，能锻出形状复杂的锻件；余量小，公差仅是自由锻件公差的1/3～1/4，材料利用率高，节约了机加工时；锻件的纤维组织分布更为合理，力学性能高；生产率高，操作简单，易于机械化，锻件成本低。但是，锻模材料昂贵且制造周期长、成本高。

（三）胎模锻

在自由锻设备上使用可移动模具生产模锻件的一种锻造方法，称为胎模锻。它是一种介于自由锻和模锻之间的锻造方法。胎模锻一般用自由锻方法制坯，在胎模中最后成形。胎模不固定在锤头或砧座上，需要时放在下砧铁上进行锻。

胎模锻与自由锻相比，具有生产率高，锻件尺寸精度高，表面粗糙度值小，余量少，节约金属，降低成本等优点。与模锻相比，具有胎模制造简单，不需贵重的模锻设备，成本低，使用方便等优点；但胎模锻件尺寸精度和生产率不如锤上模锻高，工人劳动强度大，胎模寿命短。胎模锻适于中、小批生产，在缺少模锻设备的中、小型工厂中应用较广。

（四）冲模

1. 简单模

在压力机一次行程中只完成一个工序的模具。称为简单模。图 2-12 为落料用简单模。简单模结构较简单，易制造，成本低，维修方便，但生产率低。

2. 复合模

在压力机一次行程中，在模具的同一位置上，同时完成两道以上工序的模具称为复合模。复合模生产率较高，加工零件精度高，适于大批量生产。

3. 连续模

在压力机一次行程中，在模具不同位置上，同时完成数道冲压工序的模具。称为连续模，如图 2-13 所示。

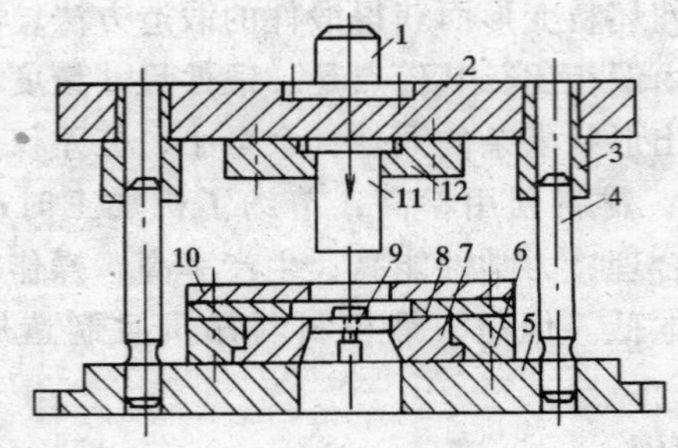

图 2-12　简单模

1—模柄；2—上模座；3—导套；4—导柱；5—下模座；6—压板；7—凹模；8—导料板；9—挡料销；10—卸料板；11—凸模；12—压板

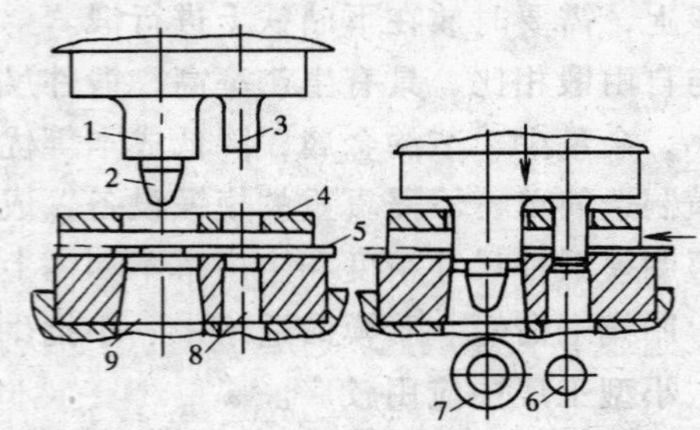

图 2-13　连续模

（*a*）工作前；（*b*）工作时

1—落料凸模；2—导正销；3—冲孔凸模；4—卸料板；5—坯料；6—废料；7—成品；8—冲孔凹模；9—落料凹模

二、焊接生产

焊接是指通过加热或加压（或两者并用），并且用或不用填充材料，使焊件达到原子结合的一种加工方法。它与机械连接（螺纹连接、铆接等）相比有着本质上的区别，即焊接是借助原子间的结合力来实现连接的。

焊接方法的种类很多，按焊接过程的特点分为熔焊、压焊和钎焊三大类（见图 2-14）。

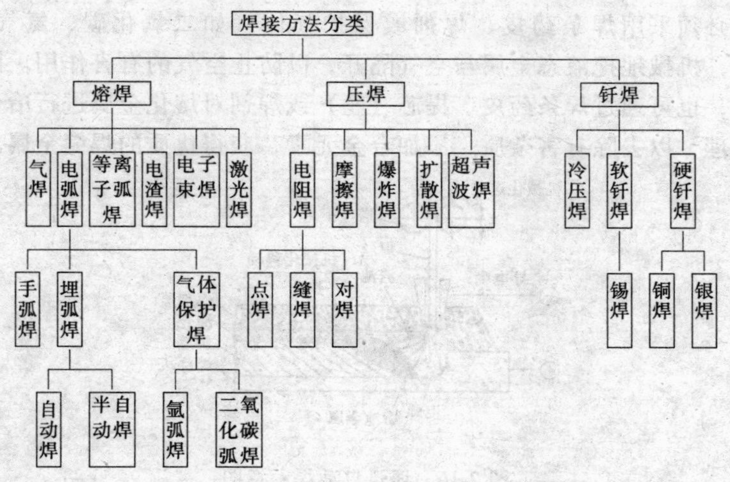

图 2-14　焊接方法分类

（一）手工电弧焊

手工电弧焊是用手工操纵焊条进行焊接的一种电弧焊方法（简称手弧焊），其焊接过程如图 2-15 所示。

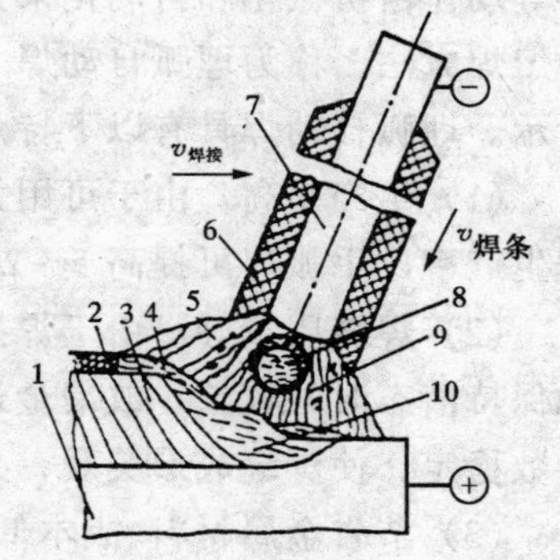

图 2-15　手弧焊焊接过程示意图

1—母材金属；2—渣壳；3—焊缝；4—液态熔渣；5—保护气体层；6—焊条药皮；7—焊芯；8—熔滴；9—电弧；10—熔池

在手弧焊过程中焊接电弧和熔池的温度比一般冶炼温度高；会使金属元素强烈蒸发和大量烧损；其次，出于焊接熔池体积小，从熔化到凝固时间极短，使各种化学反应难以达到平衡状态，焊缝中的化学成分不够均匀，气体和杂质来不及浮出，易产生气孔和夹渣缺陷。

为了保证焊缝金属的化学成分和力学性能，除了清除焊件表面的铁锈、油污及烘干焊条外，还必须采用焊条药皮、焊剂或保护气体（如二氧化碳、氦气）等，机械地把液态金属与空气隔开，以防止空气的有害作用。同时，也可通过焊条药皮、提芯（丝）或焊剂对熔化金属进行冶金处理，以去除有害杂质，添加合金元素，获得优质的焊缝金属。

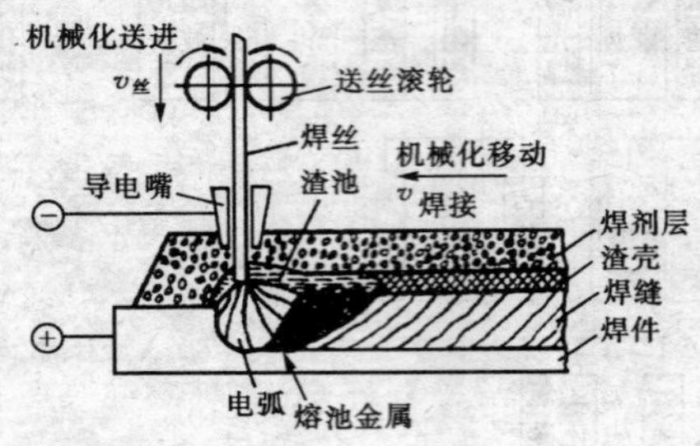

图 2-16　埋弧自动焊示意图

（二）其他熔焊方法

1. 埋弧自动焊

将手弧焊焊接过程中的引燃电弧、送进和移动焊丝、电弧移动等动作由机械化和自动化来完成，且电弧在焊剂层下燃烧的一种熔焊方法，称为埋弧自动焊（或熔剂层下自动焊），如图 2-16 所示。埋弧自动焊具有以下特点：

（1）生产率高。由于可用大电流焊接和无需停弧换焊条，因此生产率比手弧焊可提高 5～20 倍。

（2）焊缝质量好。由于焊接熔池能够得到可靠保护，金属熔池保持液态时间较长，故冶金过程进行得较完善，加之焊接工艺参数稳定，使焊缝成形美观，力学性能较高。

（3）节省金属材料、成本低。由于埋弧自动焊采用大电流，故焊件可以不开坡口或少开坡口。此外，没有飞溅和焊条头的损失。

（4）改善了劳动条件。埋弧自动焊在焊接时看不到弧光，焊接烟雾也很少，又是机械化操作，故劳动条件得到了很大改善。

但埋弧自动焊一般只适合于焊接水平位置的长直焊缝和环形焊缝，不能焊接空间焊缝或不规则焊缝；对焊前准备工作要求严格，如对焊接坡口加工要求较高，在装配时要保证组装间隙均匀。

2. 气体保护电弧焊

用外加气体作为电弧介质并对电弧和焊接区进行保护的一种熔焊方法，称为气体保护电弧焊（简称气体保护焊）。常用的气体保护焊方法有氩弧焊和二氧化碳气体保护焊。

（1）氩弧焊

氩弧焊是用氩气作为保护气体的一种气体保护焊。按所用电极不同，氩弧焊分为熔化极氩弧焊和不熔化极（或钨极）氩弧焊。其焊接过程均可采用自动或半自动方式进行。

氩弧焊的特点：

1）氩气是一种惰性气体，它既不与金属起化学反应，又不溶于液体金属中，因而是一种理想的保护气体，可以获得高质量的焊缝。

2）电弧在气流压缩下燃烧，热量集中，焊接热影响区小，焊件焊后变形较小。

3）电弧稳定，飞溅小，表面无熔渣，成形美观。

（2）二氧化碳气体保护焊

二氧化碳气体保护焊是利用二氧化碳气体作为保护气体的一种气体保护焊（图 2-17）。焊接时，焊丝由送丝滚轮自动送进，二氧化碳气体经喷嘴沿焊丝周围喷射出来，在电弧周围造成局部气体保护层，使熔滴、熔池与空气机械地隔离开，可防止空气对高温金属的有害作用。但二氧化碳气体在高温下可分解为一氧化碳和氧，从而使碳、硅、锰等合金元素烧损，降低焊缝金属力学性能，而且还会导致气孔和飞溅。因此，不适用于焊接有色金属和高合金钢。

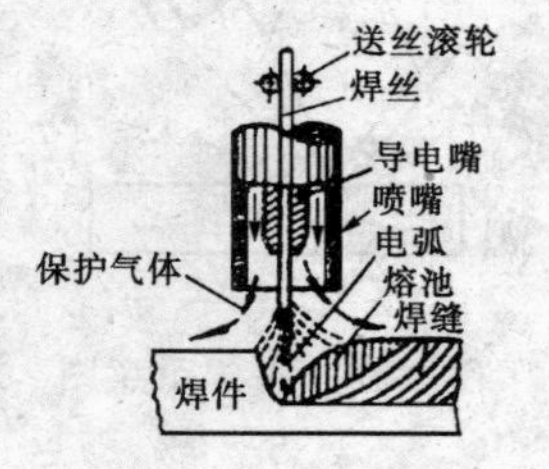

图 2-17　二氧化碳气体保护焊示意图

二氧化碳气体保护焊的特点：

1）由于电流密度大，熔深大，焊接速度快，焊后又不需清渣，所以生产率比手弧焊提高 1～4 倍。

2）由于二氧化碳气体保护焊焊缝氢的含量低，且焊丝中锰的含量高，脱硫作用良好，故焊接接头抗裂性好。

3）由于保护气流的压缩使电弧热量集中，焊接热影响区较小，加上二氧化碳气流的冷却作用，因此产生变形和裂纹的倾向也小。

4）二氧化碳气体价廉，因此二氧化碳气体保护焊的成本仅为手弧焊和埋弧自动焊的 40%左右。

5）二氧化碳气体保护焊是明弧焊，便于观察和操作，可适于各种位置的焊接。

（3）气焊

气焊是利用氧气与可燃性气体混合燃烧产生的热量，将焊件和焊丝熔化而进行焊接的一种熔焊方法。

生产中常用的可燃性气体是乙炔。乙炔与氧混合燃烧的火焰称为氧—乙炔火焰，其温度高。中性焰应用最广，可用于焊接低碳钢、中碳钢、合金钢、铝合金等材料。

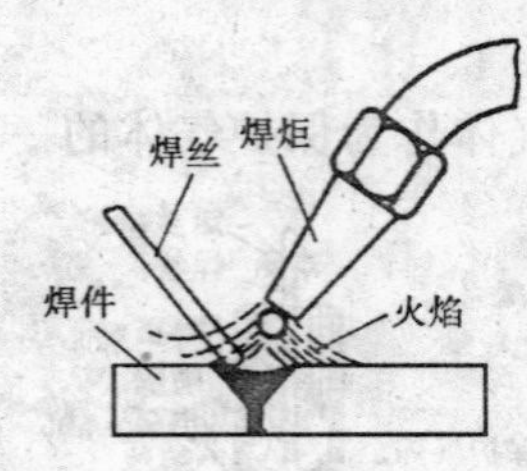

图 2-18　气焊示意图

图 2-18 为气焊示意图。焊炬喷出的火焰将两焊件接缝处局部加热至熔化状态形成熔池，不断向熔池送人填充焊丝（或不加填充金属，靠焊件本身熔化）使被焊处熔成一体，冷却凝固后形成焊缝。

气焊时应根据焊件的成分选择焊丝和焊剂。焊剂的作用是去除焊接过程中产生的氧化物，保护焊接熔池，改善金属熔池的流动性。

气焊的特点是：气焊技术比较容易掌握；所用设备简单；费用较低；不需要电源；操作灵活方便，尤其在缺少电源的地方和野外工作更具有实际意义，但由于气焊火焰温度低，加热缓慢，焊件受热面积大，热影响区较宽，变形较大；火焰对熔池保护性差，焊缝中易产生气孔、夹渣等缺陷；难于实现机械化，生产率低，故不适于大批量生产。

（三）压焊与钎焊

1. 电阻焊

电阻焊（又称接触焊）是利用电流通过接头的接触面及邻近区域产生的电阻热，将焊件加热到塑性状态或局部熔化状态，再在压力作用下形成牢固接头的一种压焊方法。

电阻焊使用低电压（仅为2～10V）、大电流（几千安到几万安），因此焊接时间极短（一般为0.11秒到几十秒）。与其他焊接方法相比，电阻焊生产率高，焊件变形小，不需要填充金属，劳动条件较好，操作简单，易实现机械化和自动化。但设备较复杂，耗电量大，对焊件厚度和截面形状有一定限制，一般适于成批大量生产。

电阻焊分为对焊、点焊和缝焊。

2. 钎焊

钎焊是采用比母材熔点低的金属材料作钎料，将焊件和钎料加热到高于钎料熔点、低于母材熔点的温度，利用液态钎料润湿母材，填充接头间隙并与母材相互扩散实现连接焊件的方法。

在钎焊过程中，为消除焊件表面的氧化膜及其他杂质，改善液态钎料的润湿能力，保护钎料和焊件不被氧化，常使用钎剂。钎焊接头的承载能力与接头连接表面大小有关。按钎料熔点不同分为软纤焊和硬钎焊。

（1）软钎焊

钎料熔点在450℃以下。常用的钎料为锡铅钎料，钎剂为松香或氯化锌溶液等。此种方法接头强度低(60～140MPa)，工作温度在100℃以下。主要用于受力不大的电子、电器仪表等工业部门中。

（2）硬钎焊

钎料熔点在450℃以上。常用的钎料有铜基、银基、铝基钎料等，钎剂主要有硼砂、硼酸、氟化物、氯化物等。硬钎焊接头强度较高（＞200MPa），工作温度也较高，主要用于受力较大的钢铁及铜合金机件、工具等，如钎焊自行车车架、切削刀具等。

按加热方法不同钎焊又可分为炉中钎焊、感应钎焊、火焰钎焊、盐浴钎焊和烙铁钎焊等。

钎焊与熔焊相比具有如下特点：加热温度低，接头组织与性能变化小，焊件变形也较小；接头光滑平整，外形美观，易保证焊件尺寸；可焊接同种金属也可焊接异种金属；设备简单，易于实现自动化，但接头强度较低，耐热温度不高，焊前对焊件清洗和装置要求较严，不适于焊接大型构件。

（四）金属的热切割

金属热切割是利用热能使金属分离的方法。金属热切割的主要方法是氧气切割。

氧气切割是利用气体火焰的热能将工件切割处预热到一定温度后，喷出高速切割氧气流使金属燃烧并放出热量实现切割的方法。

按操作方式氧气切割分为手工切割和机械切割。手工切割时，由于割炬移动不等速和切割氧气流的颤动，故难于保证获得高质量的切割表面，切口表面要进行机械加工。机械切割是在装有一个或几个割炬的专门自动切割机或半自动切割机上进行的，切割时能保证割炬沿切割线条等速地移动；保持切割氧气流严格地垂直于被切割表面，且割嘴到金属表面的距离保持不变，因此切口质量高。

氧气切割具有灵活方便、设备简单、操作简易等优点，但对金属材料的适用范围有一定限制。

氧气切割特别适用于切割厚件和外形复杂件，它被广泛地用于钢板下料和铸钢件浇冒口的切割，通常用一般割炬切割厚度为5～300mm。

第五节　铆固与钉牢机具

一、风动拉铆枪（FLM-1型）

适用于铆接抽芯铝铆钉用的风动工具。

（一）特点

风动拉铆枪其特点是质量轻，操作简便，没有噪声，同时，拉铆速度快，生产效率高。

（二）用途

广泛用于车辆、船舶、纺织、航空、建筑装饰、通风管道等行业。

（三）基本参数

（1）工作气压：0.3～0.6MPa；

（2）工作拉力：3000～7200N；

（3）铆接直径：3.0～5.5mm的空芯铝铆钉；

（4）风管内径：10mm；

（5）枪身质量：2.25kg。

二、风动增压式拉铆枪（FZLM-1型）

适用于拉铆空芯铝铆钉。

（一）特点

风动增压式拉铆枪，其特点是质量轻、功率大、工效高，铆接操作简便。

（二）用途

广泛适用于车辆、船舶、纺织、航空、通风管道、建筑装修等行业。

（三）基本参数

（1）工作气压：0.3～0.6MPa；

（2）工作油压：8.5～17MPa；

（3）增压活塞行程：127mm；

（4）生产拉力：5000～10000N；

（5）铆枪头拉伸行程：21mm；

（6）风管内径：10mm；

（7）枪身质量：1.0kg。

三、射钉枪

射钉枪是装饰工程施工中常用的工具，它要与射钉弹和射钉共同使用，由枪机击发射钉弹、以弹内燃料的能量，将各种射钉直接打入钢铁、混凝土或砖砌体等材料中去，也可直接将构件钉紧于需固定部位，如固定木件、窗帘盒、木护墙、踢脚板、挂镜线、固定铁件，如窗盒铁件、铁板、钢门窗框、轻钢龙骨、吊灯等。

射钉枪用完后，应注意保存。

四、风动打钉枪（FDD251 型）

（一）特点

风动打钉枪是专供锤打扁头钉的风动工具，其特点是使用方便，安全可靠，劳动强度低，生产效率高。

（二）基本参数

（1）使用气压：0.5～0.7MPa；

（2）打钉范围：25mm×51mm 普通标准圆钉；

（3）风管内径：10mm；

（4）冲击次数：60 次/min；

（5）枪身质量：3.6kg。

第六节　磨 光 机 具

一、电动角向磨光机

电动角向磨光机是供磨削用的电动工具。由于其砂轮轴线与电机轴线成直角，所以特别适用于位置受限制不便用普通磨光机的场合。该机可配用多种工作头：粗磨砂轮、细磨砂轮、抛光轮、橡皮轮、切割砂轮、钢丝轮等。电动角向磨光机就是利用高速旋转的薄片砂轮以及橡皮砂轮、细丝轮等对金属构件进行磨削、切削、除锈、磨光加工。

（一）用途

在建筑装饰工程中，常使用该工具对金属型材进行磨光、除锈、去毛刺等作业，使用范围比较广泛。

（二）规格及技术参数

国内（浙江永康电动工具厂）生产的产品有 SIMJ-100 型、SIMJ-125 型、SIMJ-180 型、SIMJ-230 型等几种，其基本技术参数见表 2-13。

电动角向磨光机的基本技术参数 **表 2-13**

产品规格	SIMJ-100 型	SIMJ-125 型	SIMJ-180 型	SIMJ-230 型
砂轮最大直径（mm）	ϕ100	ϕ125	ϕ180	ϕ230
砂轮孔径（mm）	ϕ16	ϕ22	ϕ22	ϕ22
主轴螺纹	M10	M14	M14	M14
额定电压（V）	220	220	220	220
额定电流（A）	1.75	2.71	7.8	7.8
额定频率（Hz）	50～60	50～60	50～60	50～60
额定输入功率（W）	370	580	1700	1700
工作头空载转速（r/min）	10000	10000	8000	5800
机身质量（kg）	2.1	3.5	6.8	7.2
出厂价格（元/台）	120	220	320	346

（三）工作条件

（1）海拔不超过 1000m。

（2）环境空气温度不超过 40℃，不低于 -15℃。

（3）空气相对湿度不超过 90%（25℃）。

二、电动角向钻磨机

电动角向钻磨机是一种供钻孔和磨削两用的电动工具。当把工作部分换上钻夹头，并装上麻花钻时，即可对金属等材料进行钻孔加工。如把工作部分换上橡皮轮，装上砂布、抛布轮时，可对制品进行磨削或抛光加工。由于钻头与电动机轴向成直角，所以它特别适用于空间位置受限制不便使用普通电钻和磨削工具的场合，可用于建筑装饰工程中对多种材料的钻孔、清理毛刺表面、表面砂光及雕刻制品等。所用电机是单相串激交直流两用电动机。

电动角向钻磨机的规格以型号及钻孔最大直径表示。其技术参数见表 2-14。

电动角向钻磨机的技术参数　　表 2-14

型号	钻孔直径（mm）	抛布轮直径（mm）	电压（V）	电流（A）	输出功率（W）	负载转速（r/min）
回 $JIDI_6$	6	100	220	1.75	370	1200

三、磨床

（一）磨床的功用和类型

1. 磨床的功能

用磨料磨具（砂轮、砂带、油石或研磨料等）作为工具对工件表面进行切削加工的机床，统称为磨床。它们是由于精加工和硬表面加工的需要而发展起来的。目前也有不少用于粗加工的高效磨床。

磨床用于磨削各种表面，如内外圆柱面和圆锥面、平面、螺旋面、齿轮的轮齿表面以及各种成形面等，还可以刃磨刀具，应用范围非常广泛。

由于磨削加工容易得到高的加工精度和好的表面质量，所以磨床主要应用于零件精加工，尤其是淬硬钢件和高硬度特殊材料的精加工。近年来由于科学技术的发展，现代机械零件的精度和表面精糙度要求愈来愈高，各种高硬度材料应用日益增多，以及由于精密铸造和精密锻造工艺的发展，有可能将毛坯直接磨成成品；此外，随着高速磨削和强力磨削工艺的发展，进一步提高了磨削效率。因此磨床的使用范围日益扩大，它在金属切削机床中所占的比重不断上升，目前在工业发达的国家中，磨床在机床总数中的比例已达 30％～40％。

2. 磨床的种类

磨床的种类很多，其主要类型有：

（1）外圆磨床。外圆磨床包括万能外圆磨床、普通外圆磨床、无心外圆磨床等。

（2）内圆磨床。内圆磨床包括普通内圆磨床、无心内圆磨床、行星式内圆磨床等。

（3）平面磨床。平面磨床包括卧轴矩台平面磨床、立轴矩台平面磨床、卧轴圆台平面磨床、立轴圆台平面磨床等。

（4）工具磨床。工具磨床包括工具曲线磨床、钻头沟槽磨床、丝锥沟槽磨床等。

（5）刀具刃具磨床。刀具刃具磨床包括万能工具磨床、拉刀刃磨床、滚刀刃磨床等。

（6）各种专门化磨床。各种专门化磨床是专门用于磨削某一类零件的磨床，如曲轴磨床、凸轮轴磨床、花键轴磨床、活塞环磨床、齿轮磨床、螺纹磨床等。

（7）其他磨床。其他磨床种类很多，如研磨机、抛光机、超精加工机床、砂轮机等。

第三章　金属装饰材料

在各类建筑装饰工程中，以各种金属作为建筑装饰材料，在我国有着源远流长的光荣历史。例如，北京颐和园和泰安岱庙中的铜亭，泰山顶上的铜殿，云南昆明的金殿，西藏布达拉宫金碧辉煌的装饰等都是古代留下的光辉典范。现代则有金色的五角星闪耀在纪念性建筑物的塔尖上，民间则有紫铜屋面，现代建筑中有光彩夺目的铝合金门窗及其他金属装饰材料。这是因为金属装饰材料具有独特的性能、光泽和颜色，作为建筑装饰材料，显得庄重华贵、五彩缤纷，并且经久耐用，冠于其他各类建筑装饰材料。

第一节　建筑装饰钢材

一、建筑装饰钢材

建筑装饰钢材是建筑装饰工程中应用最广泛、最重要的建筑装饰材料之一。钢材具有许多重要的优点和优良的特性。主要表现在以下几个方面：一是材质比较均匀，性能比较可靠；二是具有较高的强度和较好的塑性和韧性，可承受各种性质的荷载；三是具有优良的可加工性，可焊、可铆、可切割，可制成各种型材；四是可按照设计制成各种形状，具有较好的可塑性。

建筑装饰钢材是指用于建筑装饰工程中的各种钢材。如用于建筑工程中的各种型钢、钢板、钢筋、钢丝等；如用于装饰工程中的普通不锈钢及制品、彩色不锈钢、彩色涂层钢板、彩色压型钢板、钢门帘板、轻钢龙骨等。

（一）钢材的分类及其化学成分

钢材是铁、碳、硅、锰、磷、硫以及少量其他元素组成的合金，其中以铁、碳合金为主。根据其碳的含量多少，又可分为钢与铁，含碳量大于 2.06% 的铁碳合金称为铁，含碳量小于 2.06% 的铁碳合金称为钢。

1. 钢材的分类

钢材的分类方法很多，主要有以下几种：

（1）按冶炼方法不同分类

1）按冶炼炉种不同分类。可分为平炉钢、氧气转炉钢、空气转炉钢和电炉钢 4 种。

①平炉钢。平炉钢是以固态或液态生铁、适量铁矿石和废钢作为主要原料，用煤气或重油作为燃料，进行冶炼而制得的钢。平炉钢冶炼的时间较长，去除杂质比较彻底，钢材的质量高，但成本较高。平炉主要用于冶炼优质碳素钢、合金钢及其他有特殊要求的专用钢。

②氧气转炉钢。氧气转炉钢是由炉顶向炉内吹入氧气，使熔融铁水中的碳和硫等有害杂质被氧化除去，从而得到比较纯净的钢水。氧气转炉炼钢的生产周期较短，生产效率比较高，杂质清除比较充分，钢材的质量较好，可以冶炼优质碳素钢和合金钢。

③空气转炉钢。空气转炉钢是向冶炼的铁水中吹入空气，以空气中的氧气将铁液中的碳和硫等杂质氧气除去。由于吹炼中较易吸收有害气体氮、氯等，以及冶炼时间短，不易准确控制其成分，所以钢材质量较差。由于空气转炉的设备投资小，冶炼中不需要燃料，冶炼速度较快，所以其成本较低。

④电炉钢。电炉钢是用电热进行冶炼的，其原料主要是废钢及铁。电炉熔炼温度可以自由调节，清除杂质比较容易，钢材的质量最好，但冶炼成本也最高，电炉主要用于冶炼优质碳素钢和特殊合金钢。

2）按脱氧程度不同分类：分为沸腾钢、镇静钢、半镇静钢和特殊镇静钢 4 种。

①沸腾钢。沸腾钢是一种脱氧不完全的钢，其组织不够致

密，成分不太均匀，质量比较差，浇铸后在钢液冷却时有大量一氧化碳气体外逸，引起钢液激烈沸腾。但其生产效率高、产量高、价格较低。沸腾钢的代号一般用“F”表示。

②镇静钢。镇静钢是一种脱氧程度比较完全的钢材，这种钢材组织致密，成分均匀，性能稳定，质量较好，在浇铸时钢液能平静地冷却凝固，与沸腾钢相比，其低温抗冲击韧性更为突出，是建筑装饰工程中首选的优质钢材。镇静钢的代号一般用“Z”表示。

③半镇静钢。半镇静钢的脱氧程度是一种介于沸腾钢和镇静钢之间的钢材，钢材质量较好，价格适中，用途比较广泛，是建筑装饰工程中用量较大的一种钢材。半镇静钢的代号一般用“B”表示。

④特殊镇静钢。特殊镇静钢是一种脱氧程度比镇静钢更加充分彻底的钢材，钢材质量最好，但生产周期较长，价格比镇静钢还高，所以在建筑工程中很少应用。特殊镇静钢的代号一般用“TZ”表示。

(2) 按化学成分不同分类

1) 碳素钢。碳素钢是以铁碳为主要成分的合金钢材，而其中碳对合金性质起决定性影响的钢称为碳素钢，其碳的含量在0.02%～2.06%范围，此外，还含有极少量的硅、锰和微量的硫、磷等元素。

按含碳量的不同，碳素钢又可分为低碳钢（其含碳量小于0.25%）、中碳钢（其含碳量为0.25%～0.60%）和高碳钢（其含碳量为0.60%～2.06%）3种。其含碳量越高，强度越大，但钢材的韧性和可焊性变差。

2) 合金钢。碳素钢中的含碳量高其强度虽然大，但韧性变低，因此碳素钢不能强度和韧性优良性能兼得，为改善这一状况，并为使其达到其他某些性能的要求，可在炼钢过程中加入合金元素。常用的合金元素有硅（Si）、锰（Mn）、钛（Ti）、钒（V）、铌（Nb）、铬（Cr）、镍（Ni）等。

按合金元素含量的总量不同，合金钢又可分为低合金钢（合金元素总含量小于5%)、中合金钢(合金元素总含量5%~10%)和高合金钢(合金元素总含量大于10%)3种。

(3)按钢材的质量不同分类

按钢材的质量不同分类，实质上是根据钢材中最有害杂质磷(P)和硫(S)的含量多少进行分类，可分为普通钢、优质钢、高级优质钢和特级优质钢4种。

1)普通钢。按国家有关标准规定，普通钢中磷的含量小于0.045%，硫的含量小于0.050%。

2)优质钢。按国家有关标准规定，优质钢中磷的含量小于0.035%，硫的含量小于0.035%。

3)高级优质钢。按国家有关标准规定，高级优质钢中磷的含量小于0.025%，硫的含量小于0.025%。

4)特级优质钢。按国家有关标准规定，特级优质钢中磷的含量小于0.025%，硫的含量小于0.015%。

(4)按钢材的用途不同分类

按钢材的用途不同进行分类，可以分为建筑钢、结构钢(碳素钢、合金钢)、工具钢(碳素工具钢、合金工具钢、高速工具钢)和特殊性能钢(不锈钢、耐酸钢、耐热钢等)。

二、建筑装饰钢材的标准与选用

建筑装饰工程中常用的钢材，主要是钢结构用钢，其又可分为碳素结构钢和低合金高强度结构钢。

1. 碳素结构钢

(1)牌号及其表示方法

根据国家标准《碳素结构钢》(GB700—88)中的规定，此类钢的牌号由代表屈服点的字母、屈服点数值、质量等级符号、脱氧方法等四部分按顺序组成。

其中，以“Q”代表屈服点，屈服点数值可分为195、215、235、255和275MPa五种;质量等级以硫、磷等杂质含量由多到少，分别由字母A、B、C、D表示;冶炼脱氧程度，以F表示沸腾钢、B表示半镇静钢、Z表示镇静钢、TZ表示特殊镇静钢。当钢材为镇静钢或特殊镇静钢时，符号“Z”和“TZ”可予以省略。

例如，Q235-A·F，表示该种钢材的屈服点为235MPa的A级沸腾碳素结构钢，其含碳量为0.14%～0.22%，含锰量为0.35%～0.65%，含硅量为不大于0.30%，含硫量不大于0.050%，含磷量不大于0.045%。

(2) 技术要求

根据国家标准规定，碳素结构钢的牌号和化学成分，应符合表3-1中的要求；碳素结构钢的力学性能，应符合表3-2中的要求；碳素结构钢的工艺性能(冷弯性能)，应符合表3-3中的要求。

碳素结构钢的化学成分（GB700—88） **表3-1**

牌号	等级	化学成分/%					脱氧方法
		C	Mn	Si	S	P	
				不大于			
Q195	—	0.06～0.12	0.25～0.50	0.30	0.05	0.045	F、b、Z
Q215	A	0.09～0.15	0.25～0.55	0.30	0.050	0.045	F、b、Z
	B				0.045		
Q235	A	0.14～0.22	0.35～0.65①	0.30	0.050	0.045	F、b、Z
	B	0.12～0.20	0.30～0.70①		0.045		
	C	≤0.18	0.35～0.80		0.040	0.040	Z
	D	≤0.17			0.035	0.035	TZ
Q255	A	0.18～0.28	0.40～0.70	0.30	0.050	0.045	Z
	B				0.045		
Q275	—	0.28～0.38	0.50～0.80	0.35	0.050	0.040	Z

①Q235A、Q235B级沸腾钢锰含量上限为0.60%。

(3) 碳素结构钢的选用

钢材的选用一方面要根据钢材的质量、性能及相应的标准；另一方面要根据工程使用条件对钢材性能的要求。

国家标准（GB700—88）将碳素结构钢分为五个牌号，每个

碳素结构钢的力学性质（GB700—88） **表 3-2**

牌号	等级	拉伸试验													冲击试验	
		屈服点 σ_s（N/mm²）						抗拉强度 σ_b（N/mm²）	伸长率 δ_s（%）						温度（℃）	V 型冲击功（纵向）（J）
		钢材厚度（直径）（mm）							钢材厚度（直径）（mm）							
		≤16	>16～40	>40～60	>60～100	>100～140	>150		≤16	>16～40	>40～60	>60～100	>100～140	>150		
		≥							≥							≥
Q195	—	(195)	(185)	—	—	—	—	315～430	33	32	—	—	—	—	—	—
Q215	A	215	205	195	185	175	165	335～450	31	30	29	28	27	26	—	—
	B														20	27
Q235	A	235	225	215	205	195	185	375～500	26	25	24	23	22	21	—	—
	B														20	27
	C														0	
	D														-20	
Q255	A	255	245	235	225	215	205	410～550	24	23	22	21	20	19	—	—
	B														20	27
Q275	—	275	265	255	245	235	225	490～630	20	19	18	17	16	15	—	—

牌号又分为不同的质量等级。一般来讲，钢材牌号数值越大，含碳量越高，其强度和硬度也就越高，但其塑性、韧性降低。平炉钢和氧气转炉钢的质量均较好，硫、磷含量低的D、C级钢质量优于B、A级钢的质量，特殊镇静钢、镇静钢质量优于半镇静钢，更优于沸腾钢，但质量好的钢成本较高。

碳素结构钢的工艺性能（GB700—88） **表3-3**

牌　号	试样方向	冷弯试验 $B=2a$，180°		
		钢材厚度（直径）(mm)		
		≤60	>60～100	>100～200
		弯心直径 d		
Q195	纵 横	0 0.5a	—	—
Q215	纵 横	0.5a 1.0a	1.5a 2.0a	2.0a 2.5a
Q235	纵 横	1.0a 1.5a	2.0a 2.5a	2.5a 1.0a
Q255 Q275	— —	2.0a 3.0a	3.0a 2.0a	3.5a 4.5a

注：B为试样宽度，a为钢材厚度（直径）。

工程结构的荷载类型、焊接情况及环境温度等条件，对钢材性能有不同的要求，选用钢材时必须满足。一般情况下，沸腾钢在下述情况下是限制使用的：①在直接承受动荷载的焊接结构；②非焊接结构而计算温度等于或低于-20℃；③受静荷载及间接动荷载作用，而计算温度等于或低于-30℃时的焊接结构。

建筑装饰钢结构中，主要应用的是Q235，即用Q235钢轧成的各种型材、钢板和管材。Q235钢材的强度、韧性和塑性以及可加工等综合性能较好，且冶炼方便、成本较低。由于Q235-D含有足够的形成细粒结构的元素，同时对硫、磷元素控制比较严格，其冲击韧性好，抵抗振动、冲击荷载的能力强，尤其在一定负温条件下，较其他牌号更为合理。但Q235-A级钢一般仅适用于承受静荷载作用的结构。

Q215 钢材强度低、塑性大、受力产生变形大，经冷加工后可代替 Q235 钢使用。

Q275 钢材虽然强度很高，但塑性较差，有时轧成带肋钢筋用于钢筋混凝土中，很少用于装饰工程。

2. 低合金高强度结构钢

(1) 牌号及其表示方法

近几年，我国按照“多元少量”的原则，发展了硅钒系、硅钛系、硅锰等低合金高强度结构钢。根据国家标准《低合金高强度结构钢》（GB1591—94）规定，共分为 Q295、Q345、Q390、Q420 和 Q460 五个牌号。所加元素主要有锰、硅、钡、钛、铌、铬、镍及稀土元素。其牌号的表示方法由屈服点字母 Q、屈服点数值、质量等级（分 A、B、C、D、E 五级）三部分组成。

(2) 技术要求

低合金高强度结构钢比相同含碳量的普通碳素结构钢，具有更高的屈服点和抗拉强度。实际工程证明，用低合金高强度结构钢代替普通碳素结构钢，不仅可以节约钢材 20%～30%，而且还具有良好的塑性、冷加工性、可焊性、耐腐蚀性和较高的低温冲击韧性。

低合金高强度结构钢之所以具有以上优良性能，是因为掺加了适量的合金元素，改善了钢材的某些性能。因此，对其化学成分要求比较严格。

低合金高强度结构钢的化学成分，见表 3-4。

低合金高强度结构钢的力学性能，见表 3-5。

(3) 低合金高强度结构钢的应用

合金元素加入钢材后，改变了其原来钢的组织和性能。以含碳量相近的 18Nb 或 16Mn 与碳素结构钢 Q235 相比，屈服点提高了约 32%，同时仍具有良好的塑性、冲击韧性、可焊性、耐蚀性及耐低温性等优点。

钢材进行合金化，一般是利用铁矿石或废钢中原有的合金元素（如铌、铬等）；或者加入一些廉价的合金元素（如硅、锰

低合金高强度结构钢的化学成分 **表 3-4**

牌号	质量等级	化学成分（%）										
		C ≤	Mn	Si	P ≤	S ≤	V	Nb	Ti	Al ≥	Cr ≤	Ni ≤
Q295	A	0.16	0.80～1.50	0.55	0.045	0.045	0.02～0.15	0.015～0.060	0.02～0.20	—	—	—
	B	0.16	0.80～1.50	0.55	0.040	0.040	0.02～0.15	0.015～0.060	0.02～0.20	—		
Q345	A	0.20	1.00～1.60	0.55	0.045	0.045	0.02～0.15	0.015～0.060	0.02～0.20	—	—	—
	B	0.20	1.00～1.60	0.55	0.040	0.040	0.02～0.15	0.015～0.060	0.02～0.20	—		
	C	0.20	1.00～1.60	0.55	0.035	0.035	0.02～0.15	0.015～0.060	0.02～0.20	0.015		
	D	0.18	1.00～1.60	0.55	0.030	0.030	0.02～0.15	0.015～0.060	0.02～0.20	0.015		
	E	0.18	1.00～1.60	0.55	0.025	0.025	0.02～0.15	0.015～0.060	0.02～0.20	0.015		
Q390	A	0.20	1.00～1.60	0.55	0.045	0.045	0.02～0.20	0.015～0.060	0.02～0.20	—	0.30	0.70
	B	0.20	1.00～1.60	0.55	0.040	0.040	0.02～0.20	0.015～0.060	0.02～0.20	—	0.30	0.70
	C	0.20	1.00～1.60	0.55	0.035	0.035	0.02～0.20	0.015～0.060	0.02～0.20	0.015	0.30	0.70
	D	0.20	1.00～1.60	0.55	0.030	0.030	0.02～0.20	0.015～0.060	0.02～0.20	0.015	0.30	0.70
	E	0.20	1.00～1.60	0.55	0.025	0.025	0.02～0.20	0.015～0.060	0.02～0.20	0.015	0.30	0.70
Q420	A	0.20	1.00～1.70	0.55	0.045	0.045	0.02～0.20	0.015～0.060	0.02～0.20	—	0.40	0.70
	B	0.20	1.00～1.70	0.55	0.040	0.040	0.02～0.20	0.015～0.060	0.02～0.20	—	0.40	0.70
	C	0.20	1.00～1.70	0.55	0.035	0.035	0.02～0.20	0.015～0.060	0.02～0.20	0.015	0.40	0.70
	D	0.20	1.00～1.70	0.55	0.030	0.030	0.02～0.20	0.015～0.060	0.02～0.20	0.015	0.40	0.70
	E	0.20	1.00～1.70	0.55	0.025	0.025	0.02～0.20	0.015～0.060	0.02～0.20	0.015	0.40	0.70
Q460	C	0.20	1.00～1.70	0.55	0.035	0.035	0.02～0.20	0.015～0.060	0.02～0.20	0.015	0.70	0.70
	D	0.20	1.00～1.70	0.55	0.030	0.030	0.02～0.20	0.015～0.060	0.02～0.20	0.015	0.70	0.70
	E	0.20	1.00～1.70	0.55	0.025	0.025	0.02～0.20	0.015～0.060	0.02～0.20	0.015	0.70	0.70

注：表中的 Al 为全铝含量。如化验酸溶铝时，其含量应不小于 0.010%。

低合金高强度结构钢的力学性能（GB1591—94） **表 3-5**

牌号	质量等级	屈服点 σ_s（MPa）				抗拉强度 σ_b（MPa）	伸长率 δ_s（%）	冲击功（A_{kv}）（纵向）（J）				180°弯曲试验 d—弯心直径 a—试件厚度（直径）	
		厚度（直径、边长）（mm）						+20℃	0℃	-20℃	-40℃	钢材厚度（直径）（mm）	
		≤15	>16~35	>35~50	>50~100							≤16	>16~100
		≥					≥						
Q295	A	295	275	255	235	390~570	23	—				$d=2a$	$d=3a$
	B	295	275	255	235	390~570	23	34				$d=2a$	$d=3a$
Q345	A	345	325	295	275	470~630	21	—				$d=2a$	$d=3a$
	B	345	325	295	275	470~630	21					$d=2a$	$d=3a$
	C	345	325	295	275	470~630	22	34				$d=2a$	$d=3a$
	D	345	325	295	275	470~630	22		34			$d=2a$	$d=3a$
	E	345	325	295	275	470~630	22			34	27	$d=2a$	$d=3a$
Q390	A	390	370	350	330	490~650	19	—				$d=2a$	$d=3a$
	B	390	370	350	330	490~650	19					$d=2a$	$d=3a$
	C	390	370	350	330	490~650	20	34				$d=2a$	$d=3a$
	D	390	370	350	330	490~650	20		34			$d=2a$	$d=3a$
	E	390	370	350	330	490~650	20			34	27	$d=2a$	$d=3a$
Q420	A	420	400	380	360	520~680	18	—				$d=2a$	$d=3a$
	B	420	400	380	360	520~680	18					$d=2a$	$d=3a$
	C	420	400	380	360	520~680	19	34				$d=2a$	$d=3a$
	D	420	400	380	360	520~680	19		34	34		$d=2a$	$d=3a$
	E	420	400	380	360	520~680	19				27	$d=2a$	$d=3a$
Q460	C	460	440	420	400	550~720	17					$d=2a$	$d=3a$
	D	460	440	420	400	550~720	17		34			$d=2a$	$d=3a$
	E	460	440	420	400	550~720	17			34	27	$d=2a$	$d=3a$

等)；有特殊要求时，也可加入少量的合金元素（如钛、钒等)。冶炼设备基本上与生产碳素钢相同，因此，这种钢材的成本与普通碳素结构钢基本接近。

低合金高强度结构钢主要是用于轧制各种型钢、钢板、钢管及钢筋，可以广泛用于钢结构和钢筋混凝土结构中。采用低合金高强度结构钢，可减轻结构重量，延长使用寿命，特别是用于大跨度、大柱网结构，技术经济效果更加显著。

三、装饰用钢材制品

在现代建筑装饰工程中，金属制品越来越受到人们的重视和欢迎，应用范围越来越广泛。如柱子外包不锈钢，楼梯扶手采用不锈钢钢管等。目前，建筑装饰工程中常用的钢材制品种类很多，主要有不锈钢钢板与钢管、彩色不锈钢板、彩色涂层钢板、彩色压型钢板、镀锌钢卷帘门及轻钢龙骨等。

(一) 普通不锈钢

1. 普通不锈钢的特性

普通建筑钢材在一定介质的侵蚀下，很容易产生锈蚀。据有关资料统计，每年全世界有上千万吨钢材遭到锈蚀破坏。钢材的锈蚀破坏有两种：一是化学腐蚀，即在常温下钢材表面受氧化而生成氧化膜层，产生体积膨胀而开裂脱落破坏；二是电化学腐蚀，这是由于钢材在较潮湿的空气中，其表面发生“微电池”作用而产生的腐蚀。钢材的腐蚀大多数属于电化学腐蚀，是难以避免的一种腐蚀。

试验结果表明：当钢中加入适量的铬（Cr）元素时，就能大大提高其耐蚀性，不锈钢就是在钢中掺加铬合金的一种合金钢，钢中的铬含量越高，钢的抗腐蚀性能越好。如果铬的含量达到11.5%时，铬就足以在钢材表面形成一层惰性的氧化铬膜（也称钝化膜)。不锈钢中除含有铬外，还含有镍、锰、钛、硅等元素，这些合金元素均能影响不锈钢的强度、塑性、韧性和耐蚀性。

2. 普通不锈钢制品

普通不锈钢按其化学成分不同，可分为铬不锈钢、铬镍不锈钢和高锰低铬不锈钢等。我国生产的普通不锈钢产品已达 40 多个品种，其中建筑装饰用的不锈钢，主要是 Cr18Ni8、1Cr17Mn2Ti 等几种。在建筑装饰工程所用的普通不锈钢制品主要是薄钢板，其中厚度小于 2mm 的不锈钢薄钢板用得最多。常用普通不锈钢薄钢板的规格，见表 3-6 所示。

常用普通不锈钢薄钢板的参考规格 **表 3-6**

钢板厚度（mm）	钢板宽度（mm）									备注
	500	600	700	750	800	850	900	950	1000	
	钢板长度（mm）									
0.35、0.40、0.45、0.50		1200		1000						热轧钢板
0.55、0.60	1000	1500	1000	1500	1500		1500	1500		
0.70、0.75	1500	1800	1420	1800	1600	1700	1800	1900	1500	
	2000	2000	2000	2000	2000	2000	2000	2000	2000	
0.80				1500	1500	1500	1500	1500		
0.90	1000	1200	1400	1800	1600	1700	1800	1900	1500	
	1500	1420	2000	2000	2000	2000	2000	2000	2000	
1.0、1.1				1000			1000			
1.2、1.25、1.4、1.5	1000	1200	1000	1500	1500	1500	1500	1500		
1.6、1.8	1500	1420	1420	1800	1600	1700	1800	1900	1800	
	2000	2000	2000	2000	2000	2000	2000	2000	2000	
0.20、0.25		1200	1420	1500	1500	1500				冷轧钢板
0.30、0.40	100	1800	1800	1800	1800	1800	1500		1500	
		2000	2000	2000	2000	2000	2000		2000	
0.50、0.55		1200	1420	1500	1500	1500				
0.60	1000	1800	1800	1800	1800	1800	1500		1500	
	1500	2000	2000	2000	2000	2000	1800		2000	
0.70		1200	1420	1500	1500	1500				
0.75	1000	1800	1800	1800	1800	1800	1500		1500	
	1500	2000	2000	2000	2000	2000	1800		2000	
0.80		1200	1420	1500	1500	1500	1500			
0.90	1000	1800	1800	1800	1800	1800	1800		1500	
	1500	2000	2000	2000	2000	2000	2000		2000	
1.0、1.1、1.2、1.4	1000	1200	1420	1500	1500	1500				
1.5、1.6	1500	1800	1800	1800	1800	1800	1800			
1.8、2.0	2000	2000	2000	2000	2000	2000	2000		2000	

普通不锈钢除可制成薄钢板外，还可以加工成各种型材、管材及各种异型材，在建筑装饰工程中可用做屋面、幕墙、隔墙、门窗、内外墙装饰面、栏杆扶手等。目前，普通不锈钢包柱，不仅是一种新颖的具有很高观赏价值的建筑装饰手法，而且以其镜面的反射作用，可取得与周围环境中的各种色彩、景物交相辉映的优良装饰效果。普通不锈钢作为一种现代的高档柱面装饰方法，在国内外发展非常迅速。

（二）彩色不锈钢板

彩色不锈钢板系在普通不锈钢钢板的基面上，通过进行艺术性和技术性的精心加工，使其表面上成为具有各种绚丽色彩的不锈钢装饰板，其颜色有蓝、灰、紫、红、青、绿、橙、茶色、金黄等多种，能满足各种装饰的要求。

彩色不锈钢钢板具有抗腐蚀性强、有较高的机械性能、彩色面层经久不褪色、色泽随光照的角度不同会产生色调变幻等特点，而且色彩能耐200℃的温度不变，耐烟雾腐蚀性能超过普通不锈钢，耐磨和耐刻划性能相当于箔层涂金的性能。其可加工性很好，当弯曲90°时彩色层不会损坏。

彩色不锈钢钢板的用途很广泛，可用于厅堂墙板、顶棚、电梯厢板、车厢板、建筑装潢、广告招牌等装饰之用，采用彩色不锈钢钢板装饰墙面，不仅坚固耐用、美观新颖，而且具有浓厚的时代气息。

不锈钢装饰板是近年来广泛使用的一种新型装饰材料，而且还在不断发展、创新。主要品种有镜面不锈钢板（又名不锈钢镜面板、镜钢板）、彩色不锈钢板、彩色不锈钢镜面板、钛金不锈钢装饰板等。

1. 不锈钢镜面板

不锈钢镜面板是以不锈钢薄板经特殊抛光处理加工而成。板面光明如镜，其反射率、变形率均与高级镜面相似，但装饰效果却比玻璃镜优异得多，具有光亮照人、富丽堂皇、耐火、耐水、耐潮、耐腐蚀、不变形、不破碎、安装方便等特点，适用于高级宾馆、饭店、影剧院、舞厅、会堂、机场候机楼、车站码头、艺术馆、办公楼、商场及民用建筑的室内外墙面、柱面、檐口、门面、顶棚、装饰面、门贴脸等处的装饰贴面。

2. 彩色不锈钢板

彩色不锈钢板是在普通不锈钢板上，通过独特的工艺配方，使其表面产生一层透明的转化膜，光通过彩色膜的折射和反射，产生物理光学效应，在不同的光线下，从不同角度观察，给人以奇妙、变幻之感。彩色不锈钢不仅具有优良的抗弯曲性、抗冲击性及优异的耐火、耐化学腐蚀性，而且彩色膜不会因弯曲、冲击、切削或受压而剥落、脱层。

彩色不锈钢板有玫瑰红、玫瑰紫、宝石蓝、天蓝、深蓝、翠绿、荷绿、茶色、青铜、金黄等色及各种图案。用途同不锈钢镜面板。

3. 钛金不锈钢装饰板

钛金不锈钢装饰板是近几年出现的一种彩色不锈钢钢板，它采用国际上最先进的钛金镀膜技术，通过多弧离子镀膜设备，把氮化钛、掺金离子镀金复合涂层镀在不锈钢板、不锈钢镜面板上而制造出的豪华装饰板。主要产品有钛金板、钛金镜面板、钛金刻花板、钛金不锈钢覆面墙地砖等。

钛金不锈钢装饰板颜色鲜明、豪华富丽、钛金镀膜永不褪色；制品可弯可折可任意加工而镀膜不会损伤脱落。多用于高档超豪华建筑，适用范围同不锈钢镜面板。其中，钛金不锈钢覆面墙地砖则专用于墙面、楼地面的装饰。

钛金不锈钢装饰板的产品性能应达到相应的标准。产品的规格平面尺寸一般为：1220mm × 2440mm、1220mm × 3048mm，其厚度有 0.6、0.7、0.8、0.9、1.0、1.2、1.5mm 等多种。

（三）彩色涂层钢板

彩色涂层钢板是近 30 年国际上迅速发展起来的一种新型钢预涂产品。涂装质量远比对成型金属表面进行单件喷涂或刷涂的质量更均匀、更稳定、更理想。它是以冷轧钢板、电镀锌钢板或热镀锌钢板为基板经过表面脱脂、磷化、铬酸盐等处理后，涂上有机涂料经烘烤而制成的产品。常简称为“彩涂板”或“彩板”。当基板为镀锌板时，被称为“彩色镀锌钢板”。

1. 彩色涂层钢板的类型

按彩色涂层钢板的结构不同，大致可分为涂装钢板、PVC钢板、隔热涂装钢板、高耐久性涂层钢板等。

（1）涂装钢板：它是以镀锌钢板为基体，在其正面和背面都进行涂装，以保证它的耐腐蚀性。正面第一层为底漆，通常涂抹环氧底漆，因为它与金属的附着力很强。背面也涂有环氧或丙烯酸树脂，面层过去采用醇酸树脂，现在改为聚酯类涂料和丙烯酸树脂涂料。

（2）PVC钢板：它分为两种类型，一种是用涂布PVC糊的方法生产的，称为涂布PVC钢板；另一种是将已成型和印花或压花PVC膜贴在钢板上，称为贴膜PVC钢板。无论是涂布法或贴膜法，表面的PVC层均比较厚，可达200～300μm，而一般涂装钢板的涂层厚度仅20μm左右。PVC是热塑性的，表面可以热加工（如压花），可使表面质感丰富。它具有柔性，因而可以二次加工（如弯曲等），其耐腐蚀性和耐湿性也比较优越。PVC表面涂层的主要缺点是易产生老化，为改善这一缺点，已出现在PVC表面再复合丙烯酸树脂的复合型PVC钢板。

（3）隔热涂装钢板：它是在彩色涂层钢板的背面贴上15～17mm的聚苯乙烯泡沫塑料或硬质聚氨酯泡沫塑料，以提高涂层钢板的隔热及隔声性能，现在我国已开始生产隔热涂装钢板这种产品。

（4）高耐久性涂层钢板：它由于采用耐老化性极好的氟塑料和丙烯酸树脂作为表面涂层，所以其具有极好的耐久性、耐腐蚀性。

彩色涂层钢板的结构还是比较复杂的，如图3-1所示。

彩色涂层钢板的类型见表3-7。

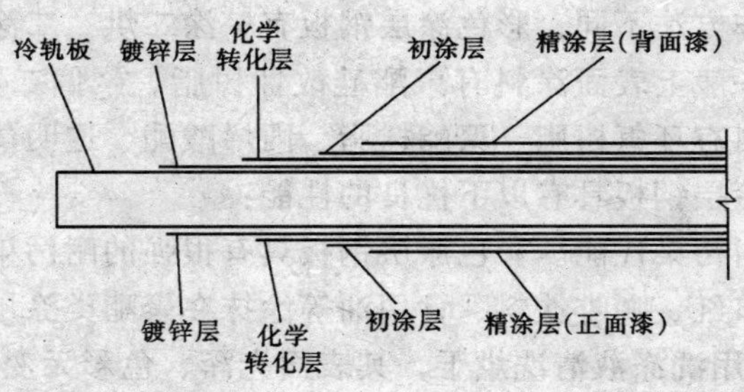

图 3-1 彩色涂层钢板的结构

彩色涂层钢板分类及规格

（摘自宝山钢铁厂冷轧厂产品资料） **表 3-7**

项目 \ 基板种类	冷轧板、电镀锌板、热镀锌板		
用途	类别		代号
	建筑外用		JW
	建筑内用		JN
	家具		JJ
	家用电器		JD
	钢窗		GC
	其他		QT
涂料种类	聚酯		JZ
	硅改性聚酯		GZ
	聚偏氟乙烯		JF
	聚氯乙烯-塑料溶胶		SJ
规格（mm）	厚度	冷轧基板	镀锌基板
		0.3～20	0.5～20
	宽度	900～1550	
	长度	钢板	钢带内径
		1000～4000	610

2．彩色涂层钢板的性能

按制作方法不同，彩色涂层钢板有一涂二烘、二涂二烘两类型产品。一般上表面涂料有聚酯硅改性树脂、聚偏二氟乙烯等，下表面涂料有环氧树脂、聚酯树脂、丙烯酸酯、透明清漆等。因此，彩色涂层钢板具有以下优良的性能：

（1）耐污染性能。彩色涂层钢板具有很强的耐污染性能，将番茄酱、口红、咖啡饮料、食用油等涂抹在聚酯类涂层表面，放置2h后，用洗涤液清洗烘干，其表面光泽、色彩无变化。

（2）耐高温性能。经多次试验证明，彩色涂层钢板在120℃烘箱中连续加热90h，涂层的光泽、颜色无任何变化。

（3）耐低温性能。彩色涂层钢板试样在－54℃低温下放置24h后，涂层弯曲、冲击性能无明显变化。

（4）耐沸水性能。各类涂层产品试样在沸水中浸泡60min后，表面的光泽和颜色无任何变化，也不出现起泡、软化、膨胀等现象。

彩色涂层钢板基材的化学成分和力学性能应符合相应标准的规定；涂层性能应符合GB1275—91的有关规定。

3. 彩色涂层钢板的用途

彩色涂层钢板的用途十分广泛，不仅可以用做建筑外墙板、屋面板、护壁板等，而且还可以用做防水汽渗透板、排气管道、通风管道、耐腐蚀管道、电气设备等，也可以用做构件以及家具、汽车外壳等，是一种非常有发展前途的装饰性板材。

（四）覆塑复合金属板

覆塑金属板是目前一种最新型的的装饰性钢板，我国已引进日本生产线开始生产。这种金属板是以Q235、Q255金属板（钢板或铝板）为基材，经双面化学处理，再在表面覆以厚0.2～0.4mm的软质或半软质聚氯乙烯膜，然后在塑料膜上贴保护膜，在背面涂背漆加工而成。产品为不燃材料，有多种颜色，色彩高雅，富有立体感，具有良好的防蚀、防锈性能，而且具有耐久性好、美观大方、施工方便等优点。不仅被广泛用于交通运输或生活用品方面，如汽车外壳、家具等，而且适用于内外墙、顶棚吊顶、隔板、隔断、电梯间等处的装饰。

覆塑复合钢板是一种多用装饰钢材。覆塑复合钢板的规格及性能，见表 3-8。

覆塑复合钢板的规格及性能 **表 3-8**

产品名称	规格(mm)	技术性能
塑料复合钢板	长:1800、2000 宽:450、500、1000 厚:0.35、0.40、0.50、0.60、0.70、0.80、1.0、1.5、2.0	耐腐蚀性:可耐酸、碱、油、醇类的腐蚀。但对有机溶剂的耐腐蚀性差 耐水性能:耐水性好 绝缘、耐磨性能:良好 剥离强度及深冲性能:塑料与钢板的剥离强度≥20N/cm²。当冷弯其 180°,复合层不分离开裂 加工性能:具有普通钢板所具有的切断、弯曲、深冲、钻孔、铆接、咬合、卷材等性能,加工温度以 20～40℃最好 使用温度:在 10～60℃可以长期使用,短期可耐 120℃

（五）铝锌钢板及铝锌彩色钢板

铝锌钢板又名镀铝锌钢板、镀铝锌压型钢板。它是以冷轧压型钢板经连续浸镀铝锌合金处理而成。基材强度为 560MPa，铝锌合金成分约为铝 55%、锌 43.5%、硅 1.5%。铝锌钢板表面光亮如镜，具有轻质高强及优异的隔热、耐腐蚀性能。适用于各种建筑物的墙面、屋面、檐口等处。

铝锌彩色钢板又名镀铝锌彩色钢板、镀铝锌压型彩色钢板。它是以冷轧压型钢板经铝锌合金涂料热浸处理后，再经烘烤涂装而成。颜色有灰白、海蓝等多种，产品 20 年内不会脱裂或剥落。

铝锌钢板及铝锌彩色钢板的规格：厚度一般为 0.45、0.60mm；有效宽度为 975mm；长度可任意，但最长不超过 12m。

（六）彩色压型钢板

彩色压型钢板是以镀锌钢板为基材，经过成型机的轧制，并涂敷各种耐腐蚀性涂层与彩色烤漆而制成的轻型围护结构材料。

这种钢板具有质量很轻、抗震性好、耐久性强、色彩鲜艳、易于加工、施工方便、价格较低等优点。适用于工业与民用及公共建筑的屋盖、墙板及墙壁装贴等。

彩色压型钢板的规格及特征，见表3-9，其常用板型如图3-2所示。

各种彩色压型钢板的规格及特征 **表3-9**

板材名称	材质与标准	板厚(mm)	涂层特征	应用部位
C.G.S.S	镀锌钢板 日本标准 (JISG3302)	0.80	上下涂丙烯酸树脂涂料，外表面为深绿色、内表面淡绿色烤漆	屋面 W550板
C.G.S.S	镀锌钢板 日本标准 (JISG3302)	0.50 0.60	上下涂丙烯酸树脂涂料，外表面为深绿色，内表面淡绿色烤漆	墙面 V115N板
G.A.A.S.S	镀锌钢板 日本标准 (JIS314) 锌附着重 $20g/m^2$	0.50	化合处理层加高性能结合层加石棉绝缘层加合成树脂层，两面彩色烤漆	屋脊、屋面与墙壁接头异形板
强化 C.G.S.S	日本标准 (JISG3302)	0.80	在C.G.S.S涂层中加入玻璃纤维，两面彩色烤漆	特殊屋面墙面
镀锌板 KP-1	日本标准 (JISG3352)	1.2	锌合金涂层	特殊辅助建筑用板

(七) 搪瓷装饰板

搪瓷装饰板是以钢板、铸铁等为基底材料，在此基底材料的表面上涂覆一层无机物，经高温烧成后，能牢固地附着于基底材

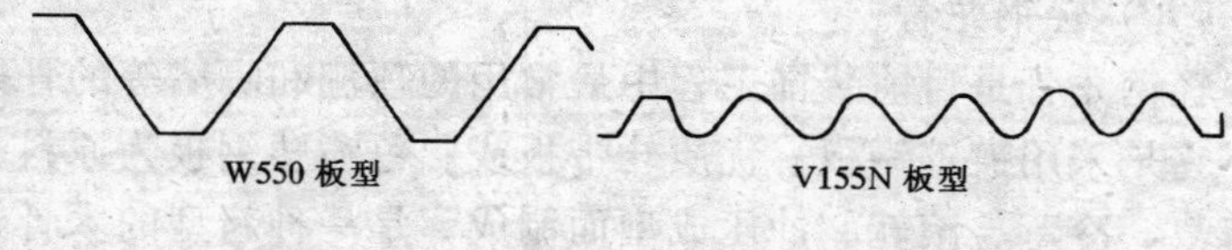

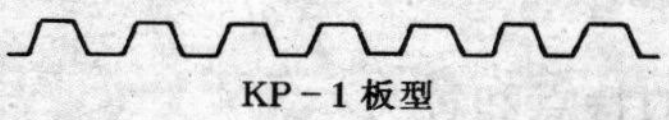

图 3-2 压型钢板的型式

料表面的一种装饰材料。在基底材料表面所生成的光洁度较高、装饰性好的这层物质就是搪瓷。

搪瓷装饰板不仅具有金属基板的刚度，而且具有搪瓷釉层的化学稳定性和良好的装饰性。金属基板的表面经涂覆装饰搪瓷釉面后，不生锈、耐酸碱、防火、绝缘，并且受热后不易氧化。在搪瓷装饰板的表面，可采用贴花、丝网印花和喷花等加工工序，制成各种绚丽色彩和艺术图案。另外，由于搪瓷装饰板的装饰性好、耐磨性高、质量较轻，所以不仅可用于各类建筑的内外墙面的装饰，而且也可制成小块幅面作为家庭用的装饰品。

（八）钢门帘板

门帘板是钢卷帘门的主要构件。通常所用产品的厚度为1.5mm，展开宽度为130mm，每米帘板的理论质量为8.2kg，材质为优质碳素钢，表面镀锌处理。门帘板的横断面如图3-3所示。

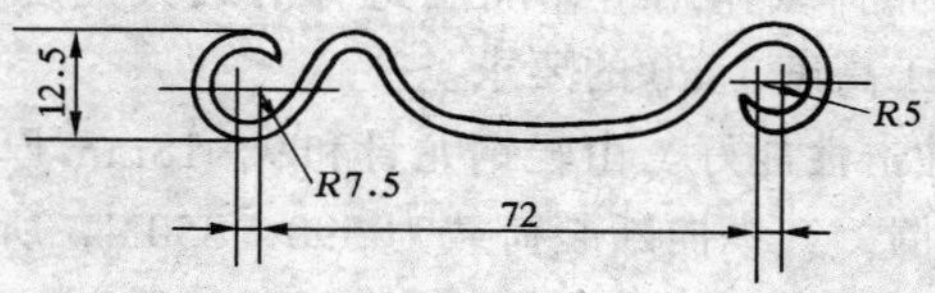

图 3-3 门帘板横断面图

钢门帘板不仅坚固耐久、整体性好，而且具有极好的装饰、美观作用，还具有良好的防盗性。这种钢材装饰材料可以广泛用于商场、仓库及银行建筑的大门或橱窗设施。

（九）轻钢龙骨

轻钢龙骨是目前装饰工程中最常用的顶棚和隔墙等的骨架材料，它是采用镀锌钢板、优质轧带板或彩色喷塑钢板为原料，经过剪裁、冷弯、滚轧、冲压成型而制成，是一种新型的木骨架的换代产品。

1. 轻钢龙骨的特点和种类

(1) 轻钢龙骨的特点

1）自身质量较轻。轻钢龙骨是一种轻质材料。用这种材料制作的吊顶自重仅为 3～4kg/m^2，若用 9mm 厚的石膏板组成吊顶，则为 11kg/m^2 左右，为抹灰吊顶重的 1/4。隔断的自重为 5kg/m^2，两侧各装 12mm 厚的石膏板组成的隔墙重约 25～27kg/m^2，只相当于半砖墙质量 1/10。

2）防火性能优良。由轻钢龙骨和 2～4 层石膏板所组成的隔断，其耐火极限可达到 1.0～1.6h。因此，轻钢龙骨具有优良的防火性能。

3）施工效率较高。由于轻钢龙骨是一种轻质材料，并可以采用装配式的施工方法，因此，其施工效率较高，一般施工技术水平，每工日可完成隔断 3～4m^2。

4）结构安全可靠。由于轻钢龙骨具有强度较高、刚度较大等优良特点，因此，用其制成的结构非常安全可靠。例如，用宽为 50～150mm 的隔墙龙骨做 3.25～6.0m 高的隔断时，在 250N/m^2 均布荷载作用下，隔墙龙骨的最大挠度值可满足标准规定的不大于高度 1/20 的要求。

5）抗冲击性能好。由轻钢龙骨和 9～18mm 厚的普通纸面石膏板组成隔墙，其纵向断裂荷载为 390～850N，所以其抗冲击性能良好。

6）抗震性能良好。轻钢龙骨和面层常采用射钉、抽芯铆钉和自攻螺丝这类可滑动的连接件固定，在地震剪力的作用下，隔断仅产生支承滑动，而轻钢龙骨和面层本身受力甚小，不会产生破坏。

7）可提高隔热、隔声效果及室内利用率。因轻钢龙骨隔断占地面积很小，如 Q75 轻钢龙骨和两层 12mm 石膏板所组成的隔断，宽度仅 99mm，而其保温隔热性能却远远超过一砖厚的墙。若在轻钢龙骨内再填充岩棉等保温材料，其保温隔热效果可以相当于 37 墙体，通常在娱乐场所、会议室等隔墙或顶棚中采用此种材料施工，不仅可以解决隔声和保温的问题，而且还可以提高室内的利用率。

（2）轻钢龙骨的种类

轻钢龙骨按其断面型式不同，可以分为 C 形龙骨、U 形龙骨、T 形龙骨和 L 形龙骨等多种。

C 形龙骨主要用于隔墙，即 C 形龙骨组成骨架后，两面再装以面板从而组成隔断墙。U 形龙骨和 T 形龙骨主要用于吊顶，即在 U 形龙骨 T 形龙骨组成骨架后，装以面板从而组成明架或暗架顶棚。

在轻钢龙骨中，按其使用部位不同可分为吊顶龙骨和隔断龙骨。吊顶龙骨的代号为 D，隔断龙骨的代号为 Q。吊顶龙骨又分为主龙骨（大龙骨）和次龙骨（中龙骨、小龙骨）。主龙骨也称为“承重龙骨”，次龙骨也称为“覆面龙骨”。隔断龙骨又分为竖龙骨、横龙骨和通贯龙骨等。

轻钢龙骨按龙骨的承重荷载不同，分为上人吊顶龙骨和非上人吊顶龙骨。

（3）轻钢龙骨的技术要求

轻钢龙骨的技术要求，主要包括对外观质量、角度允许偏差、内角半径、尺寸允许偏差、力学性能等方面。具体要求应分别符合表 3-10、表 3-11、表 3-12、表 3-13 和表 3-14 中的规定。

轻钢龙骨的外观质量要求　　表 3-10

缺陷种类	优等品	一等品	合格品
腐蚀、损伤、黑斑、麻点	不允许	无较严重的腐蚀、损伤、麻点。总面积不大于 $1cm^2$ 的黑斑，每米长度内不得多于 5 处	

轻钢龙骨角度允许偏差要求　　表 3-11

成形角的最短边尺寸（mm）	优等品	一等品	合格品
10～18	±1°15′	±1°30′	±2°00′
＞18	±1°00′	±1°15′	±1°30′

轻钢龙骨内角半径要求（mm）　　表 3-12

钢板厚度（不大于）	0.75	0.80	1.00	1.20	1.50
弯曲内角半径 R	1.25	1.50	1.75	2.00	2.25

轻钢龙骨的尺寸允许偏差（mm）　　表 3-13

项目			优等品	一等品	合格品
长度			+30 −10		
覆面龙骨断面尺寸	底面尺寸	＜30	±1.0		
		＞30	±1.5		
	侧面尺寸		±0.3	±0.4	±0.5
其他龙骨断面尺寸	底面尺寸		±0.3	±0.4	±0.5
	侧面尺寸	＜30	±1.0		
		＞30	±1.5		
吊顶承载龙骨和覆面龙骨侧面和底面的平整度			1.0	1.5	2.0

吊顶轻钢龙骨的力学性能　　表 3-14

项目		力学性能要求
静载试验	覆面龙骨	最大挠度不大于 10.0mm，残余变形不大于 2.0mm
	承载龙骨	最大挠度不大于 5.0mm，残余变形不大于 2.0mm

2. 隔墙轻钢龙骨

(1) 隔墙轻钢龙骨的种类和规格

根据《建筑用轻钢龙骨》（GB1981—89）中的规定，隔墙轻钢龙骨产品的主要规格有：Q50、Q75、Q100、Q150 系列，其中 Q75 系列以下的轻钢龙骨，用于层高 3.5m 以下的隔墙；Q75 系列以上的轻钢龙骨，用于层高 3.5～6.0m 的隔墙。隔墙轻钢龙骨的主件有：沿地龙骨、竖向龙骨、加强龙骨、通贯龙骨。其主要配件有；支撑卡、卡托、角托等。

隔墙（断）龙骨的名称、产品代号、规格、适用范围，见表3-15。

隔墙（断）龙骨的名称、产品代号、规格、适用范围　　表3-15

名称	产品代号	标记	规格尺寸（mm）			用钢量（kg/m）	适用范围	生产单位
			宽度	高度	厚度			
沿地龙骨 竖龙骨 通贯龙骨 加强龙骨	Q50	QU50×40×0.8 QC50×45×0.8 QU50×12×1.2 QU50×40×1.5	50 50 50 50	40 45 12 40	0.8 0.8 1.2 1.5	0.82 1.12 0.41 1.50	用于层高3.5m以下的隔墙	北京市建筑轻钢结构厂
沿地龙骨 竖龙骨 通贯龙骨 加强龙骨	Q75	QU77×40×0.8 QC75×45×0.8 QC75×50×0.5 QU38×12×1.2 QU75×40×1.5	77 75 75 38 75	40 45 50 12 40	0.8 0.8 0.5 1.2 1.5	1.00 1.26 0.79 0.58 1.77	除第3种用于3.5m以下外，其他均用于3.5～6.0m	
沿地龙骨 竖龙骨 通贯龙骨 加强龙骨	Q100	QU102×40×0.5 QC100×45×0.8 QU38×12×1.2 QU100×40×1.5	102 100 38 100	40 45 12 40	0.5 0.8 1.2 1.5	1.13 1.43 0.58 2.06	用于层高6.0m以下的隔墙	

（2）隔墙轻钢龙骨的应用

隔墙轻钢龙骨主要适用于办公楼、饭店、医院、娱乐场所、影剧院等分隔墙和走廊隔墙等部位。在实际隔墙装饰工程中，一般常用于单层石膏板隔墙、双层石膏板隔墙、轻钢龙骨隔声墙和轻钢龙骨超高墙等。

单层石膏板隔墙又称普通隔墙，是一种非承重有保温层的隔墙，其规格为：墙厚为74mm，高度一般为2.7m左右；双层石膏板隔墙，也是一种非承重有保温层的隔墙，其规格为：墙厚为98mm，高度一般为3.0m左右；轻钢龙骨隔声墙，是一种非承重有保温层多层纸面石膏板的隔墙，其规格为：墙厚为110mm，高度一般为2.7m左右；轻钢龙骨超高墙是一种非承重的石膏板超高墙，其规格为：墙厚238mm，高度一般为8.0m左右。

3. 顶棚轻钢龙骨

(1) 顶棚轻钢龙骨的种类和规格

用轻钢龙骨作为吊顶材料，按其承载能力大小，可分为不上人吊顶和上人吊顶两种，不上人吊顶只承受吊顶本身的质量，龙骨的断面尺寸一般较小，常用于空间较小的顶棚工程；上人吊顶不仅要承受吊顶本身的质量，而且还要承受人员走动的荷载，一般应承受 80～100kg/m^2 的集中荷载，常用于空间较大的影剧院、音乐厅、会议中心或有中央空调的顶棚工程。

顶棚轻钢龙骨的规格主要有：D25、D38、D50、D60 系列 4 种。顶棚轻钢龙骨的名称、代号、规格尺寸，见表 3-16。

顶棚轻钢龙骨的名称、代号、规格尺寸 **表 3-16**

名称	产品代号	规格尺寸(mm)			用钢量(kg/m)	吊点间距(mm)	吊顶类型	生产单位
		宽度	高度	厚度				
主龙骨（承载龙骨）	D38	38	12	1.2	0.56	900～1200	不上人	北京市建筑轻钢结构厂
	D50	50	15	1.2	0.92	1200	上人	
	D60	60	20	1.5	1.53	1500	上人	
次龙骨（覆面龙骨）	D25	25	19	0.5	0.13			
	D50	50	19	0.5	0.41			
L 形龙骨	L35	15	35	1.2	0.46			
T16-40 暗式轻钢吊顶龙骨	D-1 型吊顶	16	40		0.9kg/m^2	1250	不上人	
	D-2 型吊顶	16	40		1.5kg/m^2	750	不上人	
	D-3 型吊顶				2.0kg/m^2	800～1200	上人	
	D-4 型吊顶				1.1kg/m^2	1250	不上人	
	D-5 型吊顶				2.0kg/m^2	900～1200	上人	
主龙骨	D60(CS60)	60	27	1.5	1.37	1200	上人	北京新型建筑材料总厂
主龙骨	D60(C60)	60	27	1.5	0.61	850	不上人	
T 形主龙骨	D32	25	32			900～1200	不上人	
T 形次龙骨	D25	25	25					
T 形边龙骨	D25	25	25					

(2) 顶棚轻钢龙骨的应用

轻钢龙骨顶棚材料，主要适用于饭店、办公楼、娱乐场所、医院、音乐厅、报告厅、会议中心、影剧院等新建或改建的工程中。其可以制成 U 形上人龙骨吊顶、U 形不上人龙骨吊顶、U 形龙骨拼插式吊顶等。

4. 烤漆龙骨

烤漆龙骨是最近几年发展起来的一个龙骨新品种，其产品新颖、颜色鲜艳、规格多样、强度较高、价格适宜，因此在室内顶棚装饰工程中被广泛采用。其中镀锌烤漆龙骨是与矿棉吸声板、钙维板等顶棚材料相搭配的新型龙骨材料。该种烤漆龙骨是采用高张力镀锌烤漆钢板，用精密成型机加工而制成。龙骨结构组织紧密、牢固、稳定，具有防锈不变色和装饰效果好等优良性能。龙骨条的外露表面经过烤漆处理，可与顶棚板材的颜色相匹配。

烤漆龙骨与饰面板的顶棚尺寸固定（600mm × 600mm，600mm×1200mm），可以与灯具有效地结合，产生装饰的整体效果，同时拼装面板可以任意拆装，因此施工容易，维修方便，特别适用于大面积的顶棚装修（如办公楼、工业厂房、医院、商场等），达到整洁、明亮、简洁的效果。

烤漆龙骨有 A 系列、O 系列和凹槽型 3 种规格，各系列又分主龙骨、副龙骨和边龙骨 3 种。

四、建筑装饰钢材的机械性能

建筑装饰钢材的机械性能主要包括：抗拉性能、伸长率、冷弯性能、冲击韧性、硬度和耐疲劳性等。

1. 钢材的抗拉性能

抗拉性能是建筑装饰钢材的重要性能，是钢筋混凝土和钢结构设计的主要技术指标。

建筑装饰钢材的抗拉性能，可通过低碳钢（软钢）的受拉应力-应变图阐明，如图 3-4 所示。图中明显地可分为：弹性阶段（$O \rightarrow A$）、屈服阶段（$A \rightarrow B$）、强化阶段（$B \rightarrow C$）和颈缩阶段（$C \rightarrow D$）等 4 个阶段。但中、高碳钢没有明显的屈服点，通常以残余变形为 0.2% 的应力作为屈服强度，如图 3-5 所示。

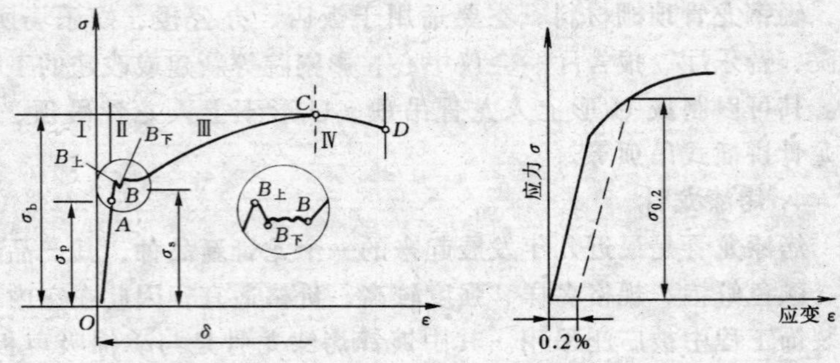

图 3-4 低碳钢应力-应变图　　图 3-5 硬钢的条件屈服点

在 OA 阶段范围内，如卸去拉力，试件能恢复原状，这种性质称为弹性，和 A 点相对应的应力称为弹性极限。此阶段的应力与应变存在着直线（正比例）关系，两者的比值为一常数，称为弹性模量，用字母 E 表示，即 $E = \sigma / \varepsilon$。

应力超过 A 点以后，随着荷载的继续增加，试件发生显著的、不可恢复的变形，表明已经出现塑性变形，到达屈服阶段。图 3-4 中的 $B_上$ 点，是这一阶段的最高点，称为屈服上限，$B_下$ 点称为屈服下限。由于 $B_下$ 点比较稳定，且比较容易测定，一般以 $B_下$ 点所对应的应力为屈服点。常用低碳钢的屈服点为 185～235MPa。

钢材受力达到屈服点以后，变形即迅速发展，尽管尚未破坏，但已不能满足使用的要求，故屈服点是设计中的重要技术参数。试件在屈服阶段以后，其抗拉塑性变形的能力又重新提高，故称为强化阶段。对应于最高点 C 的应力，称为抗拉强度。常用低碳钢的抗拉强度为 380～470MPa。

抗拉强度也称极限抗拉强度，在设计虽然不能应用，但屈服点与抗拉强度的比值（称为屈强比），在工程上很有意义。屈强比越小，反映钢材受力超过屈服点工作时的可靠性愈大，因而结构的安全性愈高。但屈强比太小时，反映钢材强度的有效利用率太低。常用的合理屈强比一般在0.60～0.75之间。因此，屈服强度和抗拉强度是钢材力学性质的主要检验指标。

当曲线达到最高点 C 后，试件的薄弱处急剧缩小，塑性变形迅速增加，并产生“颈缩现象”而断裂。

2. 钢材的伸长率

建筑装饰钢材应具有很好的塑性，在工程中钢材的塑性通常用伸长率（或断面收缩率）来表示。钢材的伸长率，是指钢材试件被拉断后，将其拼合在一起（如图3-6所示），量出拉断后标距部分的长度 L_1（mm），即可计算钢材试件的伸长率。伸长率（δ）为试件在拉断后标点距离的伸长（L_1-L_0）与原标点距离（L_0）之比的百分率，即：

$$\delta=(L_1-L_0)/L_0\times100\%$$

应当注意，由于发生颈缩，故塑性变形在试件标距内的分布是不均匀的，颈缩处的伸长比较大，所以当原标距与直径之比愈大，则颈缩处伸长值在整个伸长值中的比重愈小，因而计算的伸长率会小些。当 $L_0/d_0=5$ 时，伸长率以 δ_5 表示；当 $L_0/d_0=10$ 时，伸长率以 δ_{10} 表示。对于同一种钢材，δ_5 大于 δ_{10}。

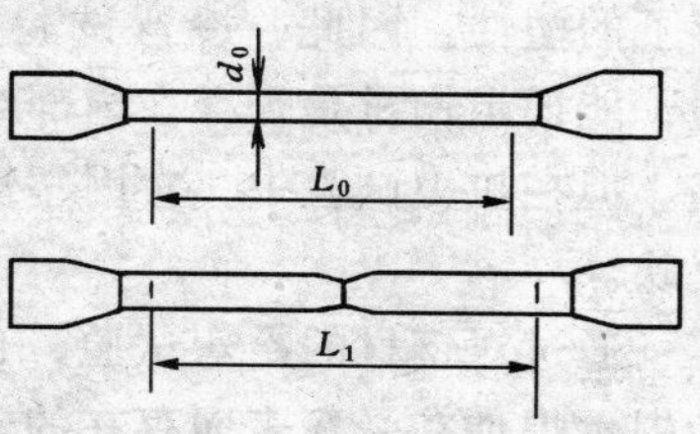

图3-6 拉断前后的试件测量

伸长率表明钢材的塑性变形能力，是钢材的重要技术指标。尽管结构是在弹性范围内使用，但其应力集中处，有时其应力可能超过屈服点。有一定的塑性变形能力，不仅便于钢材进行各种冷加工，而且还可以保证钢材在建筑装饰工程上的安全使用，从而避免结构局部超载或震动而引起突然破坏。

3. 钢材的冷弯性能

钢材的冷弯性能，指钢材在常温下承受弯曲变形的能力，其不仅是表示钢材塑性的另一指标，也是建筑装饰钢材的重要工艺性能。

钢材的冷弯性能指标，用试件在常温下所能承受的弯曲程度表示。弯曲程度是通过试件被弯曲的角度和弯心直径对试件厚度（或直径）之比值进行区分的。试验时采用的弯曲角度愈大，弯心直径对试件厚度（或直径）的比值愈小，表示对冷弯性能要求愈高。在钢材的技术标准中，对各号钢的冷弯性能均有明确的规定，按规定的弯曲角度和弯曲直径进行试验，试件的弯曲处的拱面和两个侧面，均不发生裂缝、断裂、起层现象，则认为该钢材冷弯性能合格。

钢材的冷弯试验是通过弯曲处的塑性变形实现的，它和伸长率一样，表示钢材在常温静荷载作用下的塑性。但冷弯是钢材处于不利变形条件下的塑性，而伸长率则是反映钢材基本在均匀变形下的塑性。因此，冷弯试验是一种对钢材比较严格的质量检验，能揭示钢材是否存在内部组织不均匀、内应力和夹杂物等缺陷。但在拉力试验中，常因塑性变形导致应力重新分布而得不到反映。

通过对钢材的冷弯试验，也是对焊接质量的一种严格检验，能揭示焊件在受弯表面存在的未熔合、微裂纹和夹杂物等缺陷。

4. 钢材的冲击韧性

钢材的冲击韧性是指钢材抵抗冲击荷载而不破坏的能力。冲击韧性指标是按照规范规定的冲击韧性试验（如图 3-7 所示），通过以刻槽的标准试件，在冲击试验的摆锤冲击下，以破坏后缺口处单位面积上所消耗的功来表示，即用冲击韧性 α_k 表示，单位为 J/cm^2。α_k 值愈大，钢材的冲击韧性愈好。

钢材的冲击韧性对钢材的化学成分、组织状态、冶炼方法及轧制质量等都非常敏感。例如，钢中的磷、硫含量较高，存在偏析、非金属夹杂物和焊接中形成的微裂纹等，都会使冲击韧性显著降低。

试验表明，冲击韧性还随着温度的降低而下降，其规律是：开始时下降比较缓和，当达到一定温度范围时，突然下降很多而

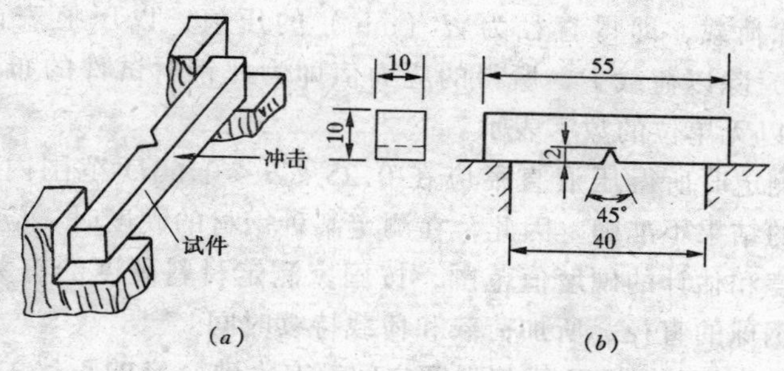

图 3-7　冲击韧性试验

（*a*）试件装置；（*b*）V 形缺口试件

呈脆性，这种性质称为钢材的冷脆性，此时的温度称为脆性临界温度。脆性临界温度愈低，说明钢材的低温冲击性能愈好。所以，在负温下使用的结构，应当选用脆性临界温度比使用温度更低的钢材。由于钢材的脆性临界温度的测定工作比较复杂，规范中通常是根据气温条件规定 −20℃或 −40℃的负温冲击值指标。

钢材随着时间的延长而表现强度有所提高，但塑性和冲击韧性却有所下降，这种现象称为钢材的时效。完成时效变化的过程可达数十年。如果钢材经受冷加工变形，或使用中经受震动和反复荷载的影响，时效可迅速发展，因时效而导致性能改变的程度，称为钢材的时效敏感性。时效敏感性愈大的钢材，经过时效以后其冲击韧性的降低愈显著。为了保证结构的安全，对于直接承受动荷载、可能在负温下工作的结构，钢材在正式用于结构之前，必须按照有关规范要求进行钢材的冲击韧性试验，符合要求的钢材才能用于工程。

5. 钢材的硬度

钢材的硬度，指其表面抵抗较硬物体压入局部体积内的能力。测定钢材硬度的方法有布氏法、洛氏法和维氏法等，最常用的方法是布氏法和洛氏法。

布氏法的测定原理，是利用直径为 D（mm）的淬火钢球，以 P（N）的荷载将其压在钢材试件的表面，经规定的持续时间后卸除荷载，即得直径为 d（mm）的压痕，以压痕表面积 F（mm^2）除以荷载 P，所得的应力值即为此钢材试件的布氏硬度 HB，以无单位的数字表示。

测定时所得压痕直径应在 $0.25 < d < 0.60D$ 范围内，否则测定的结果不准确。因此，在测定某种钢材的硬度时，应根据试件厚度和估计的硬度值范围，按国家测定材料硬度的有关标准，选择钢球的直径、所加荷载和荷载持续时间。

各类钢材的 HB 值与强度之间都有大致一定的正比关系。对于碳素钢，当 HB＜175 时，其抗拉强度大约为 HB 的 3.6 倍；当 HB＞175 时，其抗拉强度大约为 HB 的 3.5 倍。布氏法测定结果比较准确，但压痕比较大，不适宜用于成品的检验。

洛氏法的测定原理，与布氏法基本相似，但它是根据压头压入试件的深度来表示材料的硬度值。洛氏法压痕很小，常用于判断工件的热处理效果。

6. 钢材的耐疲劳性

钢材承受交变荷载的反复作用时，可能在远低于屈服强度时突然发生破坏，这种破坏现象称为钢材的疲劳破坏。疲劳破坏的危险应力用疲劳极限来表示，它是指疲劳试验中试件在交变应力的作用下，于规定的周期基数内不发生断裂所能承受的最大应力。多数结构和构件都要承受交变应力的作用，因此，设计承受反复荷载且必须进行疲劳验算的结构时，必须了解钢材的疲劳极限。

测定疲劳极限时，应当根据结构使用条件确定采用的应力循环类型、应力比值（即最小与最大应力之比，也称为应力特征值）和周期基数。例如，测定钢筋的疲劳极限时，通常采用的是承受大小改变的拉应力循环，应力比值通常为 0.10～0.80（非预应力筋）和 0.70～0.85（预应力筋），周期基数一般为 200 万次或 400 万次以上。

众多钢材疲劳破坏试验证明，钢材的疲劳破坏主要是由拉应力引起的，即先从局部形成细小的裂纹，由于裂纹尖端的应力集中而使其逐渐扩大，直至使钢材产生破坏。疲劳破坏的特点是断裂突然发生，断口处可明显地区分为疲劳裂纹扩展区和残留部分的瞬时断裂区。

钢材的疲劳极限与其抗拉强度有着密切的关系，一般抗拉强度高的钢材，其疲劳极限也比较高。由于疲劳裂纹是在应力集中处形成和发展的，所以钢材的疲劳极限不仅与其内部组织有关，同时也与其表面质量有关。例如，钢筋焊接接头的卷边和表面微小的腐蚀缺陷，都可以使钢筋的疲劳极限显著降低。

第二节　铝合金装饰材料

一、铝及铝合金

目前，世界各工业发达国家在建筑装饰工程中，大量采用了铝合金门窗、铝合金柜台、铝合金装饰板、铝合金吊顶等。近十几年来，铝合金更是突飞猛进发展，建筑业已成为铝合金的最大用户。如日本的高层建筑 98%采用了铝合金门窗，我国香港地区铝合金型材发展十分迅速。

我国采用铝合金门窗是在对外开放的新形势下，随着旅游业的蓬勃发展，高级宾馆和高档建筑的建设而发展起来的。由于引进发达国家的先进技术和设备，使我国铝合金制品的起点较高，进步较快。目前我国已有平开铝窗、推拉铝窗、平开铝门、平推拉铝门、铝制地弹簧门等几十个系列产品投入市场，基本满足了我国基本建设的需要。

（一）铝及铝合金

1. 铝

铝作为化学元素，在地壳组成中占 8.13%，仅次于氧和硅。铝在自然界中以化合物状态存在，铝的矿石铝矾土（含 Al_2O_3 约 47%～65%）是炼铝最好的原料；此外还有高岭土（含 Al_2O_3 约 38%）、矾土石（含 $Al_2O_3$40%～60%）、明矾石（含 Al_2O_3 约 37%）。铝的生产分为两步，第一步是用氢氧化钠或碳酸钠，从铝矿石中把氧化铝分离出来，第二步由氧化铝电解制取金属铝。

纯铝产品有铝锭和铝材两种。按其纯度可分为高纯铝（纯度为 99.93% ～ 99.99%）、工业高纯铝（纯度为 98.85% ～ 99.90%）和工业纯铝（纯度为 98.50%～99.00%）三种。高纯铝主要用于科研，工业高纯铝用于制造铝箔、包铝及冶炼铝合金，工业纯铝主要用于制造电线、电缆及配制合金。

2. 铝合金

为了提高铝的实用价值，在纯铝中加入适量的镁、锰、铜、锌、硅等元素组成铝合金。铝合金仍然能保持质轻的特点，但其机械性能明显提高，如铝-锰铝合金、铝-铜铝合金、铝-铜-镁系硬铝合金、铝-锌-镁铜系超硬铝合金等。

按加工方法不同，铝合金又可分为变形铝合金、铸造铝合金和装饰铝合金 3 种。

(1) 变形铝合金

变形铝合金是通过冲压、弯曲、辊轧等工艺使其组织、形状发生变化的铝合金。我国生产的变形铝合金包括防锈铝合金(LP)、硬铝合金（LY)、超硬铝合金（LC)、锻铝合金（LD）等。

1）防锈铝合金：为铝-镁合金和铝-锰合金，合金中的主要合金元素是锰和镁。锰的作用主要是提高其抗蚀能力，并起固溶强化作用；镁也起固溶强化作用，并使合金密度降低。

防锈铝合金，锻炼、退火后是单相固溶体，抗腐蚀性能高、塑性很好。这类铝合金不能进行时效硬化，属于不能热处理强化的铝合金，但可冷变形加工，利用加工产生硬化，提高铝合金的强度。

2）硬铝合金：又称杜拉铝，为 Al-Cu-Mg 系合金，还含有少量的锰。各种硬铝合金都可进行时效强化，它是属于可热处理强化的，并亦可进行变形强化的铝合金。

硬铝合金根据其硬度不同，又可分为低合金硬铝、标准硬铝和高合金硬铝三种。低合金硬铝中 Mg、Cu 的含量低，塑性好，强度低，主要用于制作铆钉；标准硬铝合金元素含量中等，强度和塑性属中等水平，退火后变形加工性能良好，主要用于轧材、锻材、冲压件等；高合金硬铝合金元素含量较多，强度和硬度高，塑性及变形加工性能较差，用于制作航空模锻件及重要销、轴等零件。

硬铝合金的不足之处，一是抗蚀性较差，特别是在海水等环境中其抗蚀性更差。为了防护，可在外面包一层高纯度铝（称为包铝）；二是固溶处理的加热温床范围很窄，所以必领严格控制加热温度。

3）超硬铝合金：为 Al-Mg-Zn-Cu 系合金，并含有少量的铬和锰。经热处理后，可强化为强度最高的一种铝合金，但其抗蚀性差，在高温下软化快，可通过包铝法（每面包铝厚度不小于板厚的 2%～8%）加以提高。多用于制造受力大的重要构件，如飞机大梁、起落架等。

4）锻铝合金：为 Al-Mg-Si-Ni-Fe 系合金，其不仅具有良好的热塑性、铸造性和锻造性，并且具有较高的机械性能，主要用于承重的锻件和模锻件。锻铝合金常用来制造建筑型材。

（2）铸造铝合金

铸造铝合金按主要合金元素的不同，可分为 Al-Si 铸造铝合金、Al-Cu 铸造铝合金、Al-Mg 铸造铝合金和 Al-Zn 铸造铝合金 4 类。

1）Al-Si 铸造铝合金：其铸造性能优良，但强度与塑性都较差，常需要进行变质处理，即在浇铸前向合金内液体中加入占合金质量 2%～3% 的变质剂（常用钠盐混合物，如 2/3NaF + 1/3NaCl）以细化组成，提高其强度和塑性。

2）Al-Cu 铸造铝合金：强度较高，耐热性好，但铸造性能不好，耐蚀性较差。

3）Al-Mg 铸造铝合金：强度高，表观密度小（仅为 2.55），有良好的耐蚀性，但其铸造性不好，耐热性低。

3）Al-Zn 铸造铝合金：价格比较低，铸造性能优良。

(3) 装饰性铝合金

装饰性铝合金是以铝为基体而加入其他合金元素所构成的一种新型合金。这种铝合金除了应具备必须的机械和加工性能外，并且具有特殊的装饰性能和装饰效果，其不仅可代替常用的铝合金材料，还可替代镀铬的锌、铜或铁件，避免镀铬加工时对环境的污染。

我国自1979年开始研究装饰性铝合金，采用的成分为：Zn 2%～3%；Mg3%～5%；Cr0.1%～0.3%；R、E（稀土元素）0.05%～0.3%；杂质 Si<0.3%、Fe<0.8%；其余为Al。当时把这种铝合金作为压铸合金使用，在压铸机上生产家用电器上的五金零件，其规范如下：合金熔化温度为740℃，压铸温度为720℃，合模压力约60t，压射力约2t。

日本研制出一种"电解发色"的装饰性铝合金，其主要成分为：Mn0.5%～2.0%（能使铝合金生成有色的膜）；Mg0.5%～4.0%（能使铝合金组织细化）。另外，再加入0.1%～1.0%的Cr（能使表面具有光泽）、0.01%～0.3%的Ti（能使组织细化，并改善热裂性）、0.002%～0.01%的Be（能改善表面光泽，防止熔炼时氧化）。

这种铝合金的强度非常高，抗拉强度可达195MPa，屈服强度可达80MPa以上，延伸率 δ_{10} 约27%。它在阳极氧化后，随着氧化溶液不同（不同的氧化工艺），由于本身含有不同的添加元素，而呈现出不同的颜色（如驼色、金黄色、青铜色、黄色、琥珀色、灰白色等），其装饰效果很好。

二、铝合金型材

（一）建筑装饰铝合金型材的生产

由于建筑装饰铝合金型材品种规格繁多，断面形状复杂，尺寸和表面要求严格，它和钢铁材料不同，在国内外的生产中，绝大多数采用挤压方法；当生产批量较大，尺寸和表面要求较低的中、小规格的棒材和断面形状简单的型材时，可以采用轧制方法。由此可见，建筑铝合金型材的生产方法，可分为挤压和轧制两大类，以挤压方法生产为主。

挤压法是金属压力加工的一种主要方法，一般又可分为正挤压、反挤压和正反向联合挤压三种方法，生产建筑装饰铝合金型材主要采用正挤压法。

1. 挤压方法的优点

挤压方法与其他压力加工方法相比，具有以下优点：

(1) 挤压法比轧制、锻造方法更具有较强烈的三向压缩应力状态，可使金属充分发挥其塑性。它可加工某些用轧制或锻造法加工困难，甚至不能加工的低塑性的金属或合金。

(2) 挤压法不仅可以生产断面形状较简单的管、棒、型、线等材料，而且还可以生产断面变化、形状复杂的型材和管材，如阶段变断面型材、带异形筋条的壁板型材、空心型材和变断面管材等。

(3) 挤压法灵活性很大，只需要更换模子等挤压工具，即可生产出形状、尺寸不同的制品。更换工具所需时间较短，这对订货批量较小，品种规格多的轻金属材料的生产，更具有重要的现实意义。

(4) 挤压法生产的制品尺寸精度，远比轧制法和锻造法高得多，表面质量好，不需要再进行机械加工。

(5) 挤压过程对金属的机械性能也有良好的影响，尤其对某些具有挤压效应的铝合金来说，其挤压制品在淬火和时效后，纵向性能比用轧制、锻造、拉伸等方法所制得的同种合金状态制品的性能高得多，这将给材料的合理使用带来很大好处。

2. 挤压方法的缺点

挤压法生产虽然具有以上诸多优点，但也存在以下缺点：

(1) 几何废料损失比较大，每次挤压后都要产生一些挤压残料（或称压余），如要切去制品的头、尾。几何废料量可达铸锭质量的12%～15%，这就降低了成品率，从而提高了生产成本。

(2) 挤压法生产的速度比轧制法慢，其生产效率较低。

(3) 挤压制品的组织和性能的不均匀程度比轧制制品高，其变形能力变小。但变形程度越小，这种不均匀性越大。

（4）由于挤压时的主应力状态图为强烈的三向压缩，所以使变形抗力增高，金属与工具间的摩擦力很大，工具消耗较大，抗压工具的材料及加工费用较昂贵。

挤压法是金属压力加工方法中比较新的一种方法，也只有一百多年的历史。但由于此法具有许多优点，在轻金属材料的生产中，占有日益重要的地位，并获得了迅速发展。近十几年来，我国北京、广州、西安、天津等地的铝合金门窗生产厂家，分别从法国、美国、德国、日本等国引进了先进的铝合金挤压、氧化、着色全套技术和生产设备，这对迅速提高我国铝合金工业的技术水平，改变我国现代建筑装饰水平将起着很大的推动作用。

（二）建筑装饰铝合金表面处理技术

在现代建筑装饰工程中，铝合金的用量与日俱增。用铝合金制作的门窗，不仅自重轻，比强度大，且经表面处理后，其耐磨性、耐蚀性、耐光性、耐气候性好，还可以得到不同的美观大方的色泽。常用的铝合金表面处理技术有以下几种：

1．阳极氧化处理

建筑装饰用的铝型材必须全部进行阳极（硫酸法）氧化处理。处理后的铝型材表面呈银白色，这是目前建筑装饰铝材的主体，一般占铝型材总量的75%～85%。着色铝型材占15%～25%，但有逐渐增长的趋势。

（1）阳极氧化处理的目的

主要是通过控制氧化条件及工艺参数，使在铝型材的表面形成比自然氧化膜（厚度小于0.1μm）厚得多的氧化膜层（5～20μm），并进行“封孔”处理，以达到提高表面硬度、耐磨性、耐蚀性等目的。光滑、致密的膜层，也为着色创造了条件。

（2）阳极氧化的分类

目前，具有工业价值的阳极氧化方法有：铬酸法、硫酸法和草酸法。由于铬酸法形成的薄膜很薄，草酸法的成本较高，所以硫酸法应用最为广泛。

(3) 阳极氧化的过程

铝型材阳极氧化的原理，实质上就是水的电解。水电解时在阴极上放出氢气，在阳极上产生氧气，该原生氧气和铝阳极形成的三价铝离子结合形成氧化铝薄层，从而达到铝型材氧化的目的。

氧化铝（Al_2O_3）膜层本身是致密的，但在其结晶中存在缺陷，硫酸电解液中的 H^+、SO_4^{2-}、HSO_4^- 离子会浸入皮膜，使氧化皮膜产生局部溶解，在铝型材的表面形成大量小孔，直流电流得以通过，使氧化膜层继续向纵深发展，这样就使氧化膜在厚度增长的同时形成一种定向的针孔结构，氧化膜厚度因用途不同而异，一般厚度可达 5～20μm。合金成分、热处理状态、电解液温度等因素均可影响到氧化膜的形成。

2. 表面着色处理

经中和水洗或阳极氧化后的铝型材，可以进行表面着色处理。着色处理的方法有：自然着色法、金属盐电解着色法（简称电解着色法）、化学浸渍着色法、涂漆法和无公害处理法等。其中常用的着色方法是自然着色法和电解着色法。

(1) 自然着色法

铝材在特定的电解液和电解条件下，进行阳极氧化的同时而产生着色的方法称为自然着色法。自然着色法国外按着色法原因不同，又可分为合金着色法和溶液着色法。合金着色法靠控制铝材中合金元素及其含量和热处理条件等来控制着色。不同的铝合金由于所含的合金成分及含量不同，在常规硫酸及其他有机酸溶液中阳极氧化所生成的膜的颜色也不同。

在实际生产中，自然着色是合金着色法和溶液着色法的综合，既要控制合金的成分，又要控制电解液成分和电解条件。

(2) 电解着色法

对在常规硫酸溶液中生成的氧化膜进一步进行电解，使电解液中所含金属盐的金属阳离子沉积到氧化膜孔底而着色的方法称为电解着色法。

目前，各国又根据对色调的不同要求，及着色容易性、颜色分布均匀性、电解液稳定性（不沉淀变质）、成本低廉以及建筑对氧化膜的多种性能要求等，相应派生出多种多样的电解着色法。如按电源的波型分，有交流、直流、交直流叠合或脉冲电源；按电解液成分不同分，除常用的含金属盐的酸性电解液外，还有碱性电解液等，所加金属盐有镍盐、铜盐、锡盐以及混合盐等；按色调不同分，除常用的青铜色系、棕色系、灰色系外，还有红、青、蓝等原色调，以至发展到图案、条纹着色等。

电解着色的本质就是进行电镀，是把金属盐溶液中的金属离子通过电解沉积到铝阳极氧化膜针孔底部，光线在这些金属粒子上漫射，就使氧化膜呈现颜色。由于预处理、阳极氧化及电解着色条件不同，电解析出的金属及其粒度和分布状况也存在差异，从而就出现不同的颜色，获得从青铜色系、褐色系以至红、青、绿等原色的着色氧化膜。

（三）建筑装饰铝合金型材的性能

目前，我国生产的铝合金建筑装饰型材约300多种，这些铝合金型材大多数用于建筑装饰工程。最常用的铝合金型材，主要是铝镁硅系合金，其化学成分见表3-17。

建筑装饰型材铝合金（LD31）化学成分　　表3-17

Mg	Si	Fe	Cu	Mn	Cr	Zn	Ti	其他杂质		杂质总和	Al
								单个	合计		
0.2～0.6	0.45～0.9	0.35	0.10	0.10	0.10	0.10	0.10	0.05	0.15	0.85	其余

铝合金建筑装饰型材的主要机械性能，见表3-18。

建筑装饰型材铝合金（LD31）机械性能　　表3-18

状　态	抗拉强度 σ_b (MPa)	屈服强度 $\sigma_{0.2}$ (MPa)	伸长率 δ (%)	布氏硬度 HB	持久强度极限 (MPa)	剪切强度 τ (MPa)
退　火	89.18	49.0	26	24.50	54.88	68.8
淬火＋人工时效	241.08	213.44	12	71.54	68.8	151.9

铝合金建筑装饰型材主要物理性能，见表 3-19。

建筑装饰型材铝合金（LD31）物理性能 **表 3-19**

性能名称	相对密度	导热系数 (25℃) [W/(m·K)]	比 热 (100℃) [kJ/(kg·K)]	电阻率 (20℃,CS状态) [Ω·mm²/m]	弹性模量 (MPa)
数值	2.715	19.05	0.96	3.3×10^{-2}	7000

铝合金建筑装饰型材具有良好的耐蚀性能，在工业气氛和海洋性气氛下，未进行表面处理的铝合金的耐腐蚀能力优于其他合金材料，经过涂漆和氧化着色后，铝合金的耐蚀性更高。铝合金的耐应力腐蚀性能为：在 3%NaCl+0.5%H_2O_2 溶液中，当应力为 0.90$\sigma_{0.2}$时，其使用寿命大于 720h（试样厚度为 2.0mm，规格为标准的拉应力腐蚀试样）。

建筑装饰型材铝合金属于中等强度变形铝合金，可以进行热处理（一般为淬火和人工时效）强化。铝合金具良好的机械加工性能，可用氩弧焊进行焊接，合金制品经阳极氧化着色处理后，可着成各种装饰颜色。

三、铝合金门窗

铝合金门窗是将经表面处理的铝合金型材，经过下料、打孔、铣槽、攻丝、制窗等加工工艺而制成的门窗框料构件，然后再与连接件、密封件、开闭五金件一起组合装配而成。

现代建筑装饰工程中，门窗大量采用铝合金已成为发展趋势，尽管其造价比普通的门窗高 3～4 倍，但由于长期维修费用低、性能好，可节约大量能源，特别是具有良好的装饰性，所以世界各国应用日益广泛。

（一）铝合金门窗的特点

铝合金门窗与其他材料（钢门窗、木门窗）相比，具有如下优点：

（1）质量较轻

众多工程实践充分证明，铝合金门窗用材较省、质量较轻，

每 m^2 耗用铝型材质量平均只有 8～12kg（每 m^2 钢门窗耗用钢材质量平均为 17～20kg），较钢木门窗轻 50%左右。

（2）性能良好

铝合金门窗较木门窗、钢门窗最突出的优点是密封性能好，其气密性、水密性、隔声性、隔热性都比普通门窗有显著的提高。因此，在装设空调设备的建筑中，对有防尘、隔声、保温、隔热有特殊要求的建筑中，以及多台风、多暴雨、多风沙地区的建筑中更宜采用铝合金门窗。

（3）色泽美观

铝合金门窗框料型材表面经过氧化着色处理，可着银白色、金黄色、古铜色、暗红色、黑色、天蓝色等柔和的颜色或带色的条纹；还可以在铝材表面涂装一层聚丙烯酸树脂保护装饰膜，表面光滑美观，便于和建筑物外观、自然环境以及各种使用要求相谐调。铝合金门窗造型新颖大方，线条明快，色调柔和，增加了建筑物立面和内部的美观。

（4）耐蚀性强、维修方便

铝合金门窗在使用过程中，既不需要涂漆，也不褪色、脱落，表面不需要维修。铝合金门窗强度高，刚性好、坚固耐用，零件使用寿命长，开闭轻便灵活、无噪声，现场安装工作量较小，施工速度快。

（5）便于工业化生产

铝合金门窗从框料型材加工、配套零件及密封件的制作，到门窗装配试验都可以在工厂内进行，并可以进行大批量工业化生产，有利于实现铝合金门窗产品设计标准化、产品系列化、零配件通用化，有利于实现门窗产品的商业化。

（二）铝合金门窗的性能

铝合金门窗在正式出厂前，必须经过严格的性能试验，达到规定的性能指标后才允许安装使用。铝合金门窗通常应考核下列主要性能：

（1）强度

铝合金门窗的强度是其主要性能，一般是用在压力箱内进行压缩空气加压试验时所加风压的等级来表示，单位为 N/m^2。一般性能的铝合金门窗的强度可达 $1961 \sim 2353N/m^2$，高性能铝合金门窗强度可达 $2353 \sim 2764N/m^2$。在上述压力下测定窗扉中央最大位移应小于窗框内沿高度的 1/70。

（2）水密性

铝合金的水密性很好，铝合金窗在压力试验箱内，对窗的外侧加入周期为 2s 的正弦波脉冲压力，同时向窗以每 min 每 m^2 喷射 4L 的人工降雨，进行连续 10min 的“风雨交加”试验，在室内一侧不应有可见的漏渗水现象。水密性用试验时施加的脉冲风压平均压力来表示。一般性能的铝合金窗为 $343N/m^2$，抗台风的高性能铝合金窗为 $490N/m^2$。

（3）气密性

铝合金窗在压力试验箱内，使窗的前后形成 $4.9 \sim 2.94N/m^2$ 的压力差，其每 m^2 面积每 h 的通气量（m^3）表示窗的气密性，单位为 $m^3/h \cdot m^2$。一般性能的铝合金窗当窗前后压力差为 $1kg/m^2$ 时，气密性可达 $8m^3/h \cdot m^2$ 以下，高密封性能的铝合金窗，气密性可达 $2m^3/h \cdot m^2$ 以下。

（4）开闭力

铝合金窗的开闭力较小，当铝合金窗安装完毕并装好玻璃后，窗扉打开或关闭所需外力应在 49N 以下。

（5）隔声性

铝合金的隔声性能优良，在音响试验室内对铝合金窗的音响透过损失进行试验可以发现，当音响频率达到一定值之后，铝合金窗的音响损失趋于恒定。用这种方法测定出隔声性能的等级曲线，有隔声要求的铝合金窗音响透过损失可达 25dB，即响声透过铝合金窗后声级可降低 25dB。高隔声性能的铝合金窗，音响透过损失等级曲线一般为 30～45dB。

（6）隔热性

通常用窗的热对流阻抗值来表示隔热性能，单位为 $m^2 \cdot h$

·℃/kJ。隔热性一般分为三级：$R_1=0.05$、$R_2=0.06$、$R_3=0.07$。采用6mm双层玻璃的高性能隔热窗，热对流阻抗值可以达到$0.05m^2 \cdot h \cdot ℃/kJ$。

(7) 尼龙导向轮的耐久性

尼龙导向轮的耐久性，是由推拉窗活动窗扉用电动机经偏心连杆机构作连续往复试验确定的。尼龙轮直径12～16mm试验1万次；尼龙轮直径20～24mm试验5万次；尼龙轮直径30～60mm试验10万次，窗及导向轮等配件无异常损坏。

(8) 开闭锁的耐久性

开闭锁在试验台上用电机拖动，以10～30次/min的速度进行连续开闭试验，当达到3万次时应无异常损伤现象。

(三) 铝合金门窗的种类

铝合金门窗的分类方法很多，可按其用途不同、开启形式不同和门窗框厚度不同进行分类。按其用途不同进行分类，可分为铝合金窗和铝合金门两类。按开启形式不同进行分类，铝合金窗可分为固定窗、上悬窗、中悬窗、下悬窗、平开窗、滑撑平开窗、推拉窗和百叶窗等；铝合金门分为平开门、推拉门、地弹簧门、折叠门、旋转门和卷帘门等。

根据国家标准规定，各类铝合金门窗的代号见表3-20。

各类铝合金门窗代号 **表3-20**

门窗类型	代号	门窗类型	代号
平开铝合金窗	PLC	推拉铝合金窗	TLC
滑轴平开铝合金窗	HPLC	带纱推拉铝合金窗	ATLC
带纱平开铝合金窗	APLC	平开铝合金门	PL
固定铝合金窗	GLC	带纱平开铝合金门	SPLM
上悬铝合金窗	SLC	推拉铝合金门	TLM
中悬铝合金窗	CLC	带纱推拉铝合金门	STLM
下悬铝合金窗	XLC	铝合金地弹簧门	LIHM
立转铝合金窗	ILC	固定铝合金门	GLM

铝合金门窗中常用的尺寸系列，已列入国家标准图集，其尺寸系列分布见表 3-21。

铝合金常用的尺寸系列　　表 3-21

图集编号、名称 / 尺寸系列	92SJ712 平开窗	92SJ713 推拉窗	92SJ605 平开门	92SJ606 推拉门	92SJ607 地弹簧门
40	Δ				
50	Δ		Δ		
55		Δ	Δ		
60		Δ			
70	Δ	Δ	Δ	Δ	Δ
90		Δ		Δ	
100					Δ

1. 铝合金窗

(1) 平开铝合金窗

平开铝合金窗是铝合金窗中的常用窗种，其规格尺寸多，开启面积大，开关方便，可附纱窗。

平开铝合金窗按窗框厚度尺寸分为 40、45、50、55、60、65、70 等系列；按开启方向分为外开窗和内开窗；按构造分为平开窗、带纱平开窗和滑轴平开窗等。

92SJ712《平开铝合金窗》的平开窗标记组成如下：

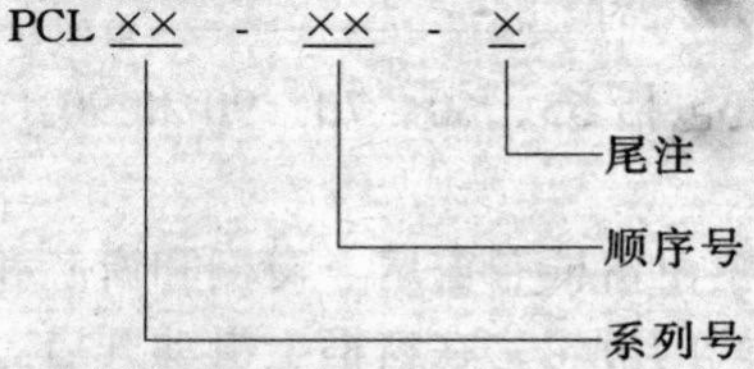

如为滑轴平开窗或带纱平开窗，则将“PLC”改为“HPLC”或“APLC”。

92SJ712 图集包括 40 系列滑轴平开铝合金窗、50 系列平开铝合金窗和 70 系列滑轴平开铝合金窗。

平开铝合金窗由窗框、窗扇、窗梃和启闭件构成。平开窗的窗扇与窗框用合页连接；滑撑窗的窗扇与窗框用滑撑连接。

92SJ712《平开铝合金窗》的主要材料配置见表 3-22。

平开铝合金窗主要材料配置　　表 3-22

构件名称＼系列号	40	50	70
窗　框	L040001	L050001 L050002	L070101　L070103 L070102
窗　扇	L040004	L050005	L070106　L070107 L070108
窗　梃	L040002 L040003	L050003 L050004	L070104 L070105

（2）推拉铝合金窗

推拉铝合金窗也是铝合金窗最常用窗种，其开启后不占使用面积，规格尺寸多，可附纱窗。

推拉铝合金窗按窗框厚度尺寸不同，可分为 50、55、60、70、80、90 等系列。

92SJ713《推拉铝合金窗》的推拉窗标记组成如下：

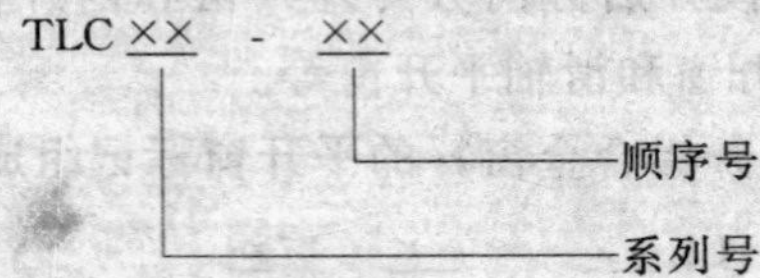

92SJ713 图集包括 55、60、70、90 和 90-1 系列推拉铝合金窗。

推拉铝合金窗由窗框、窗扇、窗梃和窗芯和启闭件构成。窗扇通过安装在下端的滑轮，在窗框上滑动开启。

92SJ713《推拉铝合金窗》的主要材料配置见表 3-23。

（3）立转铝合金窗

1）立转铝合金窗垂直于水平面开启，窗扇一部分在室内，另一部分在室外。窗扇受力较均衡，开启轻便。开启面积大，通风效果好。

推拉铝合金窗主要材料配置表　　表 3-23

构件名称 \ 系列号	55	60	70	90	90-1
窗　框	L055501 L055502 L055503 L055504 L055505 L055506 L055507 L055508	L060501 L060503 L060504 L060505 L060506 L060514 L060516	L070501 L070502 L070505 L070506 L070506 L070507 L070510 L070511 L070512 L070513 L070524	L090501 L090502 L090503 L090504 L090506	L090601 L090602 L090603 L090605 L090606 L090607 L090608 L090610
窗　扇	L055510 L055511 L055512 L055513 L055514 L055515 L055516 L055517 L055518	L060517 L060518 L060519 L060520 L060522 L060523	L070514 L070515 L070516 L070517 L070518 L070519 L070520 L070521 L070522 L070523 L070525 L070526 L070527 L070528 L070529 L070530	L090505 L090507 L090508	L090614 L090615 L090616 L090617 L090618
窗　梃		L060508 L080510	L070504 L070508 L070509		L090613
窗　芯	L055509	L060507 L060515 L060521	L070531 L070532		L090612
纱　窗	L055F55		L070533 L070534		

立转铝合金窗适用范围不太广泛，一般适用于宾馆、车站和候机厅等采用，也可做铝合金幕墙的配窗。

2）立转铝合金窗按窗框厚度尺寸分为50、60、70等系列。

88YJ17《〈航空牌〉铝门窗》的70系列立转窗标记组成如下：

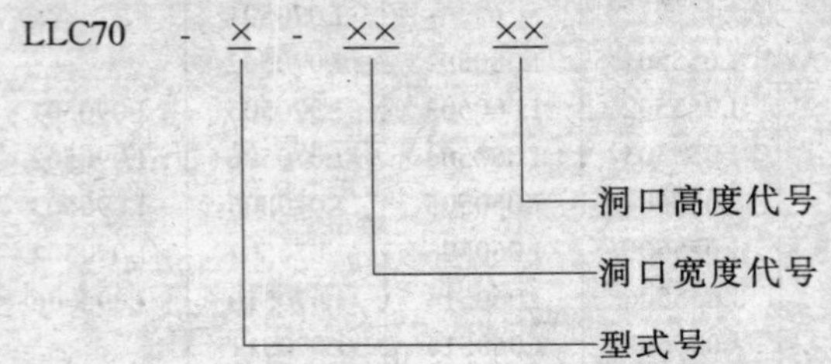

2．铝合金门

(1) 平开铝合金门

平开铝合金门是铝合金门中常用门种，规格尺寸多，开启面积大，开关方便。

平开铝合金门按门框厚度尺寸分为40、45、50、55、60、70和80等系列；按开启方向分为外开门和内开门：按门框构造可分为有槛门和无槛门。

92SJ605《平开铝合金门》的平开门标记组成如下：

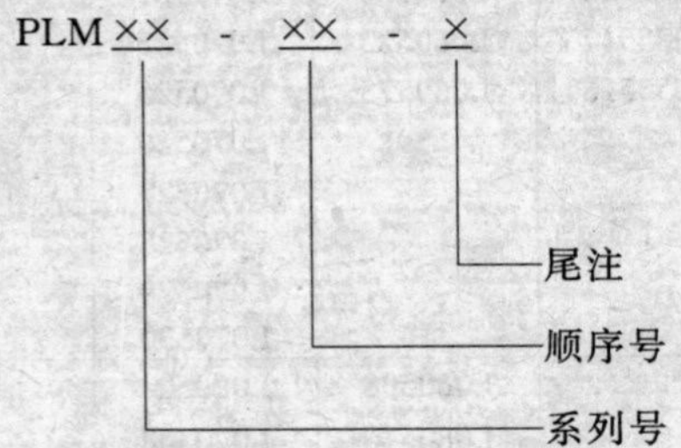

92SJ605图集包括50系列、55系列和70系列平开铝合金门。

平开铝合金门由门框、门扇、门梃、门芯和启闭件构成。门框与门扇通过合页连接。门芯板由专用铝合金型材拼装组成。

92SJ605《平开铝合金门》的主要材料见表3-24。

平开铝合金门的主要材料表 **表 3-24**

构件名称 / 系列号	门 框	门 扇	门梃	门芯
50	L050001、L050002	L050007、L050008	L050003	L050009
55	L055001	L055005、L055006、L055009	L055003	L055004
70	L070001、L070002 L070003、L070011	L070010、L070012、L070013、L070014、L070015		L070016

（2）推拉铝合金门

推拉铝合金门的推拉铝合金门按门框厚度尺寸分为 70、80、90 等系列。

92SJ606《推拉铝合金门》的推拉门标记组成如下：

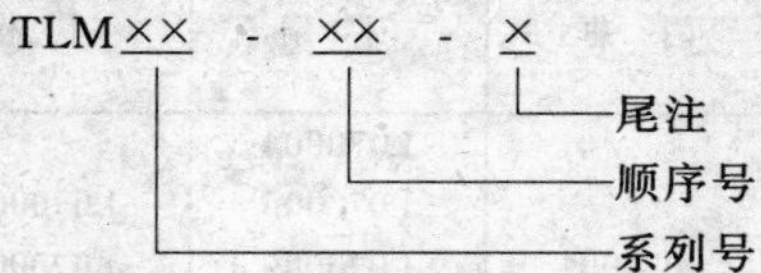

推拉铝合金门由门框、门扇、门梃、门芯和启闭件构成。门扇通过下端的滑轮在门框内滑动而启闭。由于门扇比一般窗扇大且重，有些推拉铝合金门采用加重型的滚珠轴承。

92SJ606《推拉铝合金门》的主要材料配置见表 3-25。

推拉铝合金门主要材料配置表 **表 3-25**

构件名称 / 系列号	门 框	门 扇	门 梃	门 芯
70	L070601 L070604 L070615 L070616	L070605 L070606 L070607 L070608 L070622	L070611 L070614 L070621	L070607
90	L090701 L090702 L090703	L090704 L090705 L090706 L070607 L090708	L090709 L090710	

（3）铝合金地弹簧门

铝合金地弹簧门按门框厚度尺寸分为 45、55、70、80、100 等系列。

92SJ607《铝合金地弹簧门》的地弹簧门标记组成如下：

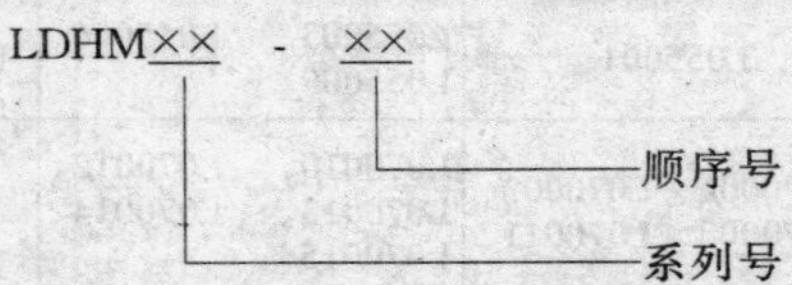

铝合金地弹簧门由门框、门扇、门梃和地弹簧等构成。门扇下端与地弹簧相连，门扇可开向室内外。

92SJ607《铝合金地弹簧门》的主要材料配置见表 3-26。

铝合金地弹簧门主要材料配置表　　表 3-26

构件名称 / 系列号	门　框	门　扇	门　梃	门　芯
70	L070001	L070004 L070005 L070006 L070007 L070008 L070009	L070002 L070003	L070010
100	L100001 L100002 L100004	L100005 L100006 L100007 L100008 L100010 L100011	L100002 L100009	

（4）折叠铝合金门

1）88YJ17《《航空牌》铝门窗》的 42 系列折叠铝合金门，是由多门扇组合、上吊挂下导向的宽洞口用门。门扇转动灵活，推移轻便。开启后门扇折叠在一起，占建筑使用面积少。

折叠铝合金门适用于宽洞口、不频繁开启的高级或外观装饰性强的建筑用门，也可用作大厅内的活动间壁或隔断。

2）折叠铝合金门按折叠方式分为单向折叠门和双向折叠门。

3）42系列折叠铝合金门的标记组成如下：

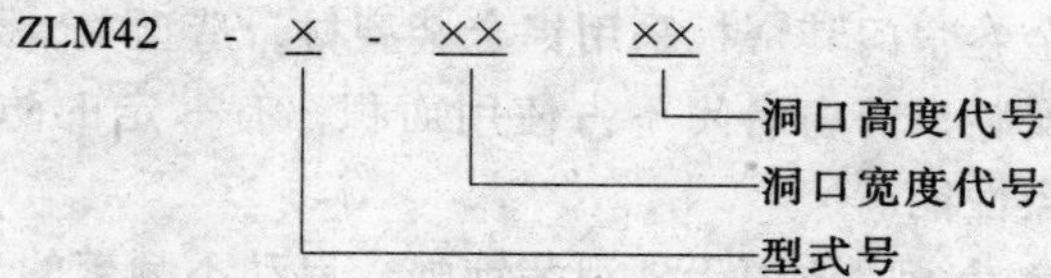

42系列折叠铝合金门采用上吊挂型式，门的重量由上梁承担。吊挂装置由相互垂直的两组滚动轴承构成。门扇下部设有导向轮，使门扇通过导向轮沿设在地面的导向槽滑动。根据人流的多少，门可折叠几扇或全部折叠使用。

（5）旋转铝合金门

88YJ17《〈航空牌〉铝门窗》的100系列旋转铝合金门，结构严紧。门扇在任何位置均具有良好的防风性，节能保温。外观华丽、造型别致、玲珑清秀。

旋转铝合金门适用于高级或外观装饰性强的建筑外门。不适用于大量人流和车辆通过。

2100系列旋转铝合金门的标记组成如下；

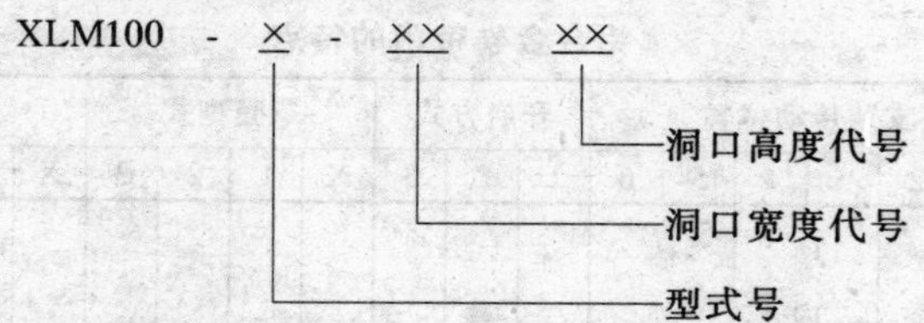

100系列旋转门分为二种型式，见表3-27。

100系列旋转门的型式 **表3-27**

型号	第一种型式	第二种型式
图示		

100系列旋转铝合金门门体由外框、圆顶、固定扇和活动扇四个部分构成。

（6）铝合金卷帘门

铝合金卷帘门其帘板采用铝合金型材，造型美，开启轻便灵活，易于安装，门扇启闭不占使用面积，有一定的防风、防火、隔声和防盗性能。

铝合金卷帘门适用于外观装饰强、启动不频繁的建筑用门。

铝合金卷帘门按开启方式分为手动式和电动式；按帘板形状可分为板状卷帘门、网状卷帘门和帘状卷帘门；按安装位置分为墙体中间安装、墙体内侧安装和墙体外侧安装。

86YJ05《铝合金门窗》（上海玻璃机械厂产品）的68系列轻型卷帘门标记组成如下：

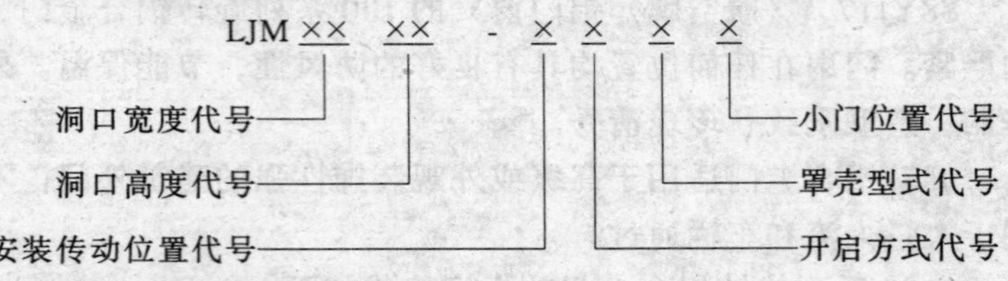

各种代号的规定和特点见表3-28。

铝合金卷帘门的特点 表3-28

类别	支装传动位置						开启方式			罩壳型式				小门位置			
代号	1	2	3	4	5	6	1	2	3	X	1	2	3	X	M	M	M
特点	墙中支装		墙内支装		墙外支装		手动	电动	电动手动	无罩壳	三面罩壳	二面罩壳	墙体中间罩壳	无小门	中间小门	中侧小门	左侧小门
	左传动	右传动	左传动	右传动	左传动	右传动											

长沙市卷帘门厂生产的铝合金卷帘门分为QZS手动卷帘门和QZD电动卷帘门两种。根据帘板形状分为Ⅰ型（板状卷帘门）、Ⅱ型（网状卷帘门）和Ⅲ型（帘状卷帘门）三种。

铝合金卷帘门主要由帘板（闸片）、卷轴、导轨、护罩（罩壳、外罩）和启闭装置等构成。

（7）铝合金自动门

铝合金自动门在人和车辆通过时自动启闭，门体轻，外观好。铝合金自动门适用于高级或外观装饰性强的工业和民用建筑。

铝合金自动门按开启形式分为推拉自动门、平开自动门、圆弧自动门、折叠自动门和卷帘自动门等；按门扇结构分为普通型和豪华型。

88YJ17《〈航空牌〉铝门窗》的铝合金自动门，分为100系列推拉自动门、100系列平开自动门和100系列圆弧自动门。

100系列推拉自动门的标记组成如下：

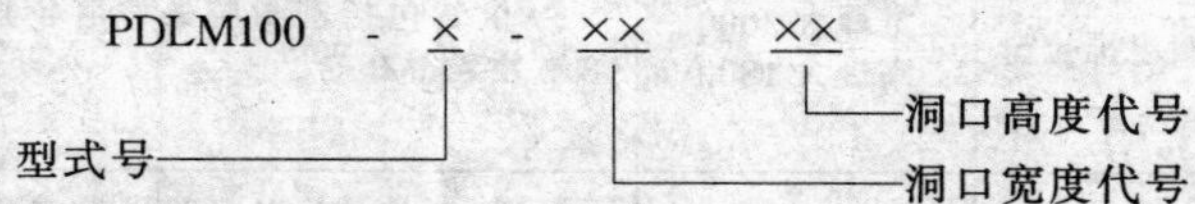

100系列圆弧自动门的标记组成如下：

YDLM100 - ×× ××

洞口高度代号

洞口宽度代号

（四）铝合金门窗的常用型号、规格

建筑装饰工程上所用铝合金门窗，应当根据设计的门窗尺寸进行制作。目前，生产铝合金门窗的厂家很多，生产的型号和规格更是五花八门，很不规范，质量差别很大。我国生产比较规范、质量优良，常用的定型铝合金门窗的型号、规格见表3-29和表3-30。

沈阳某铝窗公司生产的铝合金门窗的型号、规格　　表3-29

名称	型号或类别	洞口尺寸（mm）	备　注
固定窗	O型、Ⅱ型	宽最大1800 高最大600	1. O型和Ⅱ型的材料断面不同 2. 供货包括密封胶条、小五金在内

续表

名称	型号或类别	洞口尺寸(mm)	备　注
平开窗		宽最大 1200 高最大 1800	1. 设双道密封条，适用于有空调要求的房间 2. 根据需要可配纱窗 3. 开启方式有两侧开启，中间固定：中间开启，两侧固定；两侧开启，上腰头固定三种
推拉窗	两扇推拉窗	宽最大 1800 高最大 2100	1. 设双道密封条，适用于有空调要求的房间 2. 可组合大腰带窗 3. 供货包括密封胶条、尼龙封条、滑轨、滑轮等在内
	四扇推拉窗	宽最大 3000 高最大 1800	
开平门		宽最大 900 高最大 2100	1. 设双道密封条、单方向开启，适用于有空调要求的房间 2. 供货包括密封胶条、锁、小五金在内
弹簧门		开启部分： 宽最大 1800 高最大 2100	1. 双扇对开、两侧单开和固定扇均可 2. 上腰头固定 3. 供货包括密封胶条、地弹簧、小五金在内
推拉门		根据用户要求加工	供货包括密封胶条、尼龙封条、锁、滑轨、滑轮在内

注：1. 窗洞口尺寸可根据需要用基本窗进行组合。

2. 铝材表面着色为银白色、青铜色和古铜色三种，可根据用户需要着色。

上海某玻璃机械厂生产的铝合金门窗的型号、规格　表 3-30

名称	型号或类别	洞口尺寸(mm)	备　注
固定窗	LG1 型	宽 600、1200、1500、1800 高 600、900、1200、1500	
	LG2 型	宽 600、900、1200、1500、1800 高 1800、2100、2400	

续表

名称	型号或类别	洞口尺寸(mm)	备　注
固定窗	LG3 型	宽 600、2100、2400、2700、3000 高 600、900、1200、1500	
平开窗	LP1 型	宽 600、1200、1500 高 600、900、1200、1500	1. 设双道密封条，适用于有空调要求的房间 2. 可根据需要配装铝合金纱窗
	LP2 型	宽 1200、1500、1800、2100、2400 高 600、900、1200、1500	1. 设双道密封条，适用于有空调要求的房间 2. 一侧为固定窗
	LP3 型	宽 1800、2100、2400、2700、3000 高 600、900、1200　1500	1. 设双道密封条，适用于有空调要求的房间 2. 可根据需要配装铝合金纱窗 3. 中间为固定窗
	LP4 型	宽 600、1200、1500 高 1800、2100、2400	1. 设双道密封条，适用于有空调要求的房间 2. 可根据需要配装铝合金纱窗 3. 带固定上亮平开窗
推拉窗	LT1 型	宽 900、1200、1500 高 600、900、1200　1500	双扇推拉窗
	LT2 型	宽 1200、1500、1800、2100、2400 高 600、900、1200、1500	1. 一侧固定，单扇推拉窗 2. 设单道密封条，适用于有空调要求的房间 3. 可根据需要配装铝合金纱窗
	LT3 型	宽 2100、2400、2700、3000 高 900、1200、1500	1. 中间固定推拉窗 2. 设单道密封条，适用于有空调要求的房间 3. 可根据需要配装铝合金纱窗
	LT4 型	宽 1200、1500、1800、2100、2400 高 1500、1800、2100	1. 带固定上腰头的一侧固定单扇推拉窗 2. 设双道密封条，适用于有空调要求的房间 3. 可根据需要配装铝合金纱窗

四、铝合金龙骨

（一）铝合金龙骨的种类和性能

铝合金龙骨材料是装饰工程中用量最大的一种龙骨材料，它是以铝合金材料加工成型的型材。其不仅具有质量轻、强度高、耐腐蚀、刚度大、易加工、装饰好等优良性能，而且具有配件齐全、产品系列化、设置灵活、拆卸方便、施工效率高等优点。

铝合金龙骨按断面形式不同，可分为 T 型铝合金龙骨、槽形铝合金龙骨、LT 型铝合金龙骨和圆形与 T 型结合的管形铝合金龙骨。但装饰工程上常用的是 T 型铝合金龙骨，尤其是利用 T 型龙骨的表面光滑明净、美观大方，广泛应用龙骨底面外露或半露的活动式装配吊顶。最近有的厂家将 T 型铝合金龙骨的底面加工成线型，由于龙骨的线条和装饰板的线条一致，使得龙骨和装饰板融为一体，淡化了龙骨的存在，在视觉上形成一个无缝的整体，使吊顶达到一个新的境界，这种吊顶既具有活动式装配吊顶的特点，也具有隐蔽式装配吊顶的装饰效果。

铝合金龙骨同轻钢龙骨一样，也有主龙骨和次龙骨，但其配件相对于轻钢龙骨较少。因此，铝合金龙骨也可常常与轻钢龙骨配合使用，即主龙骨采用轻钢龙骨，次龙骨和边龙骨采用铝合金龙骨。

按使用的部位不同，在装饰工程中常用的铝合金龙骨有：铝合金吊顶龙骨、铝合金隔墙龙骨等。

（二）吊顶龙骨与隔墙龙骨

1. 铝合金吊顶龙骨

采用铝合金材料制作的吊顶龙骨，具有质轻、高强、不锈、美观、抗震、安装方便、效率较高等优良特点，主要适用于室内吊顶装饰。铝合金吊顶龙骨的形状，一般多为 T 形，可与板材组成 450mm×450mm、500mm×500mm、600mm×600mm 的方格（如图 3-8 所示），其不需要大幅面的吊顶板材，可灵活选用小规格吊顶材料。铝合金材料经过电氧化处理，光亮、不锈，色调柔和，吊顶龙骨呈方格状外貌，非常美观大方。铝合金吊顶龙骨的规格和性能，见表 3-31。

铝合金吊顶龙骨的规格和性能 表 3-31

名　称	铝龙骨	铝平吊顶筋	铝边龙骨	大龙骨	配件
规格（mm）	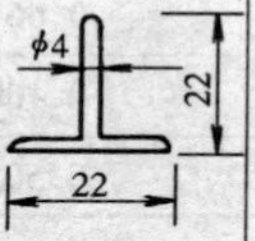 φ4，22，22 壁厚 1.3	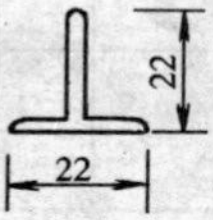 22，22 壁厚 1.3	 22，22 壁厚 1.3	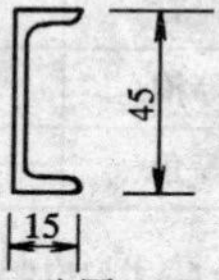 45，15 壁厚 1.3	龙骨等的连接件及吊挂件
截面积（cm^2）	0.775	0.555	0.555	0.870	
单位质量（kg/m）	0.210	0.150	0.150	0.770	
长度（m）	3 或 0.6 的倍数	0.596	3 或 0.6 的倍数	2	
机械性能	抗拉强度 210MPa，延伸率 8%				

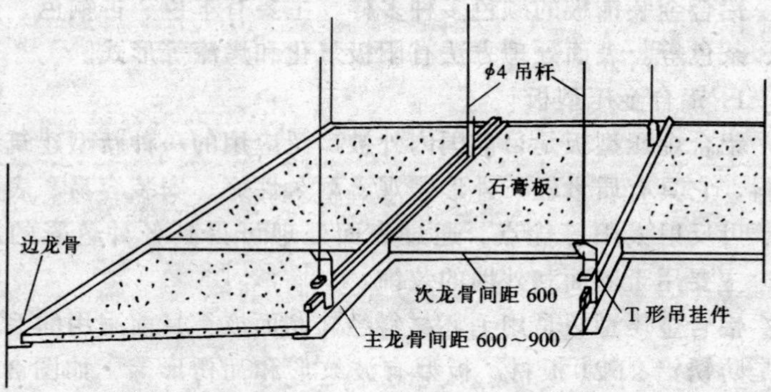

图 3-8　T 形不上人吊顶龙骨安装示意（mm）

2. 铝合金隔墙龙骨

铝合金隔墙是用大方管、扁管、等边槽、连接角等 4 种铝合金型材做成墙体框架，用较厚的玻璃或其他材料做成墙体饰面的一种隔墙方式。4 种铝合金型材见表 3-32 所示。

铝合金隔墙型材的规格 **表 3-32**

序　号	型材名称	外形截面尺寸 长×宽/（mm×mm）	每 m 质量（kg）
1	大方管	76.2×44.45	0.894
2	扁管	76.2×25.4	0.661
3	等槽	12.7×12.7	0.100
4	等角	31.8×31.8	0.503

铝合金隔墙的特点是：空间透视很好，制作比较简单，墙体结实牢固，占据空间较小。主要适用于办公室的分隔、厂房的分隔和其他大空间的分隔。

五、铝合金装饰板

铝合金装饰板属于一种现代流行的建筑装饰材料，具有质量轻、不燃烧、耐久性好、施工方便、装饰华丽等优点，主要适用于公共建筑室内外装饰饰面。目前产品规格有：开放式、封闭式、波浪式、重叠式板条和藻井式、内圆式、龟板式块状吊顶板。铝合金装饰板的颜色多种多样，主要有本色、古铜色、金黄色、茶色等。表面处理方法有阳极氧化和烤漆等形式。

1. 铝合金压型板

铝合金压型板是目前国内外被广泛应用的一种新型建筑装饰材料，它具有质量轻、外形美观、耐久性好、安装容易、表面光亮、可反射太阳等优点。通过表面处理可得到各种色彩的压型板，主要用于屋面和外墙的装饰。

铝合金压型板是用毛坯材料经轧制而成，目前采用的毛坯材料是防锈铝 LF21 板材。板型有波纹形和瓦楞形等，如图 3-9 所示。

图 3-9　铝合金压型板板型

LF21 铝合金板材属铝-锰合金，其化学成分见表 3-33。

LF21 合金的化学成分　　表 3-33

Mn	Cu	Mg	Fe	Si	Ni	Zn	Ti	其他杂质		杂质总和	Al
								单个	合计		
1.0～1.8	0.2	0.06	0.7	0.6	—	0.1	—	0.1	—	1.75	其余

LF21 铝合金压型板的技术性能，见表 3-34。

LF21 合金的技术性能　　表 3-34

相对密度	抗拉强度（MPa）	伸长率（%）	弹性模量（MPa）	线膨胀系数（10^{-6}/℃）		电阻系数（$\Omega \cdot mm^2/m$）
				－50～20℃	20～100℃	
2.73	150～220	2～6	7×10^7	21.96	23.2	0.034

LF21 合金压型板的组织细小均匀，具有优良的耐蚀性能，因此，LF21 合金压型板，无论是在大气中使用，还是在海洋气氛中使用，均具有优异的抗腐蚀能力。此外 LF21 合金具有良好的工艺成型性能和焊接性能，因此 LF21 合金压型板在安装使用过程中，既可以采用铆接方法，也可以采用焊接方法进行固定。

2. 铝合金花纹板及铝合金浅花纹板

(1) 铝合金花纹板

铝合金花纹板是采用防锈铝合金等毛坯材料，用特制的花纹轧辊轧制而成。表面花纹美观大方，突筋高度适中，不易磨损，防滑性能好，防腐蚀性能强，并便于冲洗。通过表面处理，可获得不同的美丽色彩。花纹板板材平整，裁剪尺寸精确，便于安装固定，可以广泛应用于现代建筑物上，作墙面装饰及楼梯踏步板等。

(2) 铝合金浅花纹板

铝合金浅花纹板也是一种优良的建筑装饰材料，它花纹精巧别致，色泽美观大方。它比普通铝板的刚度大 20%，并且抗污垢、抗划伤、擦伤能力均有所提高。它的立体图案和美丽色彩，更能使建筑物生辉，这种铝合金浅花纹板是我国特有的建筑装饰材料。

铝合金浅花纹板对白光反射率可达 75%～90%，热反射率可达 85%～95%。在氨、硫、硫酸、亚磷酸、浓硝酸、浓醋酸中耐蚀性良好。通过电解等方法进行表面处理，可得到不同色彩的浅花纹板。

3. 铝及铝合金冲孔平板

铝及铝合金冲孔平板是用各种铝合金平板经机械冲孔而制成。它的特点是：有良好的防腐蚀性能，光洁度高，有一定强度，易于机械加工成各种规格的形状、尺寸，有良好的防震、防水、防火性能及良好的消声效果，使其在各种要求消声的专用建筑中得到广泛的应用，它轻便美观，经久耐用，是建筑中最理想的装饰消声材料。

4. 铝合金花格网

铝合金花格网选用铝、镁、硅合金为材料，经挤压、辗轧、展延的新工艺加工而成，以菱形状和组合菱形为结构网。其具有造型美观、抗冲击性强、安全防盗性能好、不锈蚀、无磁性、重量轻等优点。既可用在高层建筑物、高速公路的防坠、防护栏，也可用在民用住宅、宾馆、商场、运动场的阳台，各种橱窗、透光吊顶、围墙等。铝合金花格网的型号和规格，见表 3-35。

铝合金花格网的型号和规格 **表 3-35**

型号	花型	规格/mm	颜色
AG104-7	单花	1150×4200	银、金、古铜
AG107-7	双花	940×4100	银、金、古铜
AG916-12	双花	1150×4300	银、金、古铜
AG102-25	单花	1000×4800	银、金、古铜
AG107-25	双花	940×4200	银、金、古铜
LHGD-7-1B	小单花	1020×3230	银色
LHGD-7-2A	中单花	1550×5500	银色
LHDG-7-2B	中单花	1350×6360	银色
LHGD-7-3A	大单花	1800×5580	银色
LHGD-7-4A	长筋单花	1150×7200	银色
LHDG-7-1A	双花	1150×5650	银色

5. 铝合金波纹板

铝合金波纹板系工程围护结构材料之一，主要用于地面装饰，也可用作屋面。其表面经阳极着色处理后，有银白、金黄、古铜等多种颜色。其具有很强的光反射能力，且质轻、高强、抗震、防火、防潮、隔热、保温、耐蚀等优良性能，可抗 8～10 级风力不损坏。铝合金的牌号、规格见表 3-36。其断面形状如图 3-10 所示。

铝合金波纹板的牌号、形态和规格尺寸　　表 3-36

合金牌号	供应状态	波型代号	规格尺寸允许偏差（mm）				
			厚　度	长　度	宽度	波高	波距
L1～L6	Y	波 20-106	0.6～1.0	(2000～1000)　+25 −10	1115+25 −10	20±2	106±2
LF21	Y	波 33-131	0.6～1.0	(2000～10000)　+25 −10	1008+25 −10	33±2.5	131±3

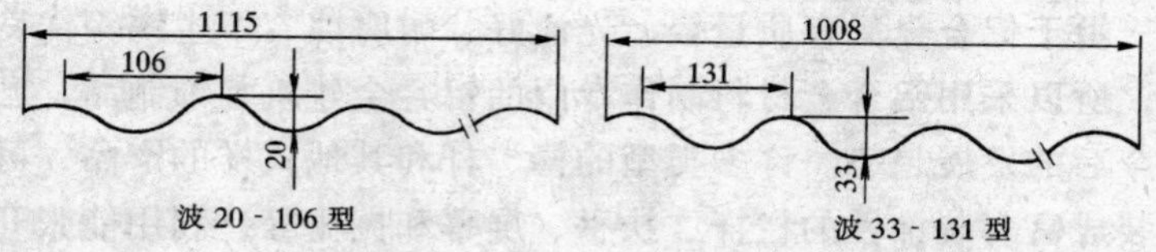

图 3-10　铝合金波纹板断面形状

六、其他铝合金装饰制品

1. 铝合金百叶窗

铝合金百叶窗系以高铝镁合金制作的百叶片，以梯形尼龙绳串联而制成。百叶片的规格一般为 0.25mm×25mm×700mm、0.25mm×25mm×970mm、0.25mm×25mm×1150mm 等多种。百叶窗的角度，可按室内光线明暗的要求和通风量大小的需要，拉动尼龙绳进行调节，百叶片可同时翻转 180°。这种窗帘与普通窗帘相比，具有启闭灵活、使用方便、经久不锈、造型美观、与窗搭配协调等优点，并可作为遮阳或遮挡视线之用。但在实际工程中目前应用还不太广泛。

2. 铝箔材料

铝箔既有保温、隔蒸汽的功能，又是一种优良的装饰材料。其常以纯铝加工成卷材，厚度为0.006～0.025mm，可用于建筑结构表面的装饰。

3. 搪瓷铝合金装饰制品

向窑炉中装入加有磨细的颜料的玻璃，以高温（一般超过427℃）熔融后，搪涂在铝合金的表面上，能制得色泽鲜艳、多种色彩、坚硬耐久的铝合金装饰制品。它具有高度耐碱和耐酸优良性能，并相对地不受气候的影响。由于瓷釉可以薄层施加，因而它在铝合金表面上的粘附力，比在其他金属表面上更强。据有关资料报道，搪瓷铝合金装饰制品，能抗受相当大的冲击变形而不碎裂，瓷釉能制成各种颜色与任何光泽度，颜色能匹配得相当正确，且不易褪色，是一种值得推广、有发展前途的建筑装饰材料。

4. 专门的铝合金建筑装饰制品

由于铝合金具有质量轻、光泽好、耐腐蚀、不生锈等优良性能，所以采用铝合金材料制作专门的铝合金建筑装饰制品，已成为今后的发展趋势。许多类型的棒、杆和其他式样的产品，可以拼装成富有装饰性的栏杆、扶手、屏幕和搁栅等，利用能张开的铝合金片可制作装饰性的屏幕或遮阳帘等。

第三节 其他金属装饰材料

除以上最常用的建筑装饰钢材材料和铝合金装饰材料外，还常用其他金属装饰材料，如铜及铜合金、铁艺制品和金属装饰线条等。

一、铜及铜合金

（一）纯铜及合金

铜具有良好的导电性、导热性、耐腐蚀性和延展性等物理化学特性。导电性能和导热性能仅次于银，纯铜可拉成很细的铜丝，制成很薄的铜箔。除了纯铜外，铜能与锌、锡、镍、铍等金属组成各种重要的合金。

1. 纯铜

纯铜的新鲜断面是玫瑰红色的，但表面形成氧化铜膜后外观呈紫红色，故常称紫铜。这种氧化铜膜致密性较好，所以铜的抗蚀性也很好，广泛应用于建筑领域，如建筑屋顶、给水管等。

铜的塑性好而没有低温脆性，易于加工。铜具有优良的导电性和导热性，导电性仅次于银而优于其他金属。在所有的商品金属中，铜的电阻系数小，导电性能最好。所以，铜在电气工程中是不可缺少的，广泛用于电力和信息传导的电线电缆以及机电、变压器、家电等工业。每年全世界大约有60%以上的铜应用于这方面。

2. 合金铜

铜通过添加合金化元素，形成系列铜合金，可大大改善其强度和耐锈蚀性，但导电性略有下降。铜合金中最主要的合金元素是锌、锡、铝和镍。

(1) 黄铜

普通黄铜是以铜锌为主的合金，含铜量80%、含锌量20%。普通黄铜管用于发电厂的冷凝器和汽车散热器上。

为了改善普通黄铜的机械性能、耐蚀性与工艺性能（如铸造性、切削性），常加入铅、铝、锰、锡、铁、镍、硅等形成各种特殊黄铜。例如：含铅黄铜用于制造各种螺钉、螺母、氧气瓶阀门、电器插座、手表零件、轴承轴瓦等。在所有铅黄铜中，以易切削黄铜的机加工性能为最好，可广泛地用于制做汽车零件。另外，还有锡黄铜、铁黄铜、镍黄铜、铝黄铜等，用于造船工业、石油工业、滨海发电等工业中。

(2) 青铜

铜合金中主要加入的元素不是锌而是锡、铝、铬、铍等元素，通称为青铜。锡青铜在我国应用的历史非常悠久，用于铸造钟、鼎、乐器和祭器等。锡青铜也可用作轴承、轴套和耐磨零件等。铝青铜、铍青铜用于制造承受重载的耐腐蚀、耐磨损构件和重要弹簧零件，以及电接触器、电阻焊电极、钟表及仪表零件。

(3) 白铜

白铜是以铜镍为主的合金，镍的添加量通常为10%～30%。为改善合金的组织和性能，常添加适量的锌或铁和猛。锌白铜酷似白银，在造币和装饰器件中用于仿银，还大量用于制造仪表零件。由于白铜兼有高耐蚀和高强度的综合性，大量用于船舶、滨海发电等海水冷凝管中。

(二) 铜及铜合金的应用

几乎所有的工业机器和设备都要用到铜和铜合金。铜合金耐磨损、易切削加工、成形性好，并能以精确的尺寸和公差进行铸造；因而它是制造齿轮、轴承、汽轮机叶片以及许多复杂形状产品的理想材料。

铜和铜合金具有优越的导电性能，并能在恶劣环境下工作，是制造热交换器不可缺少的材料。据统计，每1万千瓦的锅炉容量约需5t铜合金冷凝管。一个60万千瓦的大型发电厂就要用300吨铜合金管材。此外，冶金厂中的铸造结晶器、冷却水套和水冷坩埚等都要使用大量的铜。

耐腐蚀性好是铜和铜合金的又一个优点，使它特别适合在海洋工程和化工设备中应用。各种暴露在海水中的容器和管道系统以及海上采油平台和海岸发电站中使用的设备和构件等等，都要依靠它来抵抗腐蚀和海生物污损。

铜和铜合金还有许多特殊的用途。例如，铜合金在低温下能保持良好的韧性，是低温工程中理想的结构材料；有些铜合金具有优良的弹性，是制造仪器仪表中弹性元件的重要材料；铍青铜工具不但坚强，而且冲击时不迸发火花，可以完全地在石化和矿山等易爆环境中使用。

二、金属装饰线条

金属装饰线条是室内外装饰工程中的重要装饰材料，常用的金属装饰线条有铝合金线条、铜线条、不锈钢线条等。

（一）铝合金装饰线条

铝合金装饰线条是用纯铝加入锰镁等合金元素后，挤压而制成的条状型材。

1. 铝合金线条的特点

铝合金线条具有轻质、高强、耐蚀、耐磨、刚度大等优良性能。其表面经过阳极氧化着色表面处理，有鲜明的金属光泽，耐光和耐气候性能良好。其表面还涂以坚固透明的电泳漆膜，涂后会更加美观、适用。

2. 铝合金线条的用途

铝合金线条由于具有以上优良性能，所以，其用途比较广泛。不仅可用于装饰面的压边线、收口线，以及装饰画、装饰镜面的框边线。在广告牌、灯光箱、显示牌上当作边框或框架，在墙面或天花面作为一些设备的封口线。铝合金线条还可用于家具上的收边装饰线，玻璃门的推拉槽，地毯的收口线等方面。

3. 铝合金线条的品种规格

铝合金装饰线条的品种很多，主要的可归纳为角线条、画框线条、地毯收口线条等几种。角线条又可分为等边角线条和不等边角线两种，铝合金线条的常用品种规格见表 3-37。

铝合金线条的规格品种 表 3-37

截面形状	宽 B (mm)	高 H (mm)	壁厚 T (mm)	长度 (m)
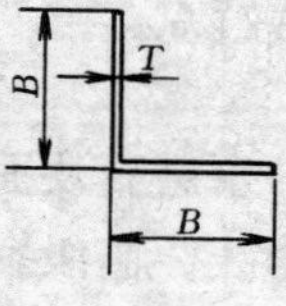	9.5	9.5	1.0	6
	12.5	12.5	1.0	
	15.0	15.0	1.0	
	25.4	25.4	1.0	
	25.4	25.4	1.5	
	25.4	25.4	2.3	
	30.0	30.0	1.5	
	30.0	30.0	3.0	

续表

截面形状	宽 B (mm)	高 H (mm)	壁厚 T (mm)	长度 (m)
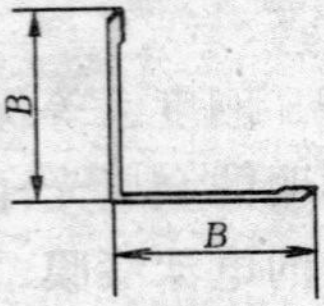	25.4 29.8	25.4 29.8		6
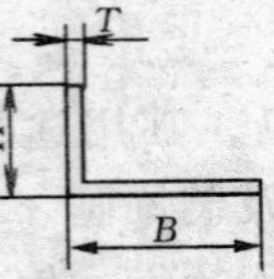	19.0 21.0 25.0 30.0 38.0	12.7 19.0 19.0 18.0 25.0	1.2 1.0 1.5 3.0 3.0	6
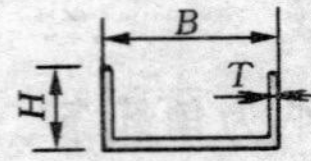	9.50 9.50 12.0 12.7 12.7 19.0 19.0 7.70 50.8	9.50 9.50 5.00 12.7 12.7 12.7 19.0 13.1 12.7	1.0 1.5 1.0 1.0 1.5 1.6 1.0 1.3 1.5	6

(二) 铜装饰线条

铜装饰线条是用铜合金“黄铜”制成的一种装饰材料。

1. 铜装饰线条的特点

铜装饰线条是一种比较高档的装饰材料，它具有强度高、耐磨性好、不锈蚀，经加工后表面有黄金色光泽等特点。

2. 铜装饰线条的用途

铜装饰线条主要用于地面大理石、花岗石、水磨石块面的间隔线，楼梯踏步的防滑线，楼梯踏步的地毯压角线，高级家具的装饰线等。

3. 铜装饰线条的规格、品种

铜装饰线条的规格、品种见表 3-38。

铜线条的规格和品种 **表 3-38**

名　　称	说明及规格(mm)	参考价格(1996年)
全铜楼梯栏杆及扶手	系以 H62 优质拉制铜管制成,规格为(mm): 扶手管:ϕ(50、60、70、80、90、100)×4(壁厚) 栏杆管:ϕ(20、30)×3(mm)。亦可根据图纸加工。连接处均采用机械连接,便于拆卸更换。外露部分均可涂透明保护膜,美观大方	按楼梯设计算:400 元/m
楼梯地毯压杆(铜质)及包角(铜质)	系以 H62 黄铜、T2 紫铜、不锈钢等加工而成,表面经抛光并喷涂透明保护膜一层,以确保压杆本色。分"侧壁角可卸型"及"地毯包角直压型"两种。前者更换地毯方便,能延长地毯的使用寿命:后者结构比较简单,呈"┏"形、两端以小型法兰盘封端,配合地毯颜色,能起艺术烘托作用。该两种压杆供直升式或旋转式楼梯踏步压地毯之用。其规格如下: 侧壁角可卸型地毯压杆:ϕ20×4 直压型地毯包角:宽×高=(50、70)×(30、50)。系以 H62 黄铜板,经机械折边而成,上面并做 2×1 的防滑槽沟,兼起防滑条的作用	可卸型地毯压杆:75 元/套 地毯包角:98 元/m
楼梯地毯铜压棍	1.5×18×1000 1.5×16×1000	38.50 元/根 32.50 元/根
压棍脚(配铜地毯压棍用)	置于铜地毯压棍两端,作固定压棍之用	5.60 元/副
全铜楼梯防滑条	系以 H62 黄铜板加工而成,上面有机加工沟槽,作防滑用。规格为 10×41	125 元/m

(三) 不锈钢装饰线条

不锈钢装饰线条是以不锈钢为原料，经机械加工而制成，是一种比较高档的装饰材料。

1. 不锈钢线条的特点

不锈钢装饰线条具有高强度、耐腐蚀、表面光洁如镜、耐水、耐擦、耐气候变化等优良性能。

2. 不锈钢线条的用途

不锈钢装饰线条的用途目前并不十分广泛，主要用于各种装饰面的压边线、收口线、柱角压线等处。

3. 不锈钢线条的品种和规格

不锈钢线条主要有角形线和槽线两类，其具体规格见表3-39。

不锈钢线条的品种规格 **表 3-39**

截面形状	宽 B (mm)	高 H (mm)	壁厚 T (mm)	长度 (m)
角形线 (L 形截面，标注 H、T、B)	15.9	15.9	0.5	2～4
	15.9	15.9	1.0	
	19.0	19.0	0.5	
	19.0	19.0	1.0	
	20.0	20.0	0.5	
	20.0	20.0	1.0	
	22.0	22.0	0.8	
	22.0	22.0	1.5	
	25.4	25.4	0.8	
	25.4	25.4	2.0	
	30.0	30.0	1.5	
	30.0	30.0	2.0	
槽线 (U 形截面，标注 H、T、B)	20.0	10.0	0.5	
	25.0	13.0	0.5	
	25.0	13.0	1.0	
	32.0	16.0	0.8	
	32.0	16.0	1.5	
	38.1	25.4	1.5	
	38.1	25.4	0.8	
	75.0	45.0	1.2	
	75.0	45.0	2.0	
	90.0	25.0	1.2	
	90.0	25.0	1.5	
	90.0	45.0	1.5	
	90.0	45.0	2.0	
	100	25.0	1.5	
	100	25.0	2.0	

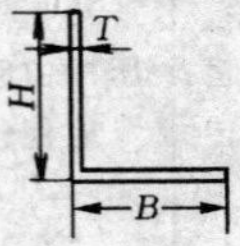

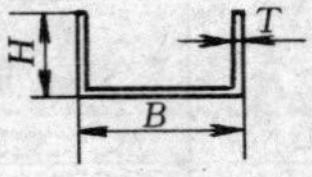

三、铁艺制品

铁艺制品是用铁制材料经锻打、弯花、冲压、铆焊、打磨、油漆等多道工序制成的装饰性铁件，可用作铁制阳台护栏、楼梯扶手、庭院豪华大门、室内外栏杆、艺术门、屏风、家具及装饰件等，装饰效果新颖独特。

铁艺制作过程是将含碳量很低的生铁烧熔，倾注在透明的硅酸盐溶液中，两者混合形成椭圆状金属球，再经高温剔除多余的熔渣，之后轧成条形熟铁环，铁艺制品还需经过除油污、杂质、除锈和防锈处理后才能成为家庭装饰用品，所以选择时应以其表面是否光洁、防锈效果优劣为参考标准。

铁艺制品小到烛台挂饰，大到旋转楼梯，都能起到其他装饰材料所不能替代的装饰效果，在局部选材时可作为一种不错的选择。比如：装饰一扇用铁艺嵌饰的玻璃门，再配以居室的铁艺制品会烘托出整个居室不同凡响的效果；木制板材暖气罩易翘曲、开裂，使用结实耐用的铁艺暖气罩不但散热效果好，还能起到较好的装饰效果。

虽然铁艺制品非常坚硬，但在安装、使用过程中也应避免磕碰。这是因为一旦破坏了表面的防锈漆，铁艺制品很容易生锈，所以在使用中发现漆皮脱落要及时用特制的“修补漆”修补，以免生锈。铁艺制品属性为生铁锻造，因此尽可能不在潮湿环境中使用，并注意防水防潮，如发现表面褪色出现斑点，应及时修补上漆以免影响其制品的整体美观。

目前市场上出售的铁艺制品在制作工艺上分为两类：一类是用锻造工艺，即以手工打制生产的铁艺制品，这种制品材质比较纯正，含碳量较低，其制品也较细腻，花样丰富，是家居装饰的首选；另一类是铸铁铁艺制品，这类制品外观较为粗糙，线条直白粗犷，整体制品笨重，这类制品价格不高，却更易生锈。

第四节　金属连接材料

（一）常用室内装修小五金连接材料

室内装修小五金连接材料的种类很多，常用的有圆钉、木螺钉、自攻螺钉、射钉、螺栓等。

1. 圆钉类

(1) 圆钉

圆钉是一种极其普通而常用的小五金连接材料，主要用于木质结构的连接。各种规格的圆钉见表 3-40。

圆钉的产品规格　　表 3-40

钉号	规格 (mm)	钉杆尺寸 (mm)			1000 个钉的重 (kg)		每公斤钉大约个数	
		长度 L	直径 d					
			标准型	重型	标准型	重型	标准型	重型
1	10	10	0.9	1.0	0.0499	0.0617	200040	16200
1.3	13	13	1.0	1.1	0.0803	0.097	12461	10307
1.6	16	16	1.1	1.2	0.1194	0.142	8375	7037
2	20	20	1.2	1.4	0.1778	0.242	5630	4130
2.5	25	25	1.4	1.6	0.303	0.395	3304	2532
3	30	30	1.6	1.8	0.474	0.600	2110	1666
3.5	35	35	1.8	2.0	0.700	0.864	1428	1157
4	40	40	2.0	2.2	0.988	1.195	1012	837
4.5	45	45	2.2	2.5	1.344	1.733	744	577
5	50	50	2.5	2.8	1.925	2.410	520	414
6	60	60	2.8	3.1	2.898	3.560	345	281
7	70	70	3.1	3.4	4.149	4.150	241	200
8	80	80	3.4	3.7	5.714	6.760	175	148
9	90	90	3.7	4.1	7.633	9.350	131	107
10	100	100	4.1	4.5	10.363	12.50	96.5	80
11	110	110	4.5	5.0	13.736	16.90	72.8	59
13	130	130	5.0	5.5	20.040	24.40	49.9	41
15	150	150	5.5	6.0	28.010	33.30	35.7	30
17.5	175	175	6.0	6.5	38.910	45.50	25.7	22
20	200	200	6.5		52.000		19.2	

(2) 麻花钉

麻花钉的钉身有麻花花纹，钉着力特别强，适用于需要钉着力强的地方，如家具的抽斗部位、木质天花吊杆等。各种规格的麻花钉见表 3-41。

麻花钉的产品规格　　表 3-41

规格 (mm)	钉杆尺寸 (mm)		1000 个钉的重量 (kg)	每公斤钉大约个数
	长度 L	直径 d		
50	50.8	2.77	2.40	416.6
50	50.8	3.05	2.91	343.6
55	57.2	3.05	3.28	304.8

续表

规格 (mm)	钉杆尺寸（mm）		1000个钉的重量 (kg)	每公斤钉大约个数
	长度 L	直径 d		
65	63.5	3.05	3.64	274.7
75	76.2	3.40	5.43	184.0
75	76.2	3.76	6.64	150.6
80	88.9	4.19	9.62	104.0

(3) 拼钉

拼钉又称榄形钉或枣核钉，外形为两头呈尖锥状，主要适用于木板拼合时作销钉用。各种规格的拼钉见表 3-42。

拼钉的产品规格 **表 3-42**

规　格 (mm)	钉杆尺寸（mm）		1000个钉的重量 (kg)	每公斤钉大约个数
	长度 L	直径 d		
25	25	1.6	0.36	2778
30	30	1.8	0.55	1818
40	40	2.2	1.08	926
45	45	2.5	1.52	658
50	50	2.8	2.00	500
60	60	2.8	2.40	416
90	90	3.7	6.13	163
120	100	4.5	14.3	70

(4) 水泥钢钉

水泥钢钉是采用优质钢材制造而成，其具有坚硬、抗弯等优良性能，可用锤头等工具直接钉入低强度等级的混凝土、水泥砂浆和砖墙，适用于建筑、安装行业等的装修。各种规格的水泥钢钉见表 3-43。

水泥钢钉产品规格 **表 3-43**

钉　号 (mm)	钉杆尺寸（mm）		1000个钉的重量 (kg)	每公斤钉的大约个数
	长度 L	直径 d		
7	101.6	4.57	2.36	424
7	76.2	4.57	2.39	418
8	76.2	4.19	2.39	418
8	63.5	4.19	2.40	416

续表

钉　号 (mm)	钉杆尺寸（mm）		1000 个钉的重量 (kg)	每公斤钉大约个数
	长度 L	直径 d		
9	50.8	3.76	2.45	406
9	38.1	3.76	2.57	389
9	25.4	3.76	2.60	385
10	50.8	3.40	2.50	400
10	38.1	3.40	2.62	382
10	25.4	3.40	2.67	375
11	38.1	3.05	2.62	382
11	25.4	3.05	2.68	373
12	38.1	2.77	2.65	377
12	25.4	2.77	2.69	371

2．木螺钉

木螺钉，又称木牙螺钉。可用以将各种材料的制品固定在木质制品之上，按其用途不同，可分为沉头木螺钉、半沉头木螺钉、半圆头木螺钉等。

(1) 沉头木螺钉

沉头木螺钉又称平头木螺钉，适用于要求紧固后钉头不露出制品表面之用。其产品规格见表 3-44。

沉头木螺钉产品规格（mm）　　**表 3-44**

直径	长度	直径	长度	直径	长度	直径	长度	直径	长度
1.6	6	3.0	14	4.0	16	4.5	40	6.0	35
1.6	8	3.0	16	4.0	18	4.5	45	6.0	40
1.6	10	3.0	18	4.0	20	4.5	50	6.0	45
2.0	6	3.0	20	4.0	22	4.5	60	6.0	50
2.0	8	3.0	22	4.0	25	4.5	70	6.0	60
2.0	10	3.0	25	4.0	30	5.0	18	6.0	70
2.0	12	3.0	30	4.0	35	5.0	20	6.0	85
2.0	14	3.5	8	4.0	40	5.0	22	6.0	100
2.5	8	3.5	10	4.0	45	5.0	25	7.0	45
2.5	10	3.5	12	4.0	50	5.0	30	7.0	50
2.5	12	3.5	14	4.0	60	5.0	35	7.0	60
2.5	14	3.5	16	4.0	70	5.0	40	7.0	85
2.5	16	3.5	18	4.5	14	5.0	45	7.0	100
2.5	18	3.5	20	4.5	16	5.0	50	8.0	40
2.5	20	3.5	22	4.5	18	5.0	60	8.0	50
2.5	22	3.5	25	4.5	20	5.0	70	8.0	60
2.5	25	3.5	30	4.5	22	5.0	85	8.0	70
3.0	8	3.5	35	4.5	25	5.0	100	8.0	85
3.0	10	3.5	40	4.5	30	6.0	25	8.0	100
3.0	12	4.0	12	4.5	35	6.0	30	8.0	120

（2）半圆头木螺钉

半圆头木螺钉顶端为半圆形，该钉拧紧后不易陷入制品里面，钉头底部平面积较大，强度比较高，适用于要求钉头强度高的地方，如木结构棚顶钉固铁蒙皮之用。其产品规格见表3-45。

半圆头木螺钉的产品规格（mm） **表3-45**

直径	长度	直径	长度	直径	长度	直径	长度	直径	长度
2.0	6	3.0	10	4.0	35	5.0	50	6.0	60
2.0	8	3.0	12	4.0	40	5.0	60	6.0	70
2.0	10	3.0	16	4.0	45	5.0	70	6.0	80
2.0	12	3.0	20	4.0	50	5.0	80	6.0	100
2.5	8	3.0	25	4.0	60	5.0	100	8.0	50
2.5	10	3.0	30	5.0	20	6.0	25	8.0	70
2.5	12	4.0	12	5.0	25	6.0	30	8.0	80
2.5	16	4.0	16	5.0	30	6.0	35	8.0	100
2.5	20	4.0	20	5.0	35	6.0	40		
2.5	25	4.0	25	5.0	40	6.0	45		
3.0	8	4.0	30	5.0	45	6.0	50		

（3）半沉头木螺钉

半沉头木螺钉形状与沉头木螺钉相似，但该钉被拧紧以后，钉头略微露出制品的表面，适用于要求钉头强度较高的地方。其产品规格见表3-46。

半沉头木螺钉的产品规格（mm） **表3-46**

直径	长度	直径	长度	直径	长度	直径	长度	直径	长度
2.0	10	3.0	35	5.0	20	6.0	45	8.0	100
2.0	12	3.0	40	5.0	25	6.0	50	8.0	120
2.0	16	4.0	10	5.0	30	6.0	60	10.0	16
2.0	20	4.0	12	5.0	35	6.0	70	10.0	20
2.0	25	4.0	16	5.0	40	6.0	80	10.0	25
2.0	30	4.0	20	5.0	45	6.0	90	10.0	30
2.5	10	4.0	25	5.0	50	6.0	100	10.0	35
2.5	12	4.0	30	5.0	60	8.0	16	10.0	40
2.5	16	4.0	35	5.0	70	8.0	20	10.0	45
2.5	20	4.0	40	5.0	80	8.0	25	10.0	50
2.5	25	4.0	45	5.0	90	8.0	30	10.0	60
2.5	30	4.0	50	5.0	100	8.0	35	10.0	70
3.0	10	4.0	60	6.0	16	8.0	40	10.0	80
3.0	12	4.0	70	6.0	20	8.0	45	10.0	90
3.0	16	4.0	80	6.0	25	8.0	50	10.0	100
3.0	20	5.0	10	6.0	30	8.0	60	10.0	120
3.0	25	5.0	12	6.0	35	8.0	70		
3.0	30	5.0	16	6.0	40	8.0	80		

3．自攻螺钉

自攻螺钉，钉身螺牙齿比较深，螺距宽、硬度高，可直接在钻孔内攻出螺牙齿，可减少一道攻丝工序，提高工效，适用于软金属板、薄铁板构件的连接固定之用，其价格比较便宜，常用于铝门窗的制作中。其产品规格见表 3-47。

自攻螺钉产品规格（mm） **表 3-47**

直径	长度 L													
	6	8	10	12	16	18	20	25	30	35	40	45	50	60
3	—	—	—	—	—	—	—	—	—	—	—	—	—	—
4	—	—	—	—	—	—	—	—	—	—	—	—	—	—
5		—	—	—	—	—	—	—	—	—				

4．射钉

射钉系利用射钉器（枪）击发射钉弹，使火药产生燃烧，释放出一定能量，把射钉钉入混凝土、砖砌体等中，将需要固定的物体固定上去。射钉紧固技术是一种先进的固接技术，它比人工凿孔、钻孔紧固等施工方法，既牢固又经济，并且大大减轻了劳动强度，适用于室内外装修、安装施工。射钉有各种型号，可根据不同的用途选择使用，常用的产品规格见表 3-48。

根据射钉的长短和射入深度的要求，可选用不同威力的射钉弹，各种射钉弹的代号、外形、尺寸、色标、威力等，见表 3-49。

5．螺栓

装修工程中常用的螺栓，分为塑料和金属两种，但最常用的是金属螺栓，可以代替预埋螺栓使用。

（1）塑料胀锚螺栓

塑料胀锚螺栓系用聚乙烯、聚丙烯塑料制造，用木螺钉旋入塑料螺栓内，使其膨胀压紧钻孔壁而锚固物体。适用于锚固各种拉力不大的物体。

射钉的产品规格 **表 3-48**

型号	L (mm)	M (mm)	D (mm)	用途	示意图
RD27S8	27	8	3.7	将射钉钉在混凝土、砖砌墙、岩石上，以固定构件 当射钉穿上QM切木环时，可将木质件固定在混凝土上 当射钉附加垫圈 $D23$ 或 $D36$ 时，可将松软件固定在混凝土上	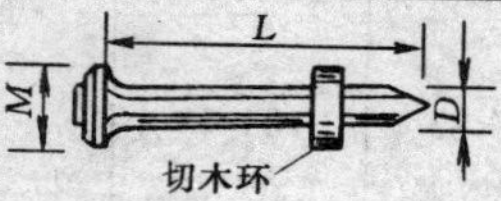  L、M、D、切木环
32S8	32	8	3.7		
37S8	37	8	3.7		
42S8	42	8	3.7		
47S8	47	8	3.7		
52S8	52	8	3.7		
62S8	62	8	3.7		
72S8	72	8	3.7		
DD27S10	27	10	4.5		
32S10	32	10	4.5		
37S10	37	10	4.5		
42S10	42	10	4.5		
47S10	47	10	4.5		
52S10	52	10	4.5		
62S10	62	10	4.5		
72S10	72	10	4.5		
HRD16S8	16	8	3.7	将射钉钉在金属（钢铁）基体上 当射钉穿上QM切木环时，可将木质件固定在钢铁基体上 当射钉附加垫圈 $D23$ 或 $D36$ 时，可将松软件固定在钢铁基体上	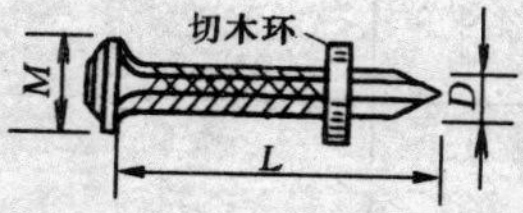 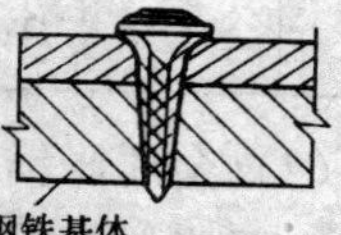 切木环、M、D、L、钢铁基体
19S8	19	8	3.7		
22S8	22	8	3.7		
32S8	32	8	3.7		
37S8	37	8	3.7		
42S8	42	8	3.7		
47S8	47	8	3.7		
52S8	52	8	3.7		
62S8	62	8	3.7		

射钉弹的产品规格 **表 3-49**

型　号	口径×长度	外　型　图	色　标	威　力
S1	6.8×11		红 黄 绿 白	大 中 小 最小

续表

型　号	口径×长度	外　型　图	色　标	威　力
S2	10×18	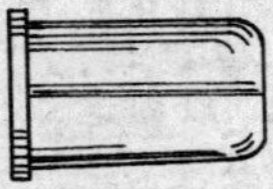	黑 红	特大 大
S3	6.8×18		黑 红 黄 绿	最大 大 中 小
S4	6.3×10	S4 外形图与 S1 相同	红 黄 绿 白	大 中 小 最小
S5	5.6×15	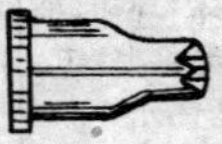	黄 绿 棕 灰	大 中 小 最小

(2) 金属胀锚螺栓

金属胀锚螺栓又称拉爆螺栓，系由底部成锥形的螺栓、能膨胀的套管、平垫圈、弹簧垫圈及螺母组成，使用时将螺栓塞入钻孔内，旋紧螺母拉紧带锥形的螺栓杆，使套管膨胀压紧钻孔壁而锚固物体。这种螺栓锚固力很强，适用于各种墙面、地面锚固建筑配件和物体，其规格见表 3-50。

6. 铆钉

铆钉是建筑装饰工程中最常用的连接件，其品种规格非常多，主要品种有：开口型抽芯铆钉、封闭型开口铆钉、双鼓型抽芯铆钉、沟槽型抽芯铆钉、环槽铆钉和击芯铆钉。

金属胀锚螺栓的规格 **表 3-50**

规格	规格尺寸（mm）			钻孔直径要求（mm）		重量（kg/100 件）	示意图
	L	l	c	混凝土	砌体		
M6×65	65	35	35	7.80	7.20	2.77	
M6×75	75	35	35	7.80	7.20	2.93	
M6×85	85	35	35	7.80	7.20	3.15	
M8×80	80	45	40	10.0	9.50	6.14	
M8×90	90	45	40	10.0	9.50	6.45	
M8×100	100	45	40	10.0	9.50	6.72	
M10×95	95	55	50	12.5	12.0	10.0	
M10×110	110	65	50	12.5	12.0	10.9	
M10×125	125	55	50	12.5	12.0	11.6	
M12×110	110	65	52	14.0	13.5	16.9	
M12×130	130	65	52	14.0	13.5	18.3	
M12×150	150	65	52	14.0	13.5	19.6	
M16×150	150	90	70	19.0	18.0	37.2	
M16×175	175	90	70	19.0	18.0	40.4	
M16×200	200	90	70	19.0	18.0	43.5	
M16×220	220	90	70	19.0	18.0	46.1	

（1）开口型抽芯铆钉

开口型抽芯铆钉是一种单面铆接的新颖紧固件。各种不同材质的铆钉，能适应不同强度的铆接，广泛适用于各个紧固领域。施工中必须采用拉铆枪进行铆接，在拉铆力的作用下，铆钉体逐渐膨胀直至钉芯被拉断，铆接工序完成。开口型抽芯铆钉具有操作方便、效率较高、噪声较低等优点。其规格尺寸见表 3-51，其示意图如图 3-11 所示。

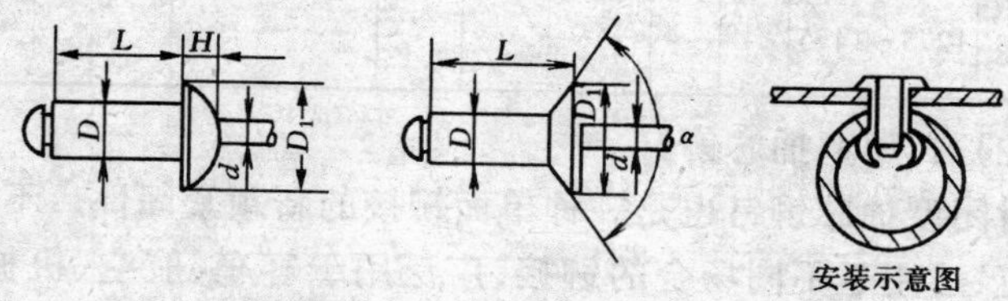

图 3-11　开口型抽芯铆钉（K）

开口型抽芯铆钉（K）规格尺寸（mm）及材料　　表 3-51

D	L	推荐铆接板厚度	D_1	H	α	d	钻孔直径	材料	抗拉力（N/只）	抗剪力（N/只）
3	9	4.5~6.5	6	1	120°	1.8	3.1	纯铝	310	240
	12	7.5~9.5						5号防锈铝	810	600
3.2	7	2.5~4.5	6	1		1.8	3.2	纯铝	370	285
	9	4.5~6.5						2号防锈铝	670	530
	11	6.5~8.5						5号防锈铝	985	760
	13	8.5~10.5						不锈钢	2350	1870
4	6	1.0~3.0	8	1.4		2.2	4.1	纯铝	590	450
	8	3.0~5.0						2号防锈铝	1020	840
	10	5.0~7.0						5号防锈铝	1560	1160
	13	8.0~10						不锈钢	3650	2890
	16	10~12								
	18	11~13								
4.8	7	1.5~3.5	9.5	1.5		2.6	4.9	纯铝	860	660
	9	3.5~5.5						2号防锈铝	1420	1150
	11	5.5~7.5						5号防锈铝	2230	1690
	13	7.5~9.5						不锈钢	5330	4230
	14	8.5~10.5								
	16	10.5~12.5								
	18	12.5~14.5								
5	6	0.5~2.5						纯铝	920	710
	8	2.5~4.5						2号防锈铝	1500	1200
	11	5.5~7.5						5号防锈铝	2590	1670
	13	7.5~9.5								
	16	10.5~12.5								
	18	12.5~14.5								

（2）封闭型抽芯铆钉

封闭型抽芯铆钉也是一种单面铆接的新颖紧固件。不同材质的铆钉,适用于不同场合的铆接,广泛用于客车、航空、机械制造、建筑工程等。其规格尺寸见表 3-52,其示意图如图 3-12 所示。

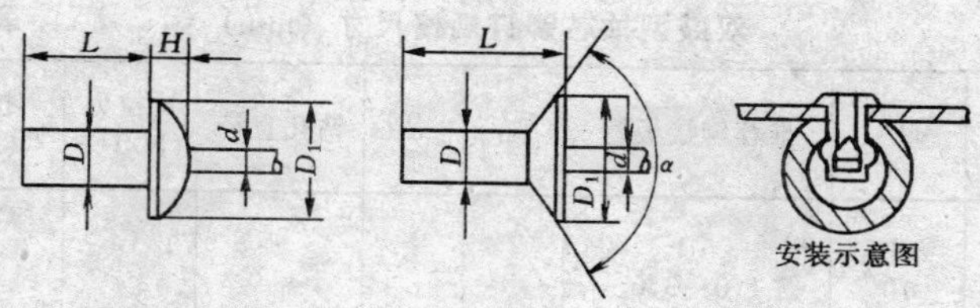

图 3-12　封闭型抽芯铆钉（F）

封闭型抽芯铆钉（F）规格尺寸（mm）及材料　　表 3-52

D	L	推荐铆接板厚	D_1	H	α	d	钻孔直径	材　料	抗拉力（N/只）	抗剪力（N/只）
3.2	7 9 11 13 16	1～2.5 3～4.5 5～6.5 7～8.5 10～11.5	6	1	120°	1.7	3.3	纯　铝 5 号防锈铝	490 1240	445 1070
4.0	6 8 10 13 16	0.5～1.5 2.0～3.5 4.0～5.5 7.0～8.5 10～11.5	8	1.4		2.2	4.1	纯　铝 5 号防锈铝	720 2140	580 1560
4.8	8 10 13 15 16 18 23 25	0.5～3.0 4.0～5.0 7.0～8.0 9.0～10 10～11 12～13 16～18 19～20	9.5	1.5		2.64	4.9	纯　铝 5 号防锈铝	1120 3070	935 2230

（3）双鼓型抽芯铆钉（S）

双鼓型抽芯铆钉是一种盲面铆接的新颖紧固件。这种铆钉具有对薄壁构件进行铆接不松动、不变形等优良特点，铆接完毕后两端均呈鼓形，由此称为双鼓型抽芯铆钉，广泛应用于各种铆接领域。其规格尺寸见表 3-53，其示意图如图 3-13 所示。

双鼓型抽芯铆钉规格尺寸（mm） 表 3-53

D	L	推荐铆接板厚	D_1	d	钻孔直径	抗拉力（N/只）	抗剪力（N/只）
3.2	8 10 12 14 16	≤1 1.0～3.0 3.0～5.0 5.0～7.0 7.0～9.0	6.0	1.80	3.4	670	530
4.0	10 12 14 16 18	≤1.5 1.5～3.5 3.5～5.5 5.5～7.5 7.5～9.5	8.0	2.20	4.2	1020	845
4.8	10 12 14 16 18 20 22 24	≤1 1.0～3.0 3.0～5.0 5.0～7.0 7.0～9.0 9.0～11 11～13 13～15	9.5	2.65	5.0	1425	1160

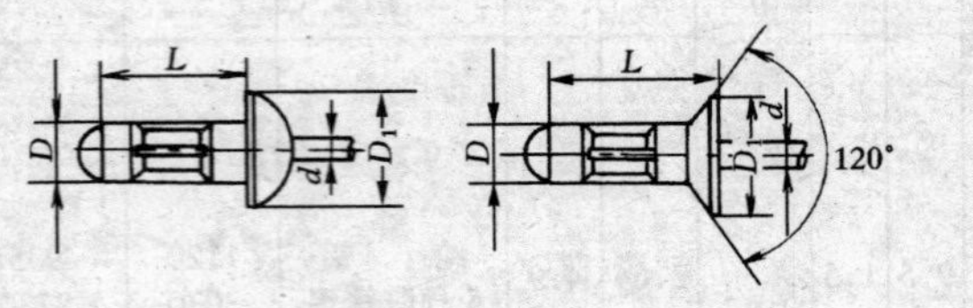

安装示意图

图 3-13 双鼓型抽芯铆钉（S）

（4）沟槽型抽芯铆钉

沟槽型抽芯铆钉也是一种盲面铆接的新颖紧固件。适用于硬质纤维、胶合板、玻璃纤维、塑料、石棉板、木材等非金属构件的铆接。它与其他铆钉的区别在于表面带槽形，在盲孔内膨胀后，沟槽嵌入被铆构件的孔壁内，从而起到铆接作用。其规格尺寸见表 3-54，其示意图如图 3-13 所示。

沟槽抽芯铆钉规格尺寸（mm） **表 3-54**

D	L	D_1	钻孔直径	钻孔深度
4.2	12 14	8.0	4.4	15 17
5.0	10 12 15 19 25	9.5	5.2	13 15 18 22 28

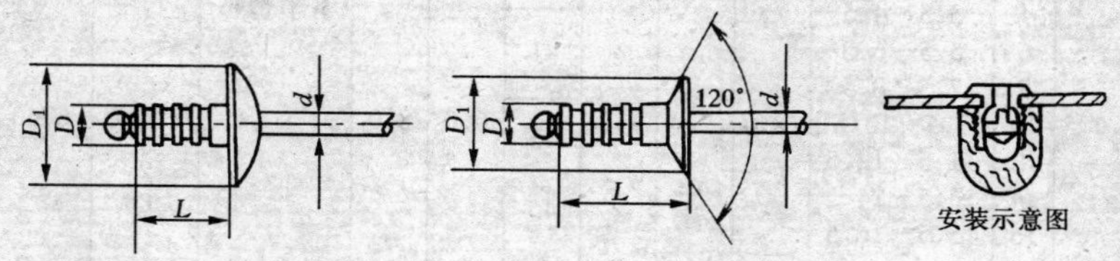

图 3-14 沟槽型抽芯铆钉（G）

（5）环槽铆钉

环槽铆钉为一种新颖的紧固件，采用优质碳素结构钢制成，机械强度高，其最大的特点是抗震性好，能广泛用于各种车辆、船舶、航空、电子工业、建筑工程、机械制造等紧固领域。铆接时必须采用专用拉铆工具，先将铆钉放入钻好孔的工件内，套上套杆，铆钉尾部插入拉铆枪内，枪头顶住套环，在力的作用下，套环逐渐变形，直至钉子尾部在槽口断裂，拉铆工序完成。这种铆钉操作方便、生产效率高、噪声较低、铆接牢固。其规格尺寸及材料见表 3-55，其示意图如图 3-15 所示。

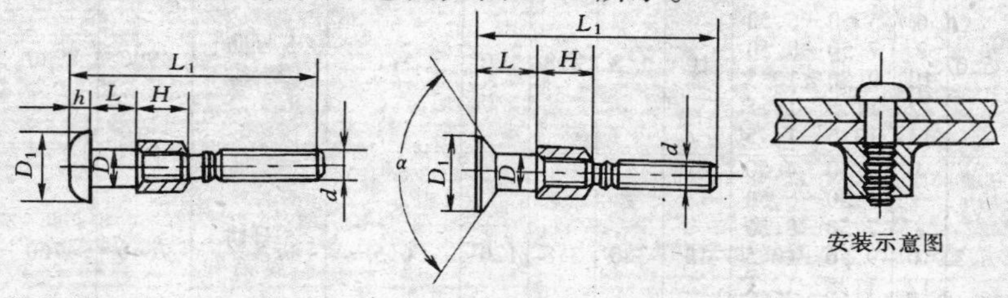

图 3-15 环槽铆钉（H）

环槽铆钉（H）规格尺寸（mm）及材料　　　　表 3-55

D	L	推荐铆钉板厚	D_1	α	h	L_1	d	H	材料	抗拉力（N/只）	抗剪力（N/只）
5.0	64	2.5～4.5	9.50	120°	3.0	35	4.5	6.0	优质碳素结构钢	7840	5880
	6	5.5～6.5									
	8	7.5～8.5				37					
	10	9.5～10.5									
	12	11.5～12.5				39					
	14	13.5～14.5									
6.5	4	3.5～4.5	12.5		4.0		6.0	8.0		8820	6760
	6	5.5～6.5				41					
	8	7.5～8.5									
	10	9.5～10.5				43					
	12	11.5～12.5									
	14	13.5～14.5				45					
	16	15.5～16.5									

（6）击芯铆钉（JX）

击芯铆钉是一种单面铆接的紧固件，广泛用于各种客车、航空、船舶、机械制造、电讯器材、铁木家具等紧固领域。铆接时，将铆钉放入钻好的工件内，用手锤敲击钉芯至帽檐端面，钉芯敲入后，铆钉的另一端即刻朝外翻成四瓣，将工件紧固。操作简单、效率较高、噪声较低。其规格尺寸见表 3-56，其示意图如图 3-16 所示。

击芯铆钉（JX）规格尺寸（mm）及材料　　　　表 3-56

D	L	推荐铆接板厚	D_1	H	D	α	钻孔直径	材料	抗拉力（N/只）	抗剪力（N/只）
5.0	4	3.50～4.50	10	1.8	2.8	120°	5.1	5 号防锈铝	4900	2940
	6	5.50～6.50								
	8	7.50～8.50								
	10	9.50～10.5								
	12	11.5～12.5								
	14	13.5～14.5								
6.5	4	3.50～4.50	13	3.0	3.8	120°	6.5	5 号防锈铝	7640	4760
	6	5.50～6.50								
	8	7.50～8.50								
	10	9.50～10.5								
	12	11.5～12.5								
	14	13.5～14.5								
	16	15.5～16.5								

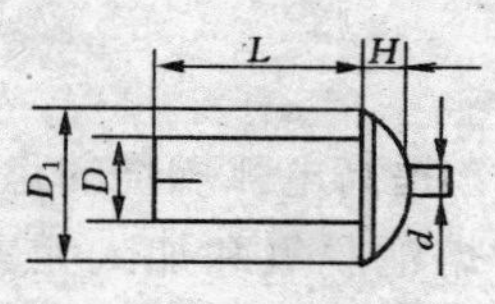

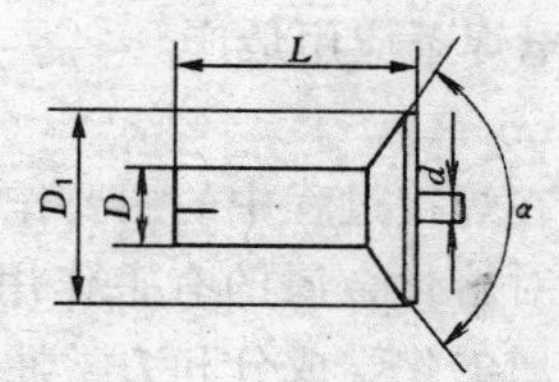

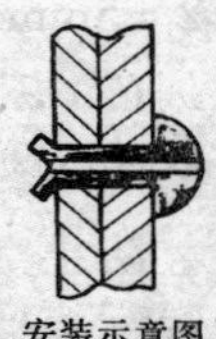

安装示意图

图 3-16　击芯铆钉（JX）

（二）电焊条

钢结构除用螺栓连接和铆钉连接外，焊条电弧焊是最常用的连接方法。一般焊条电弧焊所使用的焊条为普通电焊条，由焊芯和药皮（涂料）两部分组成。焊芯起导电和填充焊缝的作用，药皮则用于保证焊接顺利进行，并使焊缝具有一定的化学成分和力学性能。在建筑装饰工程中，最常用的电焊条是焊接结构钢的焊条。

1. 电焊条的组成

（1）焊芯

焊芯是组成焊缝金属的主要材料。它的化学成分和非金属夹杂物的多少，将直接影响着焊缝的质量。因此，结构钢焊条的焊芯应符合国家标准《焊接用钢丝》（GB1300—77）的要求。常用的结构钢焊条的牌号和成分见表 3-57。

碳素钢焊接钢丝的牌号和成分　　表 3-57

钢　号	化　学　成　分（%）							用　途
	锰	碳	硅	铬	镍	硫	磷	
H08	0.30～0.55	≤0.10	≤0.03	≤0.20	≤0.30	<0.04	<0.04	一般焊接结构
H08A	0.30～0.55	≤0.10	≤0.03	≤0.20	≤0.30	<0.03	<0.03	重要焊接结构
H08MnA	0.80～1.10	≤0.10	≤0.07	≤0.20	≤0.30	<0.03	<0.03	用作埋弧自动焊钢丝

焊芯具有较低的含碳量和一定的含锰量，含硅量控制较严，硫、磷的含量则控制更严。焊芯牌号中带“A”字母者，其硫、磷的含量均不能超过 0.03%。焊芯的直径即称为焊条的直径，我国生产的电焊条最小直径为 1.6mm，最大为 8mm，其中以

3.2～5mm 的电焊条应用最广。

（2）药皮

焊条药皮在焊接过程中的主要作用是：提高电弧燃烧的稳定性，防止空气对熔化金属的有害作用，对熔池脱氧和加入元素，以保证焊缝金属的化学成分和力学性能。焊条药皮原料的种类和作用，见表 3-58。

焊条药皮原料的种类、名称及其作用　　表 3-58

原料种类	原料名称	主要作用
稳弧剂	碳酸钾、碳酸钠、长石、大理石、钛白粉、钠水玻璃、钾水玻璃	改善引弧性，提高电弧燃烧的稳定性
造气剂	淀粉、木屑、纤维素、大理石	造成一定量的气体，隔绝空气，保护焊接溶滴与熔池
造渣剂	大理石、萤石、菱苦土、长石、锰矿、钛铁矿、黏土、钛白粉、金红石	造成具有一定物理-化学性能的熔渣，保护焊缝。碱性渣中的 CaO 还可起脱硫、磷作用
脱氧剂	锰铁、硅铁、钛铁、铝铁、石墨	降低电弧气氛和熔渣的氧化性，脱除金属中的氧、锰，还起到脱硫作用
合金剂	锰铁、硅铁、铬铁、铝铁、钒铁、钨铁	使焊缝金属获得必要的合金成分
稀渣剂	萤石、长石、钛白粉、钛铁矿	增加熔渣流动性，降低熔渣黏度
黏结剂	钾水玻璃、钠水玻璃	将药皮牢固的粘在钢芯上

2. 焊条的种类、型号和牌号

焊接的应用范围越来越广泛，为适应各个行业的需求，使各种材料和达到不同性能要求，焊条的种类和型号非常多。我国将焊条按化学成分划分为七大类，即碳钢焊条、低合金钢焊条、不锈钢焊条、堆焊焊条、铸铁焊条及焊丝、铝及铝合金焊条、铜及铜合金焊条等。其中应用最多的是碳钢焊条和低合金钢焊条。

焊条型号是国家标准中代号。碳钢焊条型号见 GB5117—85，如 E4303、E5015、E5016 等。“E”表示焊条，前两位数字表示焊缝金属的抗拉强度等级；第三位数字表示焊条的焊接位置。“0”及“1”表示焊条适用于全位置焊接（平、立、仰、横）“2”

表示焊条适用于平焊及平角焊，“4”表示焊条适用于向下立焊；第三位和第四位数字组合时表示焊接电流种类及药皮类型，如“03”为钛钙型药皮，交流或直流正、反接，“15”为低氢钠型药皮，直流反接，“16”为低氢钾型药皮，交流或直流反接。低合金焊条型号中的四位数字之后，还标出附加合金元素的化学成分。

焊条牌号是焊条行业统一的焊条代号。焊条牌号一般用一个大写拼音字母和三个数字表示，如J442、J507等。拼音字母表示焊条的大类，如“J”表示结构钢焊条（碳钢焊条和普通低合金钢焊条），“A”表示奥氏体不锈钢焊条，“Z”表示铸铁焊条等；前两位数字表示各大类中的若干小类，如结构钢焊条前两位数字表示焊缝金属抗拉强度等级，其等级有42、50、55、60、70、75、80等，分别表示其焊缝金属的抗拉强度大于或等于420、500、550、600、700、750、800MPa；最后一个数字表示药皮类型和电流种类，见表3-59，其中1至5为酸性焊条，6和7为碱性焊条。其他焊条牌号的表示方法，见国家机械工业委员会所编写的《焊接材料产品样本》。

焊条药皮类型和电源种类编号　　表3-59

编　号	1	2	3	4	5	6	7	8
药皮类型	钛型	钛钙型	钛铁矿型	氧化铁型	纤维素型	低氢钾型	低氢钠型	石墨型
电源种类	直流或交流	交、直流	交、直流	交、直流	交、直流	交、直流	直流	交、直流

焊条还可按熔渣性质分为酸性焊条和碱性焊条两大类。药皮熔渣中酸性氧化物（如SiO_2、TiO_2、Fe_2O_3）比碱性氧化物《如CaO、FeO、MnO、Na_2O）多的焊条称为酸性焊条。此类焊条适合各类电源，其操作性能好，电弧稳定，成本较低，但焊缝的塑性和韧性稍差，渗合金作用弱，故不宜焊接承受动荷载和要求高强度的重要结构件。熔渣中碱性氧化物比酸性氧化物多的焊条称为碱性焊条。此类焊条一般要求采用直流电源，焊缝塑性及韧性好，抗冲击能力强，但操作性差，电弧不够稳定，且价格较高，

故只适合焊接重要结构件。

3. 焊条的选用原则

选用焊条通常是首先根据焊件化学成分、力学性能、抗裂性、耐腐蚀性以及高温性能等要求，选用相应的焊条种类；然后再根据焊接结构形状、受力情况、焊接设备和焊条价格等，来选定具体的焊条型号。在具体选用焊条时，一般应遵循以下选用原则：

（1）低碳钢和普通低合金钢构件，一般都要求焊缝金属与母材等强度，因此可根据钢材的强度等级来选用相应的焊条。但必须注意，钢材是按屈服强度确定等级的，而结构钢焊条的强度等级是指金属抗拉强度的最低保证值。

（2）同一强度等级的酸性焊条或碱性焊条的选定，主要应考虑焊接件的结构形状（简单或复杂）、钢板厚度、荷载性质（动荷或静荷）和钢材的抗裂性要求而定。通常对要求塑性好、冲击韧性高、抗裂能力强或低温性能好的结构，要选用碱性焊条。如果构件受力不复杂、母材质量较好，应尽量选用较经济的酸性焊条。

（3）低碳钢与低合金钢结构钢混合焊接，可按异种钢接头中强度较低的钢材来选用相应的焊条。

（4）铸钢的含碳量一般都比较高，而且厚度较大，形状比较复杂，很容易产生焊接裂纹。一般应选用碱性焊条，并采取适当的工艺措施（如预热）进行焊接。

（5）焊接不锈钢或耐热钢等有特殊性能要求的钢材，应选用相应的专用焊条，以保证焊缝的主要化学成分和性能与母材相同。

第四章　金属装饰施工工艺

第一节　金属结构安装

一、金属龙骨安装施工工艺

(一）吊顶轻钢龙骨安装施工

1. 施工准备工作

(1）材料

1）轻钢龙骨。吊顶轻钢龙骨按其截面形状分为U型、C型和L型，如图4-1所示。分别为主龙骨（吊顶龙骨的主要受力构件)、次龙骨（吊顶龙骨中固定饰面层的构件）和边龙骨（通常为吊顶边部固定饰面板的龙骨)。按承载龙骨的规格尺寸，分为38系列、45系列、50系列、60系列。

主龙骨（大龙骨）是轻钢吊顶体系中主要受力构件。整个吊顶的荷载通过主龙骨传给吊杆，主龙骨也称承载龙骨。

次龙骨（中、小龙骨）的主要作用是与饰面板固定。大多数为构造龙骨，其间距由饰面板的规格决定，次龙骨也称覆面龙骨。

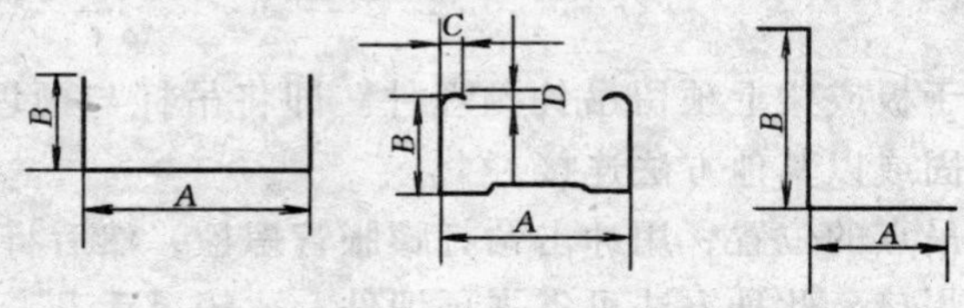

图4-1　吊顶轻钢龙骨

2）连接件。用来连接龙骨组成一个骨架，由于各生产厂家自成体系，在连接上有不同的连接件。

3）固定材料。目前较多采用的有水泥钉、射钉和金属膨胀螺栓等。

4）吊筋。一般采用 $\phi6$ 或 $\phi8$ 钢筋，在一头加工出丝扣。

5）罩面材料。主要有装饰石膏板、纸面石膏板、吸声穿孔石膏板及嵌装式装饰石膏板等。

（2）吊顶内的通风、水电、消防管道等均已安装就位，并基本调试完毕。

（3）施工机具装备齐全，主要包括冲击钻、自攻螺钉钻、电动螺丝刀、切割机、电焊机等。

（4）审查图纸，制定施工方案。

2. 施工工艺

轻钢龙骨的施工操作顺序为：放线→固定吊点、吊杆→安装主龙骨→调平主龙骨→固定次龙骨→固定横撑龙骨。

（1）放线

1）确定标高线。采用水柱法及水平仪等方法，根据吊顶设计标高在四周墙壁或柱壁上弹线，弹线应准确、清晰，其水平允许偏差为 ±5mm。按吊顶设计标高线再分别确定并弹出次龙骨和主龙骨所在位置的平面基准线。

2）确定吊点位置。按每平方米一个均匀布置。

（2）固定吊点、吊杆

1）吊点。常采用膨胀螺栓、射钉、预埋铁件等方式。

2）吊杆与结构的固定：与结构的固定方法，基本上有三种形式：

①对于板或梁上预留吊钩预埋件。即将吊杆与预埋件焊接、勾挂、拧固或以其他方法连接。

②在吊点的位置，用冲击钻打膨胀管螺栓，然后将膨胀管螺栓同吊杆焊接。此种方法可省去预埋件，比较灵活。

③用射钉固定，如果选用尾部带孔的射钉，将吊杆穿过尾部的孔即可。如果选用不带孔的射钉，宜选择一个小角钢固定在楼板上，另一条边钻孔，将吊杆穿过角钢的孔即可固定，如图 4-2

所示。

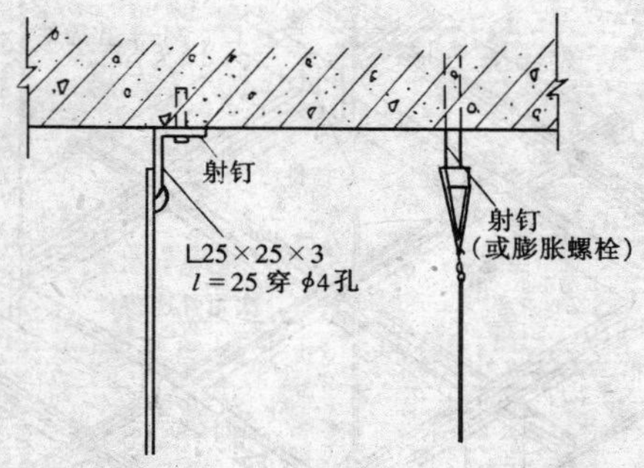

图 4-2　吊杆与结构层固定

吊杆一般采用 ϕ6～ϕ8 的钢筋制作，并做防腐处理，下料时，应计算好吊杆的长度尺寸，如下端要套丝的，要注意丝扣的长度留有余地，以备螺母紧固和吊杆的高度方向调节。

（3）安装主龙骨

主龙骨与吊杆连接，可采用焊接，也可采用吊挂件连接，焊接虽然牢固，但维修麻烦。吊挂件一般与龙骨配套使用，安装方便。在龙骨的安装程序上，因为主龙骨在上，所以，吊挂件同主龙骨相连，在主龙骨底部弹线，然后再用连接件将次龙骨与主龙骨固定。在主、次龙骨的安装程序上，可先将主龙骨与吊杆安装完毕，然后再依次安装中龙骨、小龙骨。也可以主、次龙骨一齐安装，二者同时进行。至于采用哪些形式，主要视不同部位及吊顶面积大小决定。

轻钢龙骨吊顶示意，如图 4-3 所示；连接节点，如图 4-4 所示。

（4）调平主龙骨

在安装龙骨前，应根据标高控制线，使龙骨就位并调平主龙骨。只要主龙骨标高正确，中、小龙骨一般不会发生什么问题。

待主龙骨与吊件及吊杆安装就位以后，以一个房间为单位进行调整平直。调平时按房间的十字和对角拉线，以水平线调整主

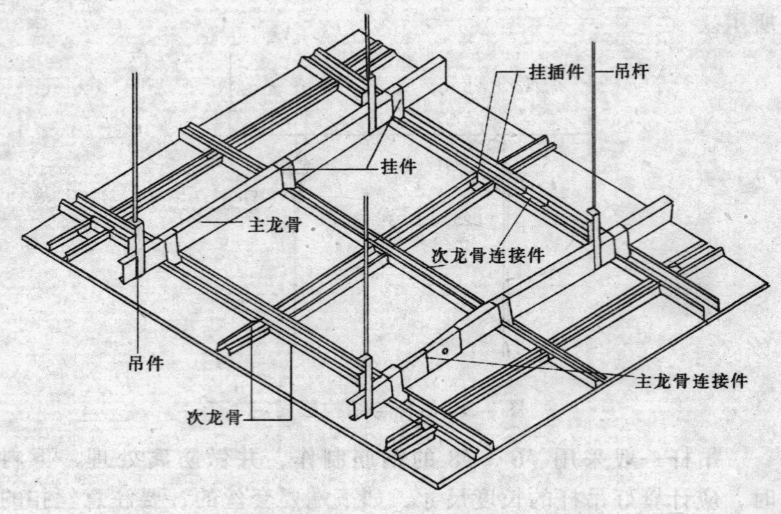

图 4-3 轻钢龙骨吊顶的组合示意

龙骨的平直；也可同时使用 60mm×60mm 的平直木方条，按主龙骨的间距钉圆钉将龙骨卡住作临时固定，木方两端顶到墙上或梁边，再依照拉线进行龙骨的升降调平。

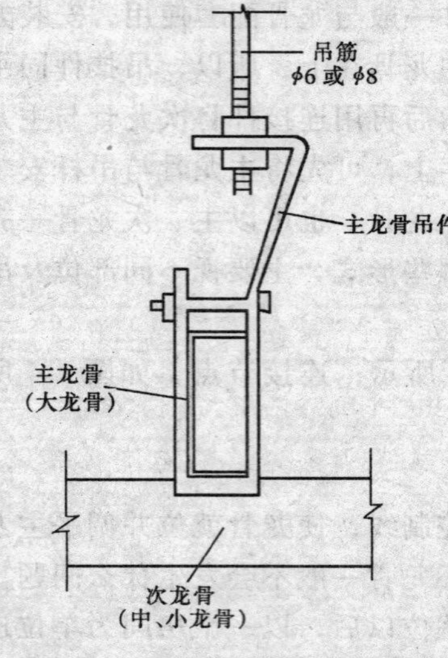

图 4-4 轻钢龙骨吊顶连接节点

较大面积的吊顶主龙骨调平时应注意，其中间部分应略有起拱，起拱高度一般不小于房间短向跨度的 1/200。

(5) 固定次龙骨、横撑龙骨

在覆面次龙骨与承载主龙骨的交叉布置点，可使用其配套的龙骨挂件（或称吊挂件、挂搭）将二者上下连接固定，龙骨挂件下部勾挂住覆面龙骨，上端搭在承载龙骨上，将其 U

型或W型腿用钳子嵌入承载龙骨内，如图4-5所示。

中龙骨的位置根据大样图按板材尺寸而定，如果间距较大（大于800mm）时，在中龙骨之间增加小龙骨，小龙骨与中龙骨平行，与大龙骨垂直用小吊挂件固定。

固定横撑龙骨。横撑龙骨用中、小龙骨截取，其位置与中、小龙骨垂直，装在罩面板的拼接处，如装在罩面板内部或者作为边龙骨时，宜用小龙骨截取。横撑龙骨与中、小龙骨的连接，采用中、小接插件连接牢固，再安装沿边异型龙骨。

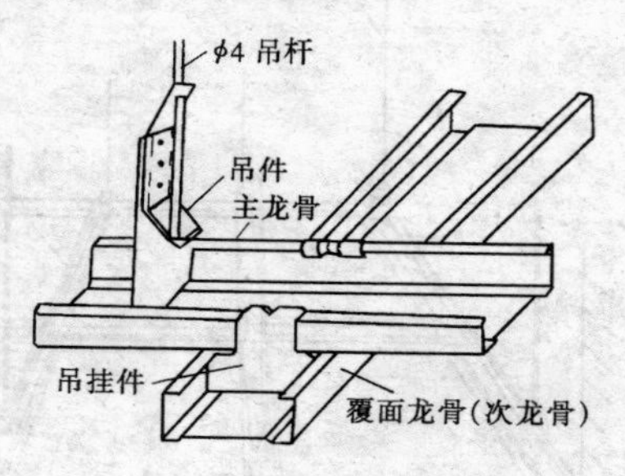

图4-5　主、次龙骨连接

横撑龙骨与中、小龙骨的底面必须平顺，所有接头处不得有下沉，以便于罩面板安装。

横撑龙骨的间距与中龙骨的间距，都必须根据所使用罩面板的每块实际尺寸决定。主、次骨长度方向可用接插件连接，接头处要错开。龙骨的安装，一般是按照预先弹好的位置，从一端依次安装到另一端。如果有高低叠级，常规做法是先安装高的部分，然后再安装低的部分。对于检修孔、上人孔、通风箅子等部位，在安装龙骨的同时，应将尺寸及位置留出，将封边的横撑龙骨安装完毕。如果有吊顶下部悬挂大型灯饰，龙骨与吊杆都应做好配合，有些龙骨还需断开，那么，在构造上还应采取相应的加固措施。如若大型灯饰，悬挂最好同龙骨脱开，以便安全使用。如若一般灯具，对于隐蔽式装配吊顶，可以将灯具直接固定在龙骨上。

3. 轻钢龙骨的单层组合构造

吊顶骨架的组合可以是双层构造，也可以是单层构造，如图4-6所示。双层构造中的次龙骨、横撑龙骨、小龙骨（或一种龙骨的纵向与横向布置）等C型覆面龙骨紧贴主龙骨（U型或C

型大龙骨、承载龙骨）的底面安装吊挂；单层构造的吊顶骨架，无论大、中、小龙骨的布置，均在同一水平面，根据工程实际，也可以不采用大龙骨而以中龙骨进行纵横装设。

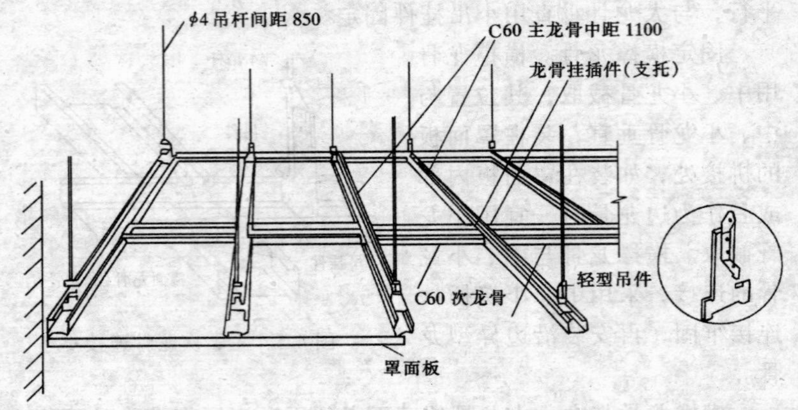

图 4-6　轻钢龙骨单层吊顶

U 型（或 C 型）承载大龙骨的中距及吊点间距，不同装饰构造的吊顶其配套材料的要求由设计区别确定。在一般情况下，双层轻钢 U、C 型龙骨骨架，大龙骨中距应≤1200mm，吊点间距也应≤1200mm，中龙骨中距为 500～1500mm（根据罩面板拼接情况具体确定）；单层吊顶构造的主龙骨中距为 400～600mm，吊点间距为 800～1500mm。

单层吊顶此构造在室内装修中应用甚广，主要有构造简单，并能在同样吊顶高度效果之下争取到比双层构造更大的吊顶上部空间，而给吊顶内的管道敷设等提供更有利的条件。

4. 基层板（饰面板）安装施工

龙骨安装完毕后要进行认真检查，符合要求后才能安装基层板（饰面板）。对安装完毕的轻钢龙骨架，特别要检查对接和连接处的牢固性，不得有漏连、虚接、虚焊等现象。

安装基层板（饰面板）同木龙骨一样可以安装各种类型的基层板，轻钢龙骨一般均与纸面石膏板相配使用，下面以纸面石膏板为例介绍基层板的施工方法。

(1) 纸面石膏板的钉装

建筑装饰装修工程质量验收规范（GB 50210—2001）对纸面石膏板的安装有明确规定，要求板材应自由状态下就位固定，以防止出现弯棱、凸鼓等现象。纸面石膏板的长边（包封边），应沿纵向次龙骨铺设。板材与龙骨固定时，应从一块板的中间向板的四边循序固定，不得采用在多点上同时作业的做法。

用自攻螺钉铺钉纸面石膏板时，钉距以150～170mm为宜，螺钉应与板面垂直。自攻螺钉与纸面石膏板边的距离；距包封边（长边）以10～15mm为宜；距切割边（短边）以15～20mm为宜。钉头略埋入板面，但不能致使板材纸面破损。在装钉操作中，如出现有弯曲变形的自攻螺钉时，应予剔除，在相隔50mm的部位另安装自攻螺钉。纸面石膏板的拼接缝处，必须是安装在宽度不小于40mm的C型龙骨上；其短边必须采用错缝安装，错开距离应不小于300mm。安装双层石膏板时，面层板与基层板的接缝也应错开，上下层板各自的接缝不得同时落在同一根龙骨上。

(2) 嵌缝处理

纸面石膏板拼接缝的嵌缝材料主要有两种：一是嵌缝石膏粉，二是穿孔纸带。嵌缝石膏粉的主要成分是石膏粉加入缓凝剂等。嵌缝及填嵌钉孔等所用的石膏腻子，由嵌缝石膏粉加入适量清水，静置5～6min后经人工或机械调制而成，调制后应放置30min再使用。注意石膏腻子不可过稠，调制时的水温不可低于5℃，若在低温下调制应使用温水；调制后不可再加石膏粉，避免腻子中出现结块和渣球。穿孔纸带即是打有小孔的牛皮纸带，纸带上的小孔在嵌缝时可保证石膏腻子多余部分的挤出。纸带宽度为50mm。使用时应先将其置于清水中浸湿，这样做有利于纸带与石膏腻子的粘合。此外，另有与穿孔纸带起着相同作用的玻璃纤维网格胶带，其成品已浸过胶液，具有一定的挺度，并在一面涂有不干胶。它有着较牛皮纸带更优异的粘结作用，在石膏板板缝处有更理想的嵌缝效果，故在一些重要部位可采用它以取代穿孔牛皮纸带，以防止板缝开裂。玻璃纤维网格胶带的宽度一般为 50mm，价格高于穿孔纸带。

整个吊顶面的纸面石膏板铺钉完成后，应进行检查，并将所有自攻螺钉的钉头涂刷防锈涂料，然后用石膏腻子嵌平。此后即作板缝的嵌填处理，其程序如下：

1）清扫板缝。用小刮刀将嵌缝石膏腻子均匀饱满地嵌入板缝，并在板缝处刮涂约 60mm 宽、1mm 厚的腻子。随即贴上穿孔纸带（或玻璃纤维网格胶带），使用宽约 60mm 的腻子刮刀顺穿孔纸带（或纤维网格胶带）方向压刮，将多余的腻子挤出，并刮平、刮实、不可留有气泡。

2）用宽约 150mm 的刮刀将石膏腻子填满宽约 150mm 的板缝处带状部分。

3）用宽约 300mm 的刮刀再补一遍腻子，其厚度不得超出 2mm。

4）待腻子完全干燥后（约 12h），用 2 号砂布或砂纸将嵌缝石膏腻子打磨平滑，其中部略微凸起，但要向两边平滑过渡。

设计中考虑选用的纸面石膏板作为基层板，要想获得满意的装饰效果，那么必须在其表面饰以其他装饰材料。吊顶工程的饰面做法很多，常用的有裱糊壁纸、涂乳胶漆、喷涂及镶贴各种类型的罩面板等。

（二）吊顶铝合金龙骨安装施工

铝合金龙骨表观密度比较小，型材表面经过阳极氧化处理，表面光泽美观，有较强的抗腐、耐酸碱能力，防火性好，安装简单，适用于公共建筑大厅、楼道、会议室、卫生间、厨房间等吊顶。

1. 施工准备工作

（1）材料

1）铝合金龙骨。铝合金龙骨常用于活动式装配吊顶的有主龙骨、次龙骨及边龙骨。如用于明龙骨吊顶，次龙骨（包括中龙骨和小龙骨)、边龙骨采用铝合金龙骨，外露部分显得比较美观，而承担负荷的主龙骨（即大龙骨）可采用钢制的。所用吊杆一般也为钢制的。

用于活动式装配吊顶的铝合金龙骨，断面加工成“⊥”形状。共有三种规格。

①主龙骨（大龙骨）。主龙骨的侧面有长方形孔和圆形孔。方形孔供次龙骨穿插连接，圆孔状供悬吊固定。其断面及立面如图 4-7 所示。

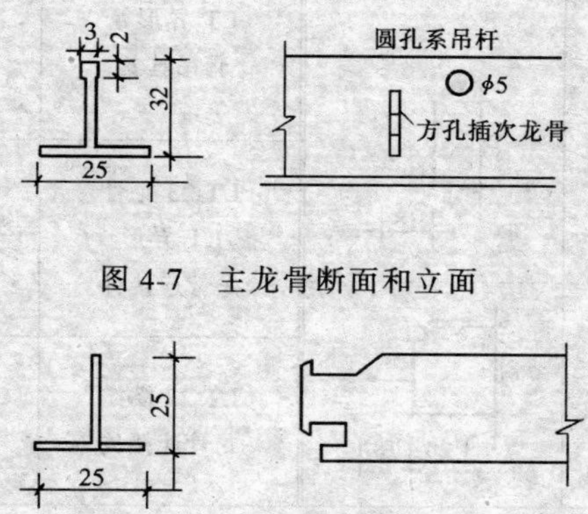

图 4-7　主龙骨断面和立面

图 4-8　次龙骨断面和立面

②次龙骨（中、小龙骨）。次龙骨的长度，根据饰面板的规格下料。在次龙骨的两端，为了便于插入龙骨的方眼中，要加工成“凸头”形状。其断面及立面如图 4-8 所示。为了使多根次龙骨在穿插连接中保持顺直，在次龙骨的凸头部位弯了一个角度，使两根次龙骨在一个方眼中保持中心线重合。

③边龙骨。边龙骨亦称封口角铝。其作用是吊顶周边及检查口部位等封口，使边角部位保持整齐、顺直。边龙骨有等肢与不等肢差别。一般常用 25mm×25mm 等肢角边龙骨，色彩与板的色彩相同。

LT 型铝合金龙骨及主要配件如图 4-9 所示。

代号名称	简图
TL-23 龙骨	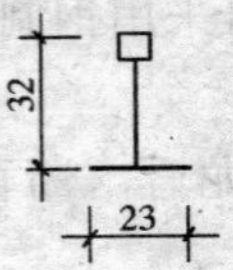 32; 23
TL-23 次龙骨	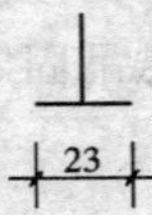 23
TL-边龙骨	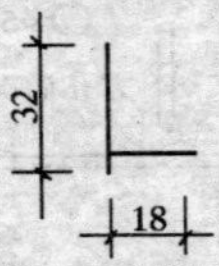 32; 18
TL-异形龙骨	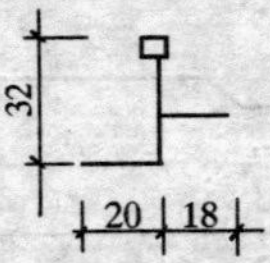 32; 20; 18

代号名称		简图
TC23 吊钩	LT-23 龙骨 LT-异形龙骨吊钩	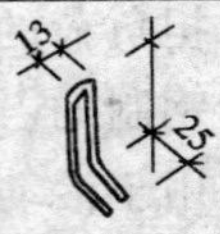 13; 25
TC50 吊钩	LT-23 龙骨 LT-异形龙骨吊钩	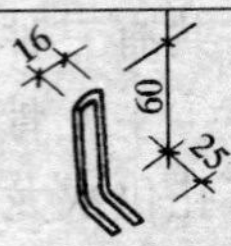 16; 60; 25
LT-异形龙骨吊挂钩		 16; 30; 65(55); 22
LT-23 龙骨 LT-异形龙骨连接件		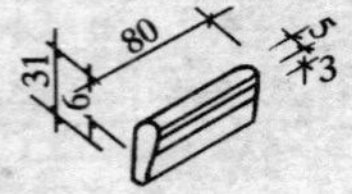 31; 80; 6; 5; 3
LT-23 横撑龙骨连接钩		 16; 14; 8

图 4-9 铝合金龙骨及配件

2）连接件。固定材料，在固定吊点上采用射钉，膨胀螺栓等；吊顶，$\phi4\sim\phi8$ 钢筋，或镀锌铁丝；饰面材料各种材质均可做成矩形或正方形，搁置在 T 型的两翼上，常用的尺寸为 500mm×500mm、600mm×600mm。

（2）其他准备工作

同轻钢龙骨吊顶。

2. 施工工艺

铝合金龙骨吊顶的施工操作顺序为：放线定位→固定悬吊体系→安装调平龙骨→安装饰面板。

单独由 T 型（及其 L 型边龙骨）铝合金龙骨装配的吊顶，只能是无附加荷载的装饰性单层轻型吊顶，它适宜于室内大面积平面顶棚装饰，与轻钢U、C型龙骨单层吊顶的主要不同点是它可以较灵活地将饰面板材平放搭装而不必进行封闭式钉固安装，其次是必要时可作明装（外露纵横骨架）、暗装（板材边部企口，嵌装后骨架隐藏）或是半明半暗式安装（外露部分骨架），如图4-10所示。

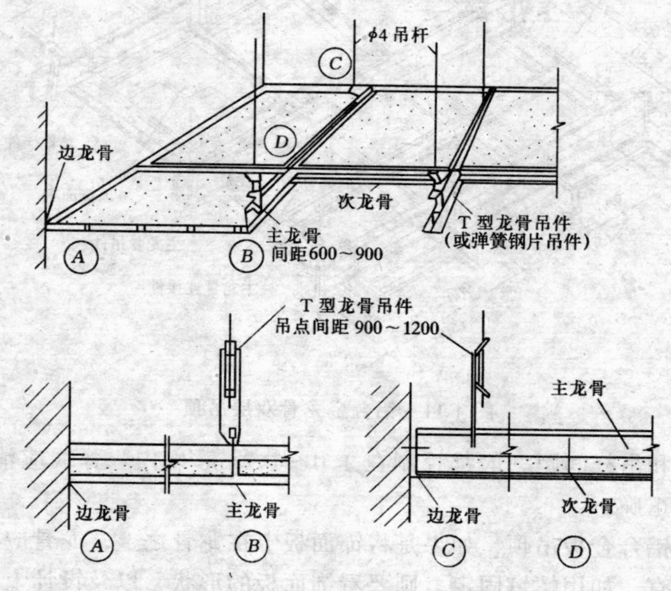

图4-10　铝合金龙骨单层吊顶

当必须满足吊顶的一定承载能力时，则需与轻钢U型或C型承载龙骨相配合，即成为双层吊顶构造，如图4-11所示。

（1）放线定位

放线主要是弹标高和龙骨布置线。

1）根据设计图纸，结合具体情况，将龙骨及吊点位置弹到楼板底面上。如果吊顶设计要求具有一定造型或图案，应选弹出吊顶对称轴线，龙骨及吊点位置应对称布置。龙骨和吊杆的间距、主龙骨的间距是影响吊顶高度的重要因素。不同的龙骨断面及吊点间距，都有可能影响主龙骨之间的间距。各种吊顶、龙骨

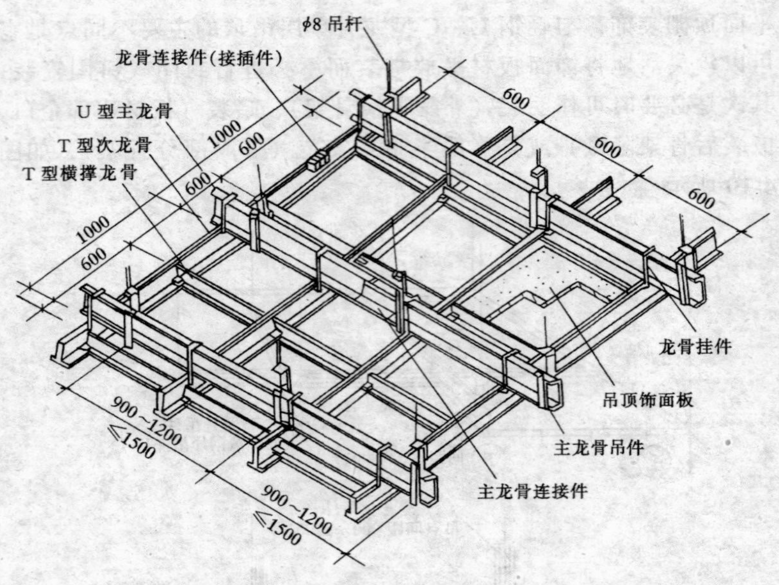

图 4-11　铝合金龙骨双层吊顶

间距和吊杆间距一般都控制在 1.0～1.2mm 以内。弹线应清晰，位置正确。

铝合金板吊顶，如果是将饰面板卡在龙骨之上，龙骨应与板成垂直；如用螺钉固定，则要看饰面板的形状，以及设计上的要求而具体掌握。

2）确定吊顶标高。利用“水柱法”将设计标高线弹到四周墙面或柱面上；如果吊顶有不同标高，那么应将变截面的位置弹到楼板上。然后，再将角铝或其他封口材料固定在墙面或柱面，封口材料的底面与标高线重合。角铝常用的规格为 25mm × 25mm，铝合金板吊顶的角铝应同板的色彩一致。角铝多用高强水泥钉固定，亦可用射钉固定。

（2）固定悬吊体系

1）悬吊形式。采用简易吊杆的悬吊有镀锌铁丝悬吊、伸缩式吊杆悬吊和简易伸缩吊杆悬吊三种形式。

①镀锌铁丝悬吊。由于活动式装配吊顶一般不做上人考虑，所以在悬吊体系方面也比较简单。目前用得最多的是射钉将镀锌铁丝固定在结构上，另一端同主龙骨的圆形孔绑牢。镀锌铁丝不宜太细，如若单股使用，不宜用小于 14 号的镀锌铁丝。

②伸缩式吊杆悬吊。伸缩式吊杆的形式较多，用得较为普遍的是将 8 号镀锌铁丝调直，用一个带孔的弹簧钢片将两根铁丝连起来，调节与固定主要是依靠弹簧钢片。当用力压弹簧钢片时，将弹簧钢片两端的孔中心重合，吊杆就可伸缩自由。当手松开后，孔中心错位，与吊杆产生剪力，将吊杆固定。操作非常方便，其形状如图 4-12 所示。

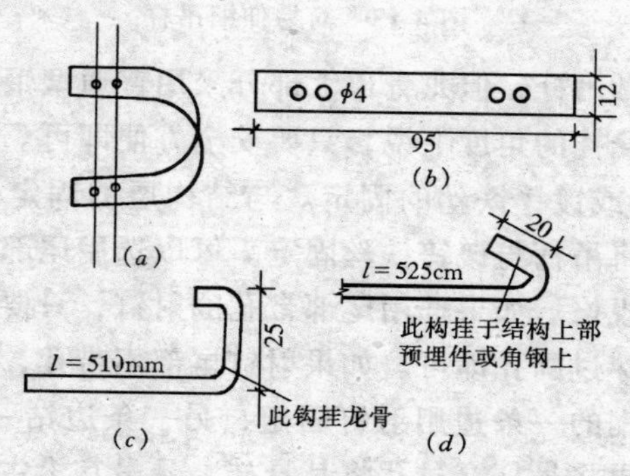

图 4-12　伸缩式吊杆

铝合金板吊顶，如果选用将板条卡到配置使用的龙骨上，宜选用伸缩式吊杆。龙骨的侧面有间距相等的孔眼，悬吊时，在两侧面孔眼上用铁丝拴一个圈或钢卡子，吊杆的下弯钩吊在圈上或钢卡上。

③简易伸缩吊杆悬吊。如图 4-13 所示的吊一种类型的简易伸缩吊杆，伸缩与固定的原理同图 4-12 所示是一样的，只是在弹簧钢片的形状上有些差别。

上述介绍的均属简易吊杆，构造比较简单，一般施工现场均可自行加工。稍复杂一些的是游标卡尺式伸缩吊杆，虽然伸缩效果好，但制作比较麻烦。有些上人吊顶，为了安全起见，也选用

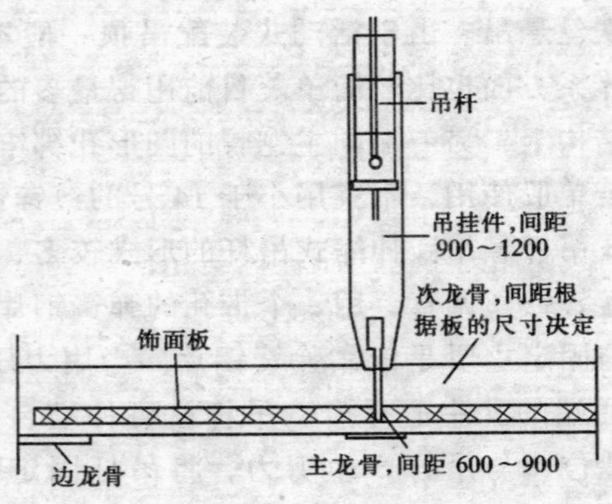

图 4-13　简易伸缩吊杆

圆钢或角钢做吊杆，但龙骨也大部分采用普通型钢。至于选用何种材料，从悬挂的角度上说，只要安全方便即可。

2）吊杆或镀锌铁丝的固定。与结构层的固定，常用的办法是用射钉枪将吊杆与镀锌铁丝固定。可以选用尾部带孔或不带孔的两种射钉规格。如果选用尾部带孔的射钉，只要将吊杆一端的弯钩或铜丝穿过圆孔即可。如果射钉尾部不带孔，一般常用一块小角钢，角钢的一条边用射钉固定，另一条边钻一个 5mm 左右的孔，然后再将吊杆穿过孔将其悬挂。悬吊宜沿主龙骨方向，间距不宜大于 1.2m。在主龙骨的端部或接长处，需加设吊杆或悬挂铁丝。如若选用镀锌铁丝悬吊，不应绑在吊顶上部的设备管道上，因为管道变形或局部维修，对吊顶面的平整度带来影响。

如果用角钢一类材料做吊杆，则龙骨也可以大部分采用普通型钢，应用冲击钻固定膨胀螺栓，然后将吊杆焊在螺栓上。吊杆与龙骨的固定，可以采用焊接或钻孔用螺栓固定。

(3) 安装调平龙骨

1）安装时，根据已确定的主龙骨（大龙骨）位置及确定的标高线，先大致将其基本就位。次龙骨（中、小龙骨）应紧贴主龙骨安装就位。

2）龙骨就位后，再满拉纵横控制标高线（十字中心线），从一端开始，一边安装，一边调整，最后再精调一遍，直到龙骨调平和调直为止。如果面积较大，在中间还应适当起拱。调平时应注意一定要从一端调向另一端，要做到纵横平直。

特别是铝合金吊顶，龙骨的调平调直是施工工序比较麻烦的一道，龙骨是否调平，也是吊顶质量控制的关键。因为只有龙骨调平，才能使饰面达到理想的装饰效果。否则，波浪式的吊顶表面，宏观看上去很不顺眼。

3）边龙骨宜沿墙面或柱面标高线钉牢。固定时，一般常用高强水泥钉，钉的间距不宜大于 50cm。如果基层材料强度较低，紧固力不好，应采取相应的措施，改用膨胀螺栓或加大钉的长度等办法。边龙骨一般不承重，只起封口作用。

4）主龙骨接长。一般选用连接件接长。连接件可用铝合金，亦可用镀锌钢板，在其表面冲成倒刺，与主龙骨方孔相连。全面校正主、次龙骨的位置及水平度，连接件应错位安装。

（4）安装饰面板

安装饰面的型式分为明装、暗装和半隐三种。

1）明装——纵横 T 型龙骨骨架均为外露，饰面板只要搁置在 T 型两翼上。

2）暗装——饰面板边部有企口、嵌装后骨架不暴露，这种安装法的 T 型龙骨也可采用钢制而不采用铝合金。

3）半隐——饰面板安装后外露部分骨架。

（三）隔墙轻钢龙骨安装施工

隔墙轻钢龙骨，或称墙体轻钢龙骨，可分为两种，即 C 型和 U 型；按其使用功能区分，有横龙骨、竖龙骨、通贯龙骨和加强龙骨四种；按其规格尺寸的不同来区别，主要有四个系列，即 Q50（50 系列）、Q75（75 系列）、Q100（100 系列）、Q150（150 系列）。其龙骨主件的截面形状和规格尺寸见表 4-1，其主要配件见表 4-2。当采用纸面石膏板等板材作轻钢龙骨隔墙罩面板时，另有配套的龙骨附件，见表 4-3。对隔墙轻钢龙骨的外观质量要求，见表 4-4。

墙体轻钢龙骨主件的形式与规格 表 4-1

名称	横截面形状		规格尺寸(mm)							
			Q50		Q75		Q100		Q150	
	类型	简图	尺寸 A	尺寸 B	尺寸 A	尺寸 B	尺寸 A	尺寸 B	尺寸 A	尺寸 B
横龙骨	U型		52 (50)	40	77 (75)	40	102 (100)	40	152 (150)	40
竖龙骨	C型		50	(45) 50	75	(45) 50	100	(45) 50	150	(45) 50
通贯龙骨	U型		20	12	38	12	38	12	38	12
加强龙骨	C型		47.8	35 (40)	62	35 (40)	72.8 (75)	35 (40)	97.8	35

隔墙轻钢龙骨主要配件 表 4-2

名称	形式	用途
支撑卡		设置在竖龙骨开口的一侧，用来保证竖龙骨平直和增强刚度 用作竖龙骨与通贯龙骨相交的锁紧件

续表

名称	形式	用途
卡托		设置在竖龙骨开口的一侧，用以与通贯龙骨相连接
角托	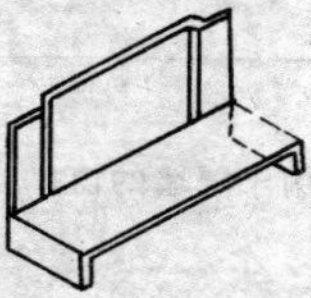	用作竖龙骨背面与通贯龙骨相连接
通贯龙骨连接件	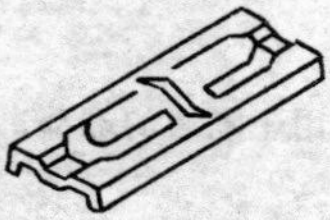	用于通贯龙骨的加长连接
固定件	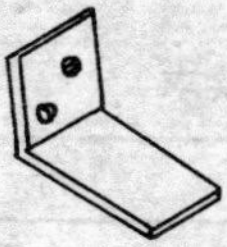	用于龙骨与建筑结构的加固连接
护角	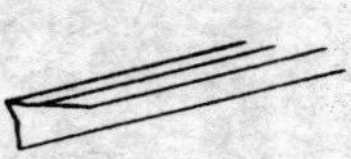	用在石膏板墙体的阴角，起保护和转角线条的作用

纸面石膏板罩面隔墙轻钢龙骨主要附件　　表 4-3

名称	形式	用途
窗口龙骨	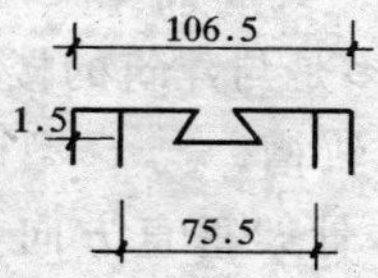 106.5 1.5 75.5	用于隔墙的窗口

续表

名称	形　式	用　途
固定玻璃窗龙骨	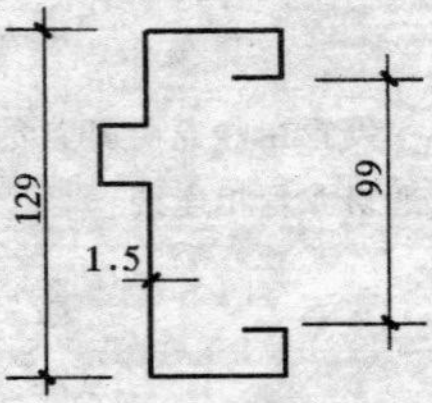 129　99　1.5	用于隔墙的窗口
压条	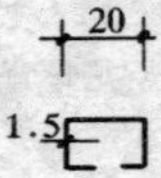 20　1.5	用于隔墙的窗口
护墙龙骨	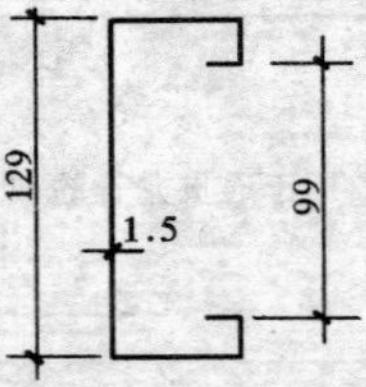 129　99　1.5	用于隔墙的端部，起护墙作用

龙骨外观和质量要求　　表 4-4

项　目		指　标
边渡角及钝边裂口和毛刺		不允许有
不平度（mm/m）	底面	≤1.5
	侧面	≤1
弯曲度（mm/m）		不超过 1
扭曲度（mm）		不超过 0.2
底侧两面不垂直度		≤10

注：此表系北京新型建筑材料总厂的要求。

横龙骨是龙骨的重要组成部分，其断面呈 U 型，在墙体轻钢骨架中主要作沿顶、沿地龙骨，多是与建筑的楼板底及地面结构相连结，相当于龙骨框架的上下轨槽，与 C 型竖龙骨配合使用。竖龙骨截面呈 C 型，用作墙体骨架垂直方向支承，其两端分别与沿顶沿地横龙骨连结。

加强龙骨，又称扣盒子龙骨，其截面呈不对称 C 型。可单独作竖龙骨使用，也可两件相扣组合使用，以增加刚度。

1. 一般构造

轻钢龙骨一般用于现场装配纸面石膏板隔断墙，亦可用于水泥刨花板隔墙、稻草板隔墙、纤维板隔墙等。不同类型、规格的轻钢龙骨，可组成不同的隔墙骨架构造。一般是用沿地、沿顶龙骨与沿墙、沿柱龙骨（用竖龙骨）构成隔墙边框，中间立若干竖向龙骨，它是主要承重龙骨。有些类型的轻钢龙骨，还要加通贯横撑龙骨和加强龙骨；竖向龙骨间距根据石膏板宽度而定，一般在石膏板板边、板中各放置一根，间距不大于 600mm；当墙面装修面层质量较大，如贴瓷砖，龙骨间距不大于 420mm 为宜；当隔墙高度要增高，龙骨间距亦应适当缩小。

轻质隔墙有限制高度，它是根据轻钢龙骨的断面、刚度和龙骨间距、墙体厚度、石膏板层数等方面的因素而定的。

隔墙限制高度有关数值，可参考表 4-5、4-6。图 4-14 为隔墙的单、双排龙骨构造示意。

隔墙限制高度有关数值（北京新型建材厂）　　表 4-5

	竖龙骨规格（mm）	墙体厚度（mm）	石膏板厚度（mm）	隔墙最大高度（m）		备注
				A	*B*	
单排龙骨单层石膏板	50×50×0.63	74	12	3.00	2.75	A）适用于住宅、旅馆、办公室、病房及这些建筑的走廊 B）适用于会议室、教室、展览厅、商店等
	75×50×0.63	100	12	4.00	3.50	
	100×50×0.63	125	12	4.50	4.00	
	150×50×0.63	175	12	5.50	5.00	
双排龙骨双层石膏板隔墙	50×50×0.63	100	2×12	3.25	2.75	
	75×50×0.63	125	2×12	4.25	3.75	
	100×50×0.63	150	2×12	5.00	4.50	
	150×50×0.63	200	2×12	6.00	5.50	

注：此表所列数据是竖龙骨间距为 600mm 的限制高度，当龙骨间距缩小时，墙高度可增加。

隔墙限制高度有关数值（北京灯具厂） **表 4-6**

龙骨间距（mm）	单层石膏板墙高（m）	双层石膏板墙高（m）
300	5.30	5.90
450	4.90	5.50
600	4.30	4.80

注：如在龙骨架中增设两道横撑时，则墙体高度可比表列数据增加 10%～15%。

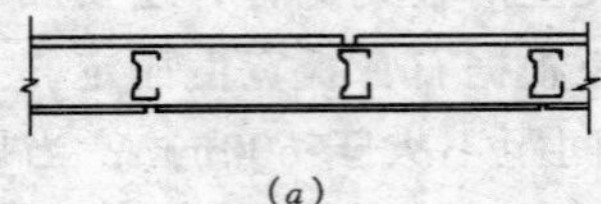
(*a*)

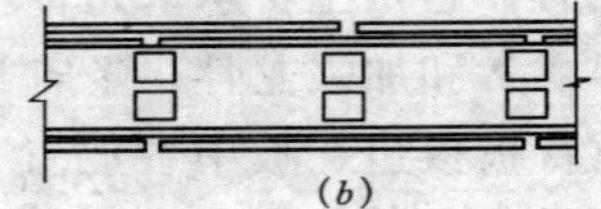
(*b*)

图 4-14 隔墙构造示意图

(*a*) 单排龙骨单层石膏板墙；(*b*) 双排龙骨双层石膏板墙

隔墙骨架构造由不同龙骨类型构成不同体系，可根据隔墙要求分别确定。图 4-15、图 4-16 为两种不同的龙骨布置形式。

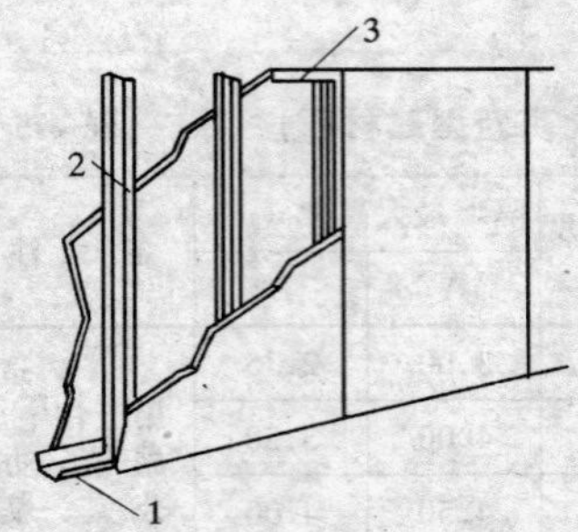

图 4-15 隔墙龙骨布置示意之一

1—沿地龙骨；2—竖龙骨；3—沿顶龙骨

边框龙骨（沿地龙骨、沿顶龙骨和沿墙、沿柱龙骨）和主体结构固定，一般采用射钉法，即按中距<1m 打入射钉与主体结构固定。也可采用电钻打孔打入膨胀螺栓或在主体结构上留预埋件的方法（图 4-17）。

竖龙骨用拉铆钉与沿地、沿顶龙骨固定（图 4-18），也可以采用自攻螺钉或点焊的方法连接。

门框和竖向龙骨的连接，视龙骨类型有多种做法。有采取加强龙骨与木门框连接的做法；也可用木门框两侧框向上延长，插入沿顶龙骨，然后固定于沿顶龙骨和竖龙骨上。也可采用其他固定方

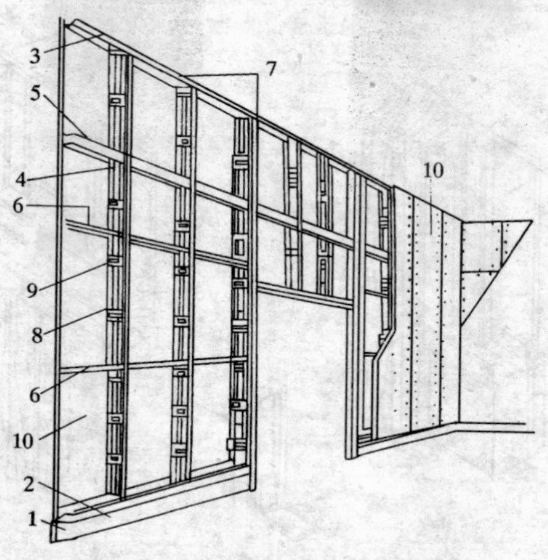

图 4-16　隔墙龙骨布置示意之二
1—混凝土踢脚座；2—沿地龙骨；3—沿顶龙骨；4—竖龙骨；5—横撑龙骨；6—通贯横撑龙骨；7—加强龙骨；8—贯通孔；9—支撑卡；10—石膏板

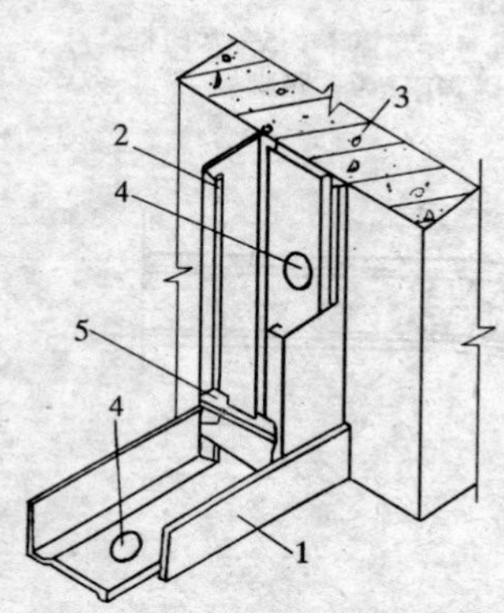

图 4-17　沿地、沿墙龙骨与墙、地固定
1—沿地龙骨；2—竖向龙骨；3—墙或柱；4—射钉及垫圈；5—支撑卡

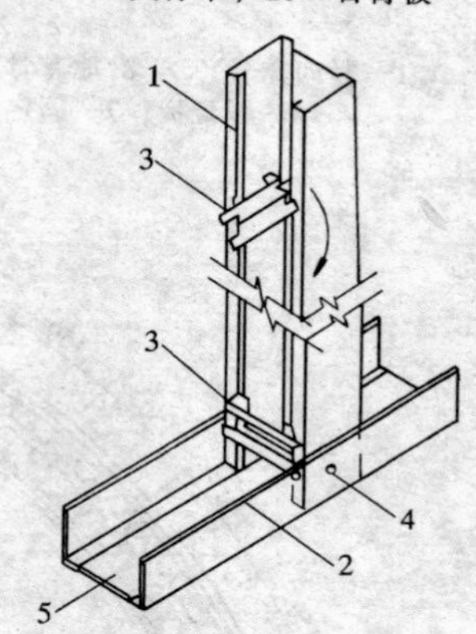

图 4-18　竖向龙骨与沿地龙骨固定
1—竖向龙骨；2—沿地龙骨；3—支撑卡；4—铆孔；5—橡皮条

法（图 4-19）。

圆曲面隔墙墙体构造，应根据曲面要求将沿地、沿顶龙骨切锯成锯齿形，固定在顶面和地面上，然后按较小的间距（一般为

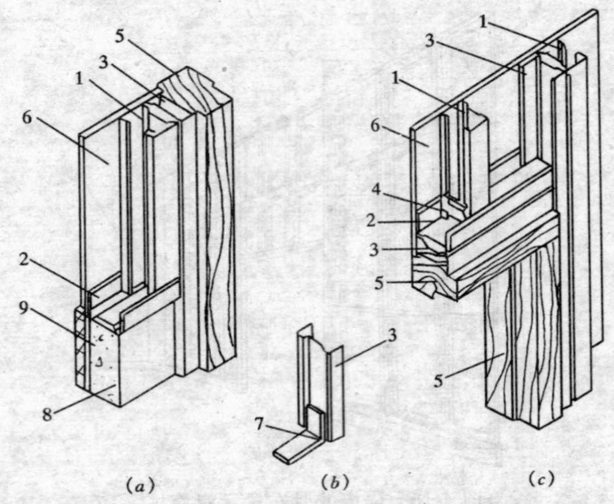

图 4-19　木门框处构造

（a）木门框处下部构造；（b）用固定件与加强龙骨连接；
（c）木门框处上部构造；
1—竖向龙骨；2—沿地龙骨；3—加强龙骨；4—支撑卡；5—木门框；
6—石膏板；7—固定件；8—混凝土踢脚座；9—踢脚板

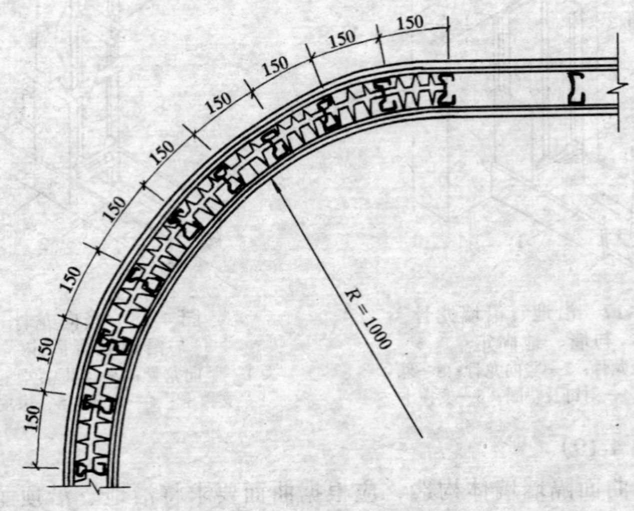

图 4-20　圆曲面隔墙轻钢龙骨的构造示意

150mm）排立竖向龙骨（图 4-20）。

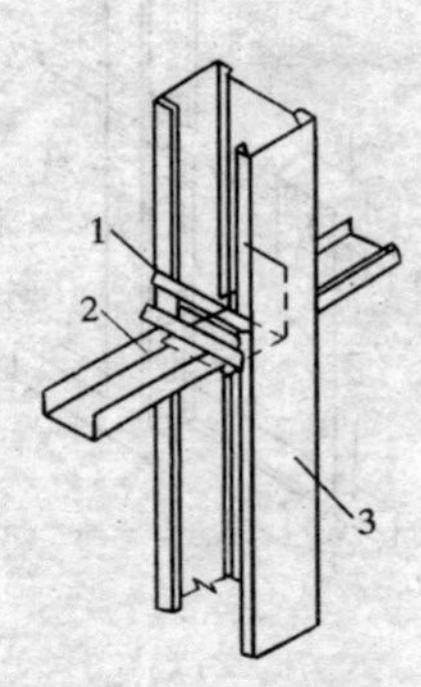

图 4-21 通贯龙骨与竖龙骨的连接

1—支撑卡；2—通贯龙骨；3—竖龙骨

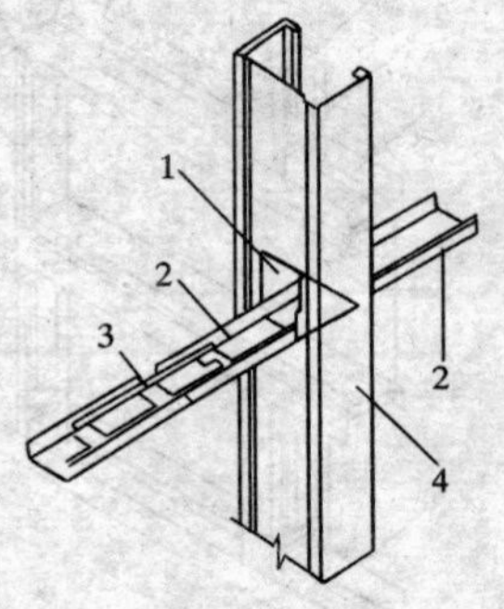

图 4-22 通贯龙骨的接长

1—贯通孔；2—通贯龙骨；3—通贯龙骨连接件；4—竖龙骨（或加强龙骨）

为增强隔墙轻钢骨架的强度以及刚度，每道隔墙应保证至少要设置一条通贯龙骨，通贯龙骨穿通竖龙骨而在隔墙骨架横向通长布置。图 4-21 为通贯龙骨与竖龙骨以支撑卡锁紧相交的构造示意。通贯龙骨横穿隔墙全宽，如若隔墙宽度较大，势必应采取接长措施，图 4-22 为通贯龙骨使用其连接件（接长件）作接长的连接示意。

隔墙龙骨组装时，竖龙骨与横向龙骨（除通贯龙骨作横向布置外，往往需要设加强龙骨）相交部位的连接采用角托。图 4-23 为此处的固定示意。

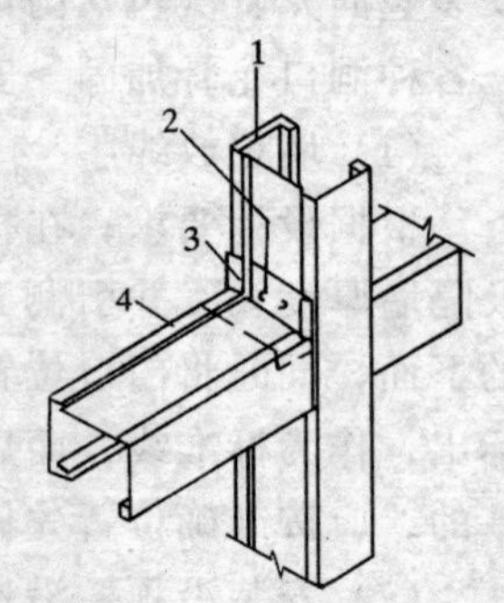

图 4-23 竖龙骨与横龙骨或加强龙骨的连接

1—竖龙骨或加强龙骨；2—拉铆钉或自攻螺钉；3—角托；4—横龙骨或加强龙骨

对于轻钢龙骨隔墙内装设配电箱和开关盒的构造做法，见图 4-24 所示。

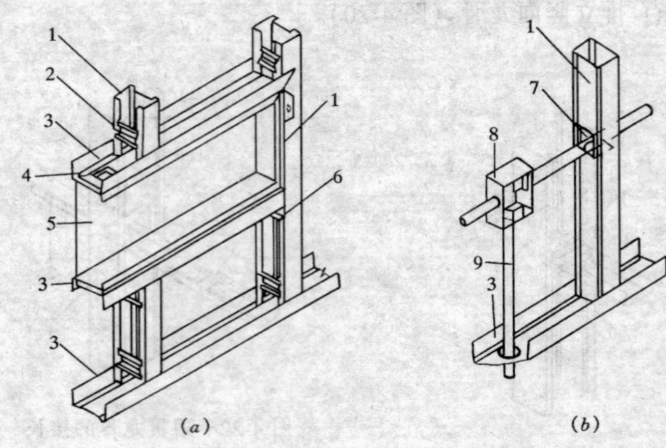

图 4-24　配电箱和开关盒的装设构造

（a）配电箱装设构造；（b）开关盒装设构造

1—竖龙骨；2—支撑卡；3—沿地龙骨；4—穿管开洞；5—配电箱；6—卡托；7—贯通孔；8—开关盒；9—电线管

2．隔墙轻钢龙骨的安装

轻钢龙骨的安装顺序是：墙位放线→安装沿顶、沿地龙骨→安装竖向龙骨（包括门口加强龙骨）→安装横撑龙骨、通贯龙骨→各种洞口龙骨加固→安装墙内管线及其他设施。

（1）墙位放线

根据设计要求，在楼（地）面上弹出隔墙位置线，即中心线及隔墙厚度线，并引测到隔墙两端墙（或柱）面及顶棚（或梁）的下面，同时将门口位置、竖向龙骨位置在隔墙的上、下处分别标出，作为标准线，而后再进行骨架组装。如果设计要求需设墙基的，应按准确位置先做隔墙基座的砌筑。

（2）安装沿顶、沿地龙骨

在楼地面和顶棚下分别摆好横龙骨，注意在龙骨与地面、顶面接触处应铺填橡胶条或沥青泡沫塑料条，再按规定间距用射钉或用电钻打孔塞入膨胀螺栓，将沿地、沿顶龙骨固定于楼（地）面和顶（梁）面。射钉或电钻打孔按 0.6～1.0m 的间距布置，水平方向不应大于0.8m，垂直方向不大于1.0m。射钉射入基体的最佳深度；混凝土为22～32mm，砖墙为30～50mm。

（3）安装竖向龙骨

竖向龙骨的间距要依据罩面板的实际宽度而定，对于罩面板材较宽者，需在中间再加设一根竖龙骨，比如板宽900mm，其竖龙骨间距宜为450mm。将预先切截好长度的竖向龙骨推向沿顶、沿地龙骨之间，翼缘朝向罩面板方向。应注意竖龙骨的上下方向不能颠倒，现场切割时，只可从其上端切断。门窗洞口处应采用加强龙骨，如果门的尺度大并且门扇较重时，应在门洞口处上下另加斜撑。

（4）安装横撑和通贯龙骨

在竖向龙骨上安装支撑卡与通贯龙骨连接；在竖向龙骨开口面安装卡托与横撑连接；通贯龙骨的接长使用其龙骨接长件。

（5）安装墙体内管线及其他装设

在隔墙轻钢龙骨主配件组装完毕，罩面板铺钉之前，要根据要求敷设墙内暗装管线、开关盒、配电箱及绝缘保温材料等，同时固定有关的垫缝材料。

3.固定板材

如前所述，轻钢龙骨隔墙的饰面基层板有多种，其中最常用的是纸面石膏板。现以纸面石膏板为例介绍轻钢龙骨隔墙的饰面基层板的安装固定方法。

在轻钢龙骨上固定纸面石膏板用平头自攻螺钉，其规格通常为M4×25或M5×25两种，螺钉的间距为200mm左右。固定纸面石膏板应将板竖向放置，当两块在一条竖向龙骨上对缝时，其对缝应在龙骨中间，对缝的缝隙不得大于3mm（图4-25）。

固定时，先将整张板材铺在龙骨架上，对正缝位后，用ϕ3.2或ϕ4.2的麻花钻头，将板材与轻钢龙骨一并钻孔，再用M4或M5的自攻螺钉进行固定，固定后的螺钉头要沉入板材平面2～3mm。板材应尽量整张地使用，不够整张位置时，可以切割，切割石膏板可用壁纸刀、钩刀、小钢锯条进行。

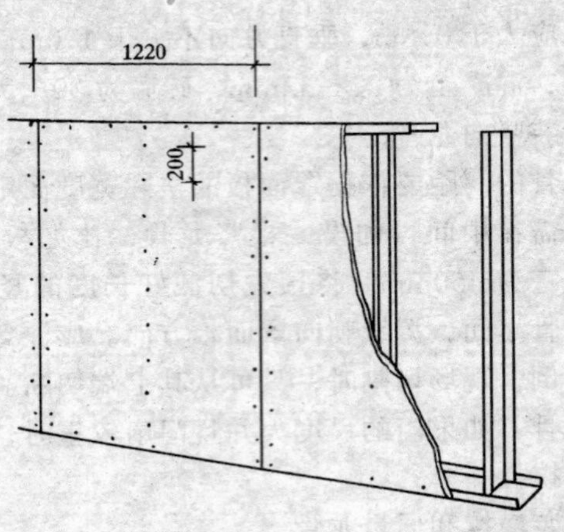

图 4-25　固定板材及对缝

（四）铝合金隔墙与隔断施工

铝合金隔断是用铝合金型材组成框架，再配以各种玻璃或其他材料装配而成。

1. 铝合金龙骨

铝合金材料是纯铝加入锰、镁等合金元素而成，具有质轻、耐蚀、耐磨、韧性好等特点。经氧化着色表面处理后，可得到银白色、金色、青铜色和古铜色等几种颜色，其外表色泽雅致美观，经久耐用，具有制作简便，与墙体连接牢固的特点。适合于写字楼办公室间隔、厂房间隔和其他隔断墙体。铝合金隔断常用的有大方管、扁管、等边槽和等边角等四种。四种常见铝材见表 4-7。

铝合金隔断墙用铝型材　　表 4-7

序号	型材名称	外形截面尺寸 长×宽（mm）	单位质量 （kg/m）	产品编号
1	大方管	76.20×44.45	10.894	4228
2	扁　管	76.20×25.40	0.661	4217
3	等边槽	12.7×12.7	0.10	5302
4	等边角	31.8×31.8	0.503	6231

2. 铝合金龙骨安装

铝合金隔断墙是用铝合金型材组成框架。其主要施工工序为：弹线定位→铝合金材料划线下料→固定及组装框架。

(1) 弹线定位

1) 弹线定位内容：①根据施工图确定隔墙在室内的具体位置；②隔墙的高度；③竖向型材的间隔位置等。

2) 弹线顺序：①先弹出地面位置线；②再用垂直法弹出墙面位置和高度线，并检查与铝合金隔断墙相接墙面的垂直度；③标出竖向型材的间隔位置和固定点位置。

(2) 划线下料

划线下料是一项细致的工作，如果划线不准确，不仅使接口缝隙不大美观，而且还会造成不必要的浪费。所以，划线的准确度要高，其精度要求为长度误差±0.5mm。

划线时，通常在地面上铺一张干净的木夹板，将铝合金型材放在木夹板上，用钢尺和钢划针对型材划线。同时，在划线操作时注意不要碰伤型材表面。划线下料应注意以下事项：

1) 应先从隔断墙中最长的型材开始，逐步到最短的型材，并应将竖向型材与横向型材分开进行划线。

2) 划线前，应注意复核一下实际所需尺寸与施工图中所标注的尺寸有否误差。如误差小于5mm，则可按施工图尺寸下料，如误差较大，则应按实量尺寸施工。

3) 划线时，要以沿顶和沿地型材的一个端头为基准，划出与竖向型材的各连接位置线，以保证顶、地之间竖向型材安装的垂直度和对位准确性。要以竖向型材的一个端头为基准，划出与横档型材各连接位置线，以保证各竖向龙骨之间横档型材安装的水平度。划连接位置线时，必须划出连接部的宽度，以便在宽度范围内安置连接铝角。

4) 铝合金型材的切割下料，主要用专门的铝材切割机，切割时应夹紧型材，锯片缓缓与型材接触，切不可猛力下锯。切割时应齐线切，或留出线痕，以保证尺寸的准确。切割中，进刀用力均匀才能使切口平滑。快要切断时，进刀用力要轻，以保证切口边部的光滑。

(3) 安装固定

半高铝合金隔断墙，通常是先在地面组装好框架后，再竖立起来固定，全封铝合金隔断墙通常是先固定竖向型材，再安装横档型材来组装框架。铝合金型材相互连接主要是用铝角和自攻螺丝。铝合金型材与地面、墙面的连接则主要是用铁脚固定法。

1）型材间的相互连接件。隔断墙的铝合金型材，其截面通常是矩形长方管，常用规格为 76mm×45mm 和 101mm×45mm (截面尺寸)。铝合金型材组装的隔墙框架，为了安装方便及美观效果，其竖向型材和横向型材一般都采用同一规格尺寸的型材。

型材的安装连接主要是竖向型材与横向型材的垂直接合，目前所采用的方法主要是铝角件连接法。铝角件连接的作用有两个方面：一方面是将两件型材通过第三者——铝角件互相接合；另一方面起定位作用，防止型材安装后的转动现象。

所用的铝角通常是厚铝角，其厚度为 3mm 左右，在一些非重要位置也可以用型材的边角料来做铝角连接件。对连接件的基本要求是有一定强度和尺寸准确，铝角件的长度应是型材的内径长，铝角件可正好装入型材管的内腔之中。铝角件与型材的固定，通常用自攻螺丝。

2）型材相互连接方法。沿竖向型材，在与横向型材相连接的划线位置上固定铝角。

①固定前，先在铝角件上打出 ϕ3mm 或 ϕ4mm 的两个孔，孔中心距铝角件端头 10mm 左右。然后，用一小截型材（厚 10mm 左右）放入竖向型材上即将固定横向型材的划线位置上。再将铝角件放入这一小截型材内，并用手电钻和用相同于铝角件上小孔直径的钻头，通过铝角件上小孔在竖向型材上打出两孔，如图 4-26 所示。最后用 M4 或 M5 的自攻螺丝，把铝角件固定在竖向型材上。用这种方法固定铝角件，可使两型材在相互对接后，保证垂直度和对缝的准确性。这一小截型材在操作工艺中起

到了模规的作用。

②横向型材与竖向型材对连时，先要将横向型材端头插入竖向型材上的铝角件，并使其端头与竖向型材侧面靠紧。再用手电钻将横向型材与铝角件一并打孔，孔位通常为两个，然后用自攻螺丝固定，一般方法是钻好一个孔位后马上用自攻螺丝固定，再接着打下一个孔。

两型材接合的形式如图 4-27 所示。所用的自攻螺丝通常为半圆头 M4×20 或 M5×20。

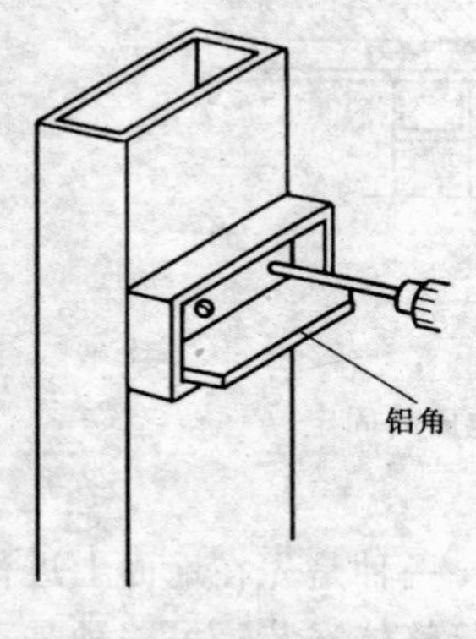

图 4-26 铝角件与竖向型材的连接

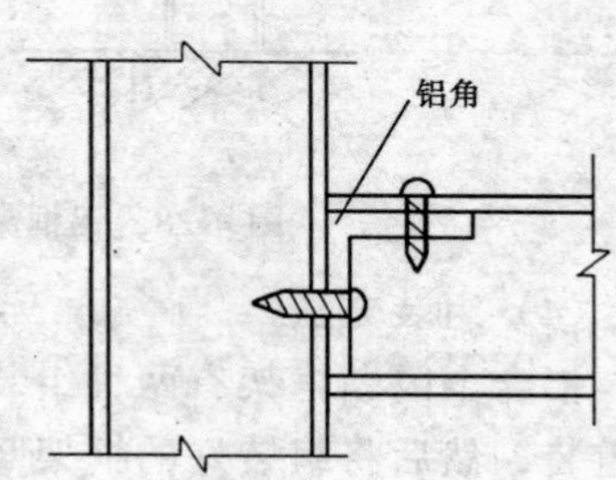

图 4-27 两型材的接合形式

③为了对接处的美观，自攻螺丝的安装位置应在较隐蔽处。通常的处理方法为：如对接处在 1.5m 以下，自攻螺丝头安装在型材的下方：如对接处在 1.8m 以上，自攻螺丝安装在型材的上方。这在固定铝角件时将其弯角的方向变一下即可。

3）框架与墙、地面的固定：铝合金框架与墙面、地面的固定，通常用铁脚件。铁脚件的一端与铝合金框架连接，另一端与墙面或地面固定。

①固定前，先找好墙面上和地面上的固定点位置，避开墙面的重要饰面部分和设备及线路部分，如果与木墙面固定，固定点必须安排在有木龙骨的位置处。然后，在墙面或地面的固定点位

置上，做出可埋入铁脚件的凹槽。如果墙面或地面还将进行批灰处理，可不必做出此凹槽。

②按墙面或地面的固定点位置，在沿墙、沿地或沿顶型材上划线，再用自攻螺丝把铁脚件固定在划线位置上。

③铁脚件与墙面、地面的固定，可用膨胀螺栓或铁钉木楔方法，但前者的固定稳固性优于后者。如果是与木墙面固定，铁脚件可用木螺钉固定于墙面内木龙骨上，如图 4-28 所示。

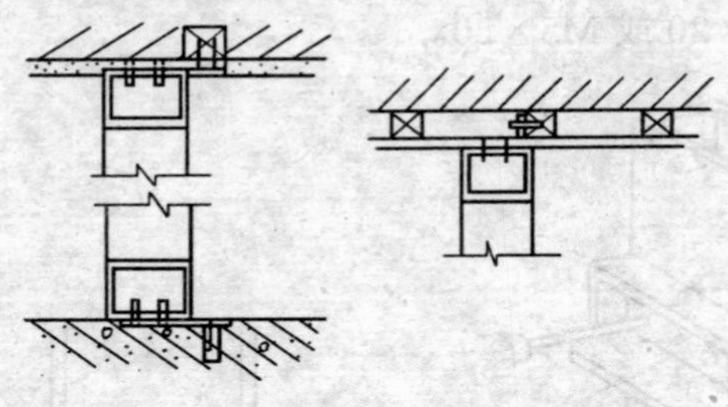

图 4-28　铝框架与墙地面的固定

（4）组装方法

铝合金隔断框架有两种组装方法：一种是先在地面上进行平面组装，然后将组装好的框架竖起进行整体安装；另一种是直接对隔断墙框架进行安装。但不论哪一种方式，在组装时都是从隔断墙框架的一端开始。通常，先将靠墙的竖向型材与铝角件固定，再将横撑型材通过铝角件与竖向型材连接，并以此方法组成框架。

以直接安装方法组装隔墙骨架时，要注意竖向型材与墙面、地面的安装固定；通常是先定位，再与横撑型材连接，然后再与墙面、地面固定。

3．安装铝合金饰面板和玻璃

铝合金型材隔墙在 1m 以下部分，通常用铝合金饰面板，其余部分通常是安装玻璃。其安装方法详见金属饰面板安装。

二、金属装饰结构施工

装饰工程中所采用的钢结构通常为轻钢结构，其制作、安装施工要点如下：

（一）材料矫正

1. 轻型钢结构多用小截面型钢和圆钢，在运输堆放过程常产生弯曲或翘曲变形，下料时应矫直整平。

2. 矫正一般用顶撑、杆件压力机或顶床等冷矫正方法，并辅以模垫使其达到合格。

（二）放样、号料

1. 放样号料应在平整平台或平整水泥地面上进行，平台常采用型钢搭设，要求稳固，高差不大于3mm。

2. 以1:1的尺寸放样，要求具有较高的精度。钢架的杆件重心线，在节点处应交于一点，以避免偏心，影响承载力，并按放样尺寸用铁皮（或油毡纸）制作样板，或用铁皮、扁铁制作样杆。

3. 号料时要根据杆件长度留出1～4mm的切割余量。号料允许偏差：长度1mm，孔距0.5mm。

（三）切割成型

1. 切割宜用冲剪机、无齿锯或砂轮锯等进行，特殊形状可用氧乙炔气割，宜用小口径喷嘴，端头要求打磨整修平整，并打坡口。

2. 杆件钻孔应用电钻或钻床钻模制孔，不得用气割成孔。

3. 圆钢筋弯曲宜用热弯曲法，将弯曲半径处放在炉中或用氧乙炔焰加热至900～1000℃，边加热边弯曲成型；小直径亦可用冷加工。蛇形杆件通常以两节以上为一个加工单件，以保证平整，减少节点焊缝和结构偏心。

（四）结构装配

1. 钢架装配应在坚实、平整的拼装台上进行，宜放样组装，并焊适当的定位钢板（型钢），或用胎模，以保证构件精度。

2. 钢架组装时，构件平面的中心线偏差不得超过3mm，连接件中心的误差不得大于2mm。

3. 杆件截面由三根杆件组成空间结构（如棱形钢架），应先安装配成单片平面结构，然后再点焊组合成三角形截面零件。

4. 组装接头连接板必须平整，连接表面及沿焊缝位置每边30～50mm范围内的铁锈、毛刺和油污必须清除干净。

（五）结构焊接连接

1. 焊接一般宜用小直径焊条（2.5～5mm）和较小电流进行，防止发生咬肉和焊透等缺陷。当有多种焊缝时，相同电流强度焊接的焊缝宜同时焊完，然后调整电流强度，焊另一种焊缝。

2. 焊接次序宜由中央向两侧对称施焊。对焊缝不多的节点应一次施焊完毕。并且，不得在焊缝以外的物件表面和焊缝的端部起弧和灭弧。

3. 焊接斜梁的圆钢腹杆与弦杆连接焊缝时，应尽量采用围焊，以增加焊缝长度，避免或减少节点的偏心。

4. 对于较小构件，可使用一些固定卡具、夹具或辅助定位板，以保证结构的几何尺寸正确。

5. 工字形柱的腹板对接头，要坡口等强焊接，焊透全截面，腹板与翼缘板接头应错开200mm，焊口必须平直，工字形柱的四条焊缝应按工艺顺序一次焊完，焊缝高度一次焊满成形。

6. 焊接时应采取预防变形措施。

（六）安装工艺要点

1. 各种构件的连接头必须经过校正、检验合格后方可紧固和焊接。

2. 采用焊接连接安装时，焊缝的焊接工艺方法和质量应符合有关标准的规定。

3. 采用普通螺栓连接，安装孔不得随意用气割扩孔，螺栓拧紧后，外露丝扣不少于2～3扣。

（七）钢结构与建筑主体的连接

钢结构与建筑主体的连接方法有两种，一种是将钢结构与建筑主体的预置埋件连接；另一种是与后置连接件连接。

1. 预埋件的设置

（1）钢结构与混凝土结构宜通过预埋件连接，预埋件应在主体结构混凝土施工时埋入，当土建工程施工时，按照施工图安放预埋件，通过放线确定埋件的位置，其允许位置尺寸偏差为±20mm，然后进行埋件施工。

（2）预埋件通常是有锚板和对称配置的直锚钢筋组成，如图4-29所示。受力预埋件的锚板宜采用Ⅰ级或Ⅱ级钢筋，并不得采用冷加工钢筋。预埋件的受力直锚筋不宜少于4根，直径不宜少于8mm，受剪预埋件的直锚筋可用2根。预埋件的锚板应放在外排主筋的内侧，锚板应与混凝土墙平行且不应凸出墙的外表面。直锚筋与锚板应采用T型焊，锚筋直径不大于20mm时宜采用压力埋弧焊。手工焊缝高度不宜小于6mm及$0.5d$（Ⅰ级钢筋）或$0.6d$（Ⅱ级钢筋）。充分利用锚筋的受拉强度时，锚固强度应符合表4-8的要求。锚筋的最小锚固长度在任何情况下不应小于250mm。锚筋按构造配置，未充分利用其受拉强度时，锚固长度可适当减少，但不应小于180mm。光圆钢筋端部应做弯钩。

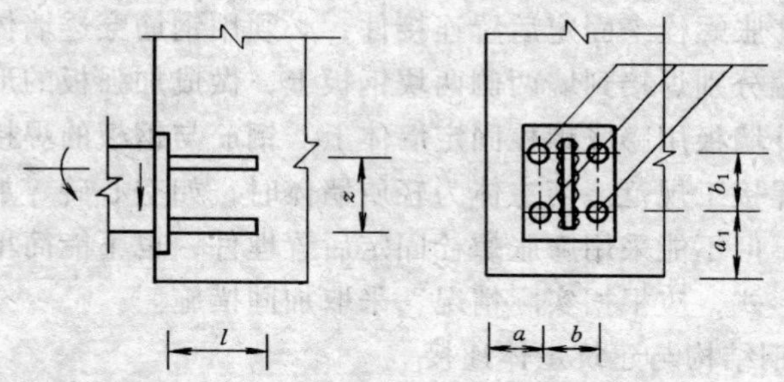

图4-29　由锚板和直锚筋组成的预埋件

锚固钢筋锚固长度 L_{as}（mm）　　表4-8

钢筋类型	混凝土强度等级	
	C25	≥C30
Ⅰ级钢	$30d$	$25d$
Ⅱ级钢	$40d$	$35d$

注：1. 当螺纹钢筋 $d \leqslant 25$mm时，L_{as}可以减少$5d$；2. 锚固长度不应小于250mm。

(3) 锚板的厚度应大于锚盘直径的 0.6 倍。受拉和受弯预埋件的锚板的厚度尚应大于 $b/8$（b 为锚筋间距）。锚筋中心至锚板距离不应小于 $2d$（d 为锚筋直径）及 20mm。对于受拉和受弯预埋件，其钢筋间距和描筋至构件边缘的距离不应小于 $3d$ 及 45mm。对受剪预埋件，其锚筋的间距 b_1 及 b 不应大于 300mm，其中 b_1 不应小于 $6d$ 及 70mm，锚筋至构件边缘的距离 c_1 不应小于 $6d$ 及 70mm，b、c 不应小于 $3d$ 及 45mm。

2. 后置连接件的设置

(1) 当主体结构为钢筋混凝土时，如果没有条件采取预埋件时，应采取其他可靠的连接措施，并应通过实验决定其承载力。这种情况下通常采用膨胀螺栓，膨胀螺栓是后置连接件，工作可靠性较差，必须确保安全，留有充分余地。有些旧建筑改造按计算只需一个膨胀螺栓，实际应设置 2～3 个螺栓，这样安全度大一些。

(2) 无论是新建筑还是旧建筑，当主体为实心砖墙时，不允许采用膨胀螺栓来固定后置连接件，必须用钢筋穿透墙体，将钢筋的两端分别焊接到墙两侧两块钢板上，做成加强板的形式，然后再将外墙板用膨胀螺栓固定墙体上。钢筋与钢板的焊接，要符合国家焊接工规范。当主体为轻质墙体时，如空心砖、加气混凝土砖，不但不能采用膨胀螺栓固定后置埋件，也不能简单的采用加强板形式，应根据实际情况，采取加固措施。

3. 钢结构与建筑主体连接

(1) 钢结构安装前，首先要清理预埋件。由于在主体施工中，预埋件的位置有的偏差过大，有的被混凝土淹没，有的甚至漏设。因此，在钢结构安装前，应逐个检查预埋件的位置，并清理其表面。

(2) 清理工作完成后，开始安装连接件。连接件与预埋件之间常采用焊接的方式连接。其焊接质量应符合有关质量要求。

(3) 钢结构与连接件的连接，常采用焊接和螺栓连接。其基本要求同安装工艺。

（八）柱体金属装饰结构施工

常用柱体金属装饰结构有钢结构、钢木混合结构以及钢架铺钢丝网水泥结构等。柱体常见的金属饰面有：铝合金板饰面、不锈钢饰面。饰面施工方法将在第二节中介绍。

1. 弹线工艺

实施柱体弹线工作的操作人员，应具备一些平面几何的基本知识。在柱体弹线工作中，将原建筑方柱装饰成圆柱的弹线工艺较为典型，现以方柱装饰成圆柱的弹线方法为例，介绍柱体弹线的基本方法。

通常，画圆应该从圆心开始，用圆的半径把圆画出。但圆柱的圆心已有建筑方柱，而无法直接得到。要画出圆柱的底圆就必须用变通的方法。不用圆心画出圆的方法很多，这里介绍一种常用的弦切法。其画圆的步骤如下：

（1）确立基准方柱底框

因为建筑上的结构尺寸有误差，方柱也不一定是正方形，所以必须确立方柱底边的基准方框，才能进行下一步的画线工作，确立基准底框的方法为：测量方柱的尺寸，找出最长的一条边；以该最长边为边长，用直角尺在方柱弹出一个正方形，该正方形就是基准方框（图 4-30），并需将该方框的每条边中点标出。

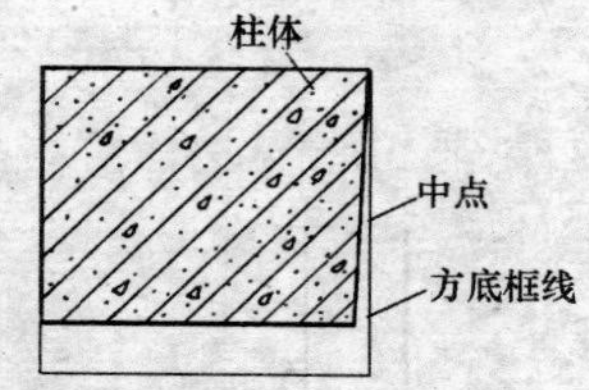

图 4-30　柱体基准方框画法

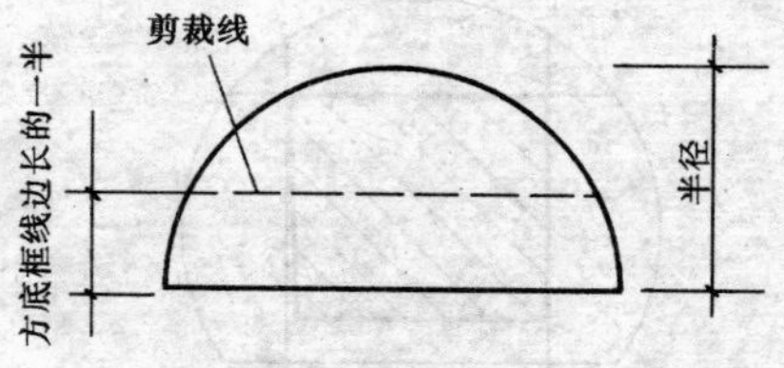

图 4-31　弦切样板画法

（2）制作样板

在一张纸板上或三夹板上，以装饰圆柱的设计半径画一个半圆，并剪下来，在这个半圆上，以标准底框边长的一半尺寸为宽度，做一条与该半圆形直径相平行的直线。然后从平行线处剪这个半圆。所得到的这块圆板，就是该柱的弦切样板（图 4-31）。

（3）画线

以该样板的直边，靠近基准底边的四个边，将样板的中点线对准基准底框边长的中心。然后沿样板的圆弧边画线。这样就得到了装饰圆柱的底圆（图 4-32）。顶面的画法方法基本相同。但基准顶框画出，必须通过与底边框吊垂直线的方法来获得，以保证地面与顶面的一致性和垂直度。

2. 钢骨架制作工艺

装饰柱体的钢骨架用角钢焊接制作，其柱体骨架结构的制作工序为：竖向龙骨定位→横向龙骨与竖向龙骨连接组框→骨架与建筑柱体的连接固定→骨架形体校正。

（1）竖向龙骨定位

先从画出的装饰柱顶面线吊垂直线，并以直线为基准，在顶面与地面之间竖起竖向龙骨，校正好位置后，分别在顶面和地面把竖向龙骨固定起来。

根据施工图的要求间隔，分别固定好所有的竖向龙骨。固定方法常采用连接脚件的间接方式，即：连接脚件用膨胀螺栓或射钉与顶面、地面固定，竖向龙骨再与连接脚件用点焊或螺栓固定（图 4-33）

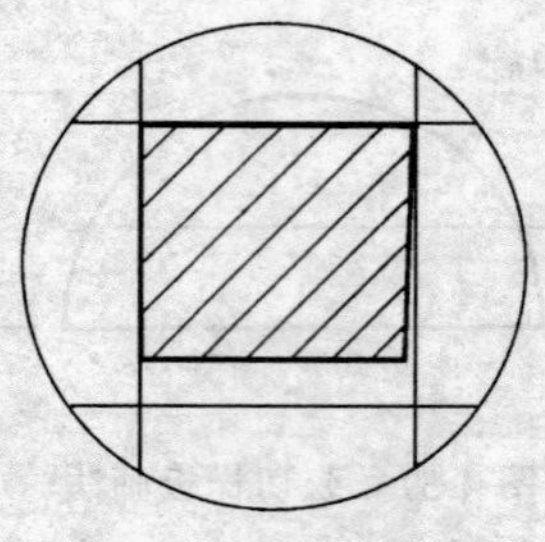

图 4-32 装饰圆柱的底圆画法

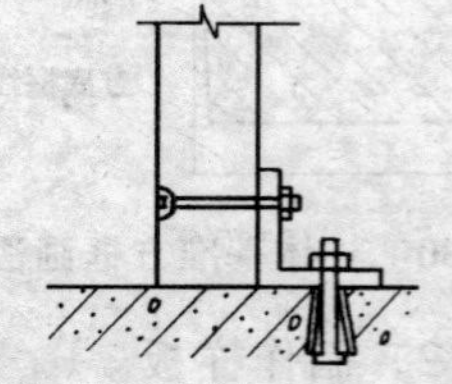

图 4-33 竖龙骨的固定

(2) 制作横向龙骨

横向龙骨可用扁钢来替代。扁钢的弯曲，必须用靠模来进行，否则曲面的准确性将没有保证。

(3) 横向龙骨与竖向龙骨的连接

1) 连接工艺前，必须在柱顶与地面间设置形体位置控制线。控制线主要是吊垂线和水平线。

2) 钢龙骨架的竖向龙骨与横向龙骨的连接，都是采用焊接法，但其焊点与焊缝不得在柱体框架的外表面。否则将影响柱体表面安装的平整性。

(4) 柱体框架的检查与校正

柱体龙骨架连接固定时，为了保证形体准确性，在施工过程中应不断地检查框架的歪斜度、不圆度、不方度和各条横向龙骨与竖向龙骨连接的平整度。

1) 歪斜度检查。在连接好的柱体龙骨架顶端边框线上，设置吊垂线，如果吊垂线下端与柱体的边框平行，说明柱体没有歪斜度。如果垂线与骨架不平行，就说明柱体有歪斜度，吊垂线检查应在柱体周围进行，一般不少于 4 点位置。柱高 3m 以下者，允许歪斜度误差在 3mm 以内；柱高 3m 以上者，其允许歪斜度误差在 6mm 以内。如超过误差值就必须进行修整。

2) 不圆度。柱体骨架的不圆度，经常表现为鼓肚和内凹，这将对饰面的安装带来不便，进而严重影响装饰效果。检查不圆度的方法采用垂线法。将圆柱上下边用垂线相接，如中间骨架顶弯细垂线，说明柱体鼓肚，如果细线与中间骨架有间隔，说明柱体内凹。柱体表面的不圆度误差值不得超过 ± 3mm。超过误差值的部分应进行修整。

3) 不方度。不方度检查较简便，只要用直角铁尺在柱的四个边角上分别测量即可，不方度的误差值不得大于 3mm。

4) 平整修边。柱体龙骨架连接、校正、固定之后，要对其连接部位和龙骨本身的不平整处进行修平处理。对曲面柱体中竖向龙骨要进行修边，使之成曲面的一部分。

(5) 柱体骨架与建筑柱体的连接

为保证装饰柱体的稳固，通常在建筑的原柱体上安装支撑杆件，使之与装饰柱体骨架固定连接。支撑杆可用角钢来制作，并用膨胀螺栓或射钉与柱体连接。其另外一端与装饰柱体骨架连接或焊接。支撑杆应分层设置，在柱体的高度方向上，分层的间距为 800～1000mm。

3. 钢木混合结构柱体施工工艺

钢木混合结构柱体常用于独立的门柱、门框架、装饰柱等装饰体，目的是为保证这些装饰体既有足够的强度刚度，又便于进行饰面处理。现以最常见的方形柱，来阐明钢木混合结构的施工方法。

(1) 划线下料

在角钢上按骨架所需高度尺寸取长料，按骨架横档尺寸取短料。注意确定骨架尺寸时，应考虑面板的厚度，以保证在骨架安装面板后，其实际尺寸与立柱的设计尺寸吻合。

(2) 角钢框架焊接

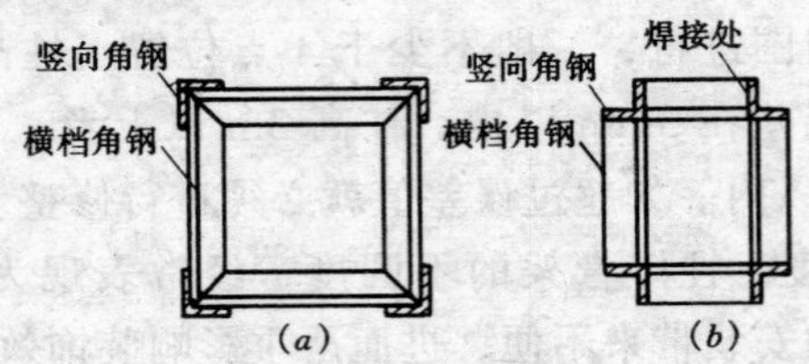

图 4-34 角钢框架焊接形式

(*a*) 先横档方框后竖向角钢；(*b*) 同时焊接

角钢框架常见的有两种形式（图 4-34）。一种是先焊接横档方框，然后将竖向角钢与横档方框焊接。另一种是将竖向角钢与横档方框同时焊接组成框架。第一种框架在焊接前要校核每个横档方框的尺寸和方整性，焊接时应先点焊其对接处，待校正每个直角后再焊牢。将制作好的横档方框与竖向角钢在四角位焊接。在焊接时用靠尺的方法来保证竖向角钢与横档的垂直性，进而保证四角竖向角铁的相互平行。横档方框的间隔为600～1000mm。第二种框架在焊接前要检查各横档角钢的尺寸，其长度尺寸误差为±1.5mm。横档角钢在焊接时，要用靠尺的方法来保证其相互的垂直性。其焊接组框的方法是：先分别将两条竖向角钢焊接起来组成两片，然后再在这两片之间用横档角钢焊接起来组成框架。最后对框架涂刷防锈漆两遍。

(3) 角钢架与地面、顶面的固定

①角钢框架与地面常用预埋件来固定（图4-35）。预埋件一般为环头螺栓，数量为四只，长度为100mm左右。

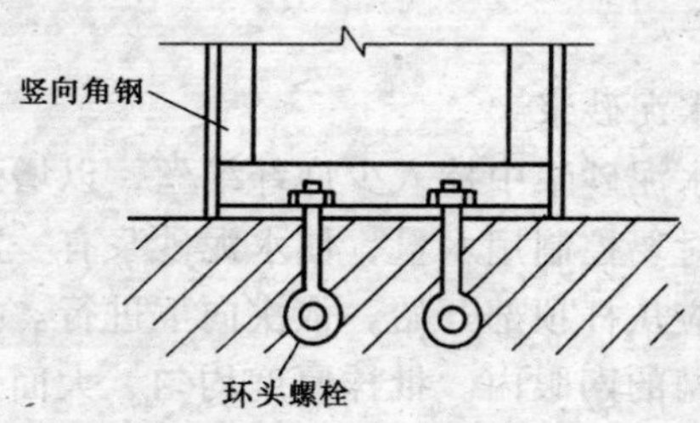

图4-35　角钢框架与顶、地面固定

②如果地面结构不允许用预埋件，也可用M10～M14的膨胀螺栓来固定。其数量为6到8只，但长度应在60mm左右，不能过短，否则将影响固定的稳定性。

4. 空心石板圆柱的施工

石板圆柱给人的感觉往往都是实心的。其实不然，在装饰工程中，有时就需要起装饰作用的空心石板圆柱。空心石板圆柱的结构是角钢和钢丝网骨架，其施工工序为：制作圆柱形钢骨架并上下固定→对骨架涂刷防锈漆→焊敷钢丝网→在钢丝网上批嵌基层水泥砂浆→安装圆柱石板。

(1) 制作骨架

骨架制作的方法同前，需要注意的问题是：横向龙骨的间隔尺寸应与石板材料的高度相同，以便设置铜丝或不锈钢丝对石板进行绑扎固定。

(2) 焊敷钢丝网

钢丝网是水泥砂浆基面的骨架，通常选用钢丝粗为16～18号、网格为20～25mm的钢丝网或镀锌铁丝网。钢丝网不能直接与角钢骨架直接焊接，而是要先在角钢骨架表面焊上8号的铁丝，然后再将钢丝网焊接在8号铁丝上。整个钢丝网要与龙骨架焊敷平整贴切。

焊敷完毕后，在各层横向龙骨上绑扎铜丝，铜丝伸出钢丝网外。绑扎铜丝的数量要根据石板的数量来定，一般来说一块板需用两条铜丝。如果石板尺寸小于100mm×250mm，也可不用铜丝来绑扎。

(3) 批嵌水泥砂浆

在1∶2.5水泥砂浆中掺入少许纤维丝，以增强水泥砂浆的挂网性能。拌合时要控制用水量，使水泥砂浆有一定稠度。在批嵌水泥砂浆时，应从杆顶部开始，依次向下进行。批嵌时要求水泥砂浆嵌入钢丝网的网眼内。批抹厚度均匀、大面平整，但批抹面不要太光滑。批抹时还应该把绑扎在横向龙骨上的铜丝留出。

(4) 圆柱面的石板镶贴

石板镶贴的具体工艺详见相关工种的内容。

(九) 钢结构的防腐

钢结构均需进行防腐处理，其防腐处理方法如下：

1. 涂料的选用

(1) 涂料种类、涂刷遍数和厚度应按设计要求施工。一般室内钢结构涂刷防锈底漆两遍和面漆两遍；室外用钢结构涂刷防锈底漆两遍和面漆三遍。

(2) 钢结构防锈漆的使用，根据使用条件选用，底漆主要有Y53-253-1红丹油性防锈漆，H红丹环氧醇酸防锈漆；当工厂不能喷砂除锈时，最好用红丹油性防锈漆，防锈效果好。面漆主要有C04-42各色醇酸磁漆（耐久性好），C04-45灰铝锌醇酸磁漆（耐候性好）。其次是Y03-1油性调合漆，性能比前两种差一些。

(3) 底漆和面漆应配套使用，腻子亦应按不同品种的涂料选用相应品种的腻子。

2. 基层表面处理

(1) 钢结构构件防腐前，应将表面锈皮、毛刺、焊渣、焊瘤、飞溅物、油污等清除干净。钢材基层上的水露、污泥应在涂漆前擦去。

(2) 钢结构除锈一般选用1级除锈标准（即钢材表面应露出金属光泽）；如采用新出厂的钢材，其表面紧附一层氧化磷皮，可采用二级除锈标准（即允许存留不能再清除的轧制表皮）；对重要钢结构一律采用1级除锈标准。

(3) 除锈方法，现场常用人工除锈和喷砂除锈两种。人工除锈采用刮刀、钢丝刷、砂布、电动砂轮等简单工具除铁锈或将钢丝轮刷装在小型磨光机上（或用电动钢丝刷）除锈，直至露出金属表面为止，这是钢结构除锈的主要方法，但效率低。喷砂除锈多用压缩空气带动石英砂（粒径2～5mm）或铁丸（粒径1～1.5mm）通过喷嘴高速喷射于构件表面将铁锈除净，这种方法除锈质量好，效率高，但粉尘较大，常用于工厂少量大型、重要结构的除锈。

(4) 表面油污用汽油、苯类溶剂清洗干净。表面处理完后应立即刷（喷）第一遍防锈底漆，以免返锈，影响漆膜的附着力。

3. 防腐操作要点

(1) 调配好的涂料，应立即使用，不宜存放过久，使用时，不得添加稀释剂。

(2) 涂漆按漆的配套使用要求采用涂刷或喷射。喷涂用的压缩空气应除去油和水气。

(3) 涂面漆时，须将粘附在底漆的油污、泥土清洗干净后进行，如底漆起鼓、脱落，须返工后方能涂面漆。

(4) 涂漆每遍均应丰满；不得有漏涂和流挂现象，前一遍油漆实干后，方可涂下一遍油漆。

(5) 施工图中注明不涂漆的部位，如节点处30～50mm宽范围、高强螺栓的摩擦面及其附近50～80mm范围内不应涂刷。所有焊接部位、焊好须补涂的涂层部位、构件表面被损坏的涂层，应及时补涂，不得遗漏。

（6）施工地点的温度应在5～28℃之间，相对湿度不应大于85%，雨、雾、霜、雪天或构件表面有结露时，不宜露天作业，涂后4h内严防雨淋。

4.质量要求

（1）油漆质量主要检查油漆表面有无漏刷和流挂，以及漆膜的干膜厚度。

（2）漆膜干膜厚度用漆膜测厚仪检查。室内用钢结构漆膜总厚度为100～150μm；室外用钢结构漆膜总厚度为125～175μm。

第二节　金属饰面板施工

一、铝合金饰面板施工

铝合金饰面板是一种高档的饰面材料，由于铝板经阳极氧化处理后进行电解着色，可以使其获得不同厚度的彩色氧化镀膜，不但具有极高的表面硬度与耐磨性，而且化学性能在大气中极为稳定，色彩与光泽保存良久。一般铝合金氧化镀膜厚≥12μm。

铝合金饰面板材，按其形状可分为条状板（指板条宽度≤150mm的拉伸板）、矩形、方形及异形冲压板；按其功能可分为普通有肋板及具有保温、隔声功能的蜂窝板、穿孔板。板材截面由支承骨架的刚度及安装固定方式确定。

铝合金饰面施工的工程质量要求较高、技术难度大，所以施工前应吃透施工图纸，认真领会设计意图。铝合金饰面板，一般由钢或铝型材做骨架（包括各种横、竖杆），铝合金板做饰面。

1.放线

放线是铝合金板饰面安装的重要环节。首先要将支承骨架的安装位置准确地按设计图要求弹在主体结构上，详细标定出来，为骨架安装提供依据。因此，放线、弹线前应对基体结构的几何尺寸进行检查，如发现有较大误差，应会同各方进行处理。达到放线一次完成，使基层结构的垂直与平整度满足骨架安装平整度和垂直度的要求。

2. 安装固定连接件

型钢、铝材骨架的横、竖杆件是通过连接件与结构基本固定的。

连接件必须牢固。连接件安装固定后，应作隐藏检查记录，包括连接焊缝长度、厚度、位置；膨胀螺栓的埋置标高位置、数量与嵌入深度。必要时还应作抗拉、抗拔测试，以确定其是否达到设计要求。连接件表面应作防锈、防腐处理，连接焊缝应涂刷防锈漆。

3. 安装固定骨架

骨架安装前必须先进行防锈处理，安装位置应准确无误，安装中应随时检查标高及中心线位置。对于面积较大、层高较高的外墙铝板饰面的骨架竖杆，必须用线锤和仪器测量校正，保证垂直和平整，还应作好变形截面、沉降缝、变形缝处细部处理，为饰面铝板顺利安装创造条件。

4. 铝合金装饰板的安装

铝合金装饰板随建筑立面造型的不同而异，安装扣紧方法也较多，操作顺序也不同。通常铝合金饰面板的安装连接有如下两种：一是直接安装固定，即将铝合金板用螺栓直接固定在型钢上；二是利用铝合金板材压延、拉伸、冲压成型的特点，做成各种形状，然后将其压在特制的龙骨上，或两种安装方法混合使用。前者耐久性好，常用于外墙饰面工程；后者施工方便，适宜室内墙面装饰。铝合金饰面根据材料品种的不同，其安装方法也各异。

（1）铝合金板条安装

铝合金饰面板条一般宽度≤150mm，厚度＞1mm，标准长度为6m，经氧化膜处理。板条通过焊接型钢骨架用膨胀螺栓连接或连接铁件与建筑主体结构上的预埋件焊接固定。当饰面面积较大时，焊接骨架可按板条宽度直接拧固于骨架上。此种板条的安装，由于采用后条扣压前条形码的构造方法，可使前块板条安装固定的螺钉被后块板条扣压遮盖，从而达到使螺钉全部暗装的效果，既美观，又对螺钉起保护作用。安装板条时，可在每条板扣嵌时留 5～6mm 缝隙形成凹槽，增加扣板起伏，加深立面效果。安装构造，如图 4-36 所示。

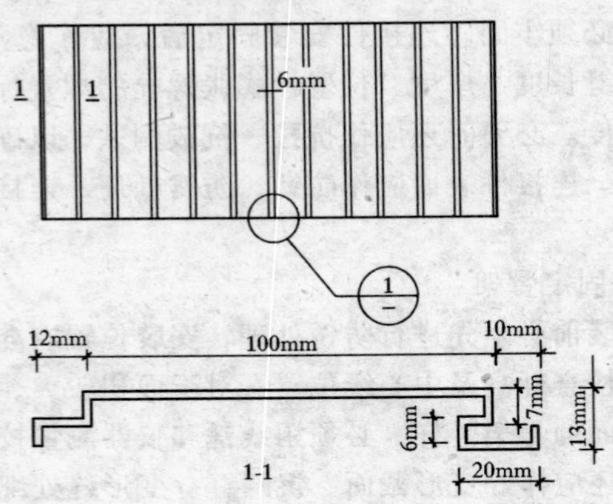

图 4-36　铝合金板条安装示意图

(2) 复合铝合金隔热墙板安装

复合铝合金隔热板均为蜂窝中空状，系由厂家模具拉伸成型。

1）成型复合蜂窝隔热板，周边用异型边框嵌固，使之具有足够刚度，并用 PVC 泡沫塑料填充空隙，聚氨酯密封胶封堵防水。此种饰面板的安装构造，由埋墙膨胀螺栓固定角钢及方钢管立柱，用螺栓与角钢相联，并在方钢管上用螺栓固定型钢连接件，将嵌有复合蜂窝隔热板的异型钢边框螺栓固定在空心方形钢立柱上，即形成饰面墙板，如图 4-37 所示。

2）成型复合蜂窝隔热板，在生产时即将边框与固定连接件一次压制成型，边框与蜂窝板连接嵌固密封。安装方法是角钢与墙体连接，U 型吊挂件嵌固在角钢内穿螺栓连接。U 型吊挂件与边框间留有一定空隙，用发泡 PVC 填充，两块板间留 20mm

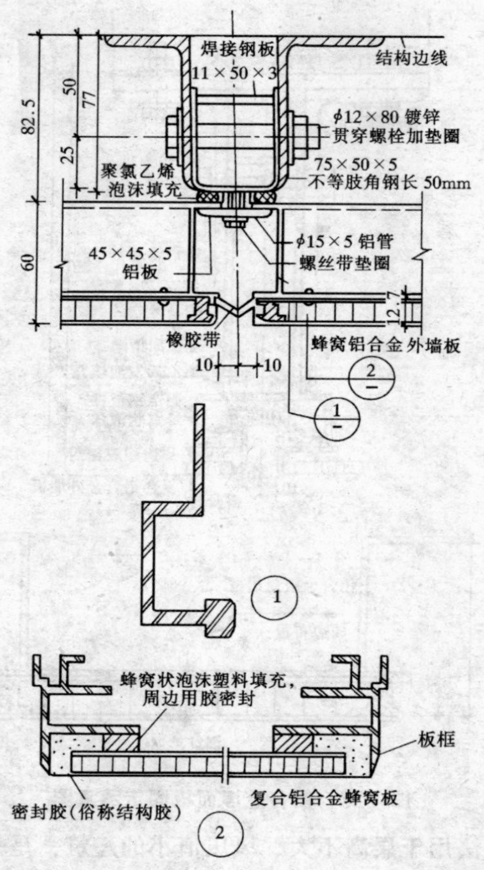

图 4-37 铝合金隔热墙板安装示意图

缝，用一块成型橡胶带压死防水，如图 4-38 所示。

(3) 铝合金柱面板安装

由于柱面板的基体柱一般为 1～2 层，尤其是室内柱高不会太大，因此受风荷影响不大。固定方法是在板上留两个小孔（指每边），然后用发泡 PVC 及密封胶将块与块之间缝隙填充密封，再用 ϕ12 销钉将两块板块与连接件拧牢即可，如图 4-39 所示。

(4) 铝合金板条直接安装

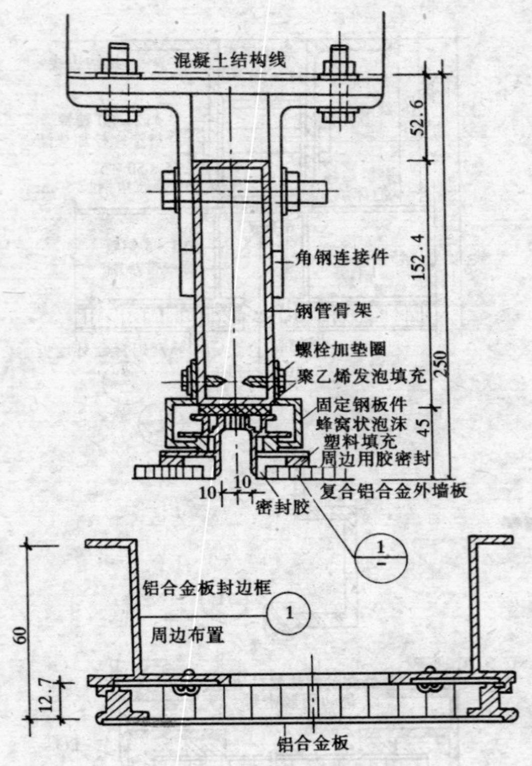

图 4-38　铝合金墙面板固定示意图

这种方法用于层高不大、风压值小的建筑，是一种简易安装法。其具体做法是将铝板装饰墙板条做成可嵌插形状，与镀锌钢板冲压成型的嵌插母材——龙骨嵌插，再用连接件把龙骨与墙体螺栓锚固。这种连接方法操作简便，能够大大加快施工进度。

二、不锈钢板施工

不锈钢装饰具有金属光泽和质感，具有不锈蚀的特点和镜面的效果。此外，还具有强度和硬度较大的特点，在施工和使用的过程中不易发生变形。

1. 墙面、方柱面不锈钢饰面板安装

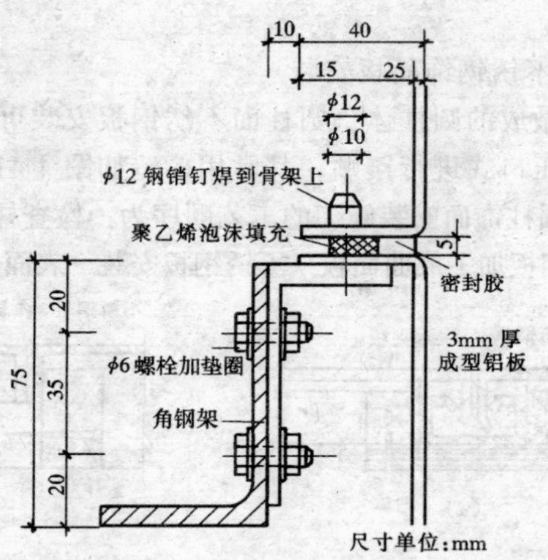

图 4-39　铝合金柱面板固定示意图

在墙面方柱体上安装不锈钢板，一般采用粘贴法将不锈钢板固定在木夹层上，然后再用不锈钢型角压边。其施工工艺顺序为：检查基体骨架→粘贴木夹板→镶贴不锈钢板→压边、封口。

(1) 检查基体骨架

粘贴木夹板前，应对基体骨架进行垂直度和平整度的检查，若有误差应及时修整。

(2) 粘贴木夹板

骨架检查合格后，在骨架上涂刷万能胶，然后把木夹板粘贴在骨架上，并用螺钉固定，钉头砸入夹板内。

(3) 镶贴不锈钢板。在木夹板面层上涂刷万能胶，并把不锈钢板粘贴在木夹板上。

(4) 压边、封口。在柱子转角处，一般用不锈钢成型角压边，在压边不锈钢成型角处用少量玻璃胶封口，如

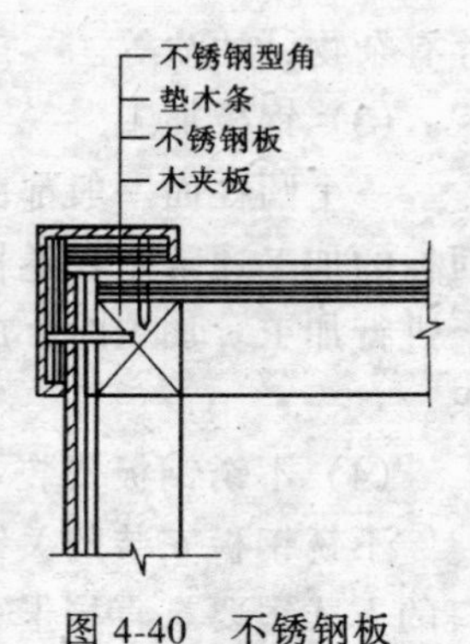

图 4-40　不锈钢板安装及转角处理

图 4-40 所示。

2. 圆柱不锈钢饰面板安装

用骨架做成的圆柱体，圆柱面不锈钢板安装可以采用直接卡口式和嵌槽压口式进行镶贴，其常用构造如图 4-41 所示。

不锈钢圆柱饰面安装施工的工艺顺序为：检查柱体→修整柱体基层→不锈钢板加工成曲面板→不锈钢板安装→表面抛光处理。

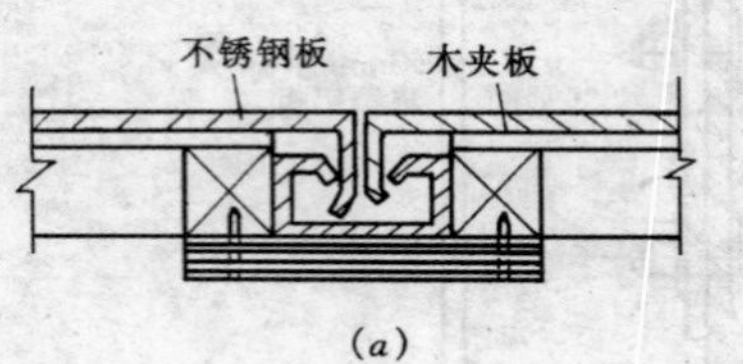

(a)

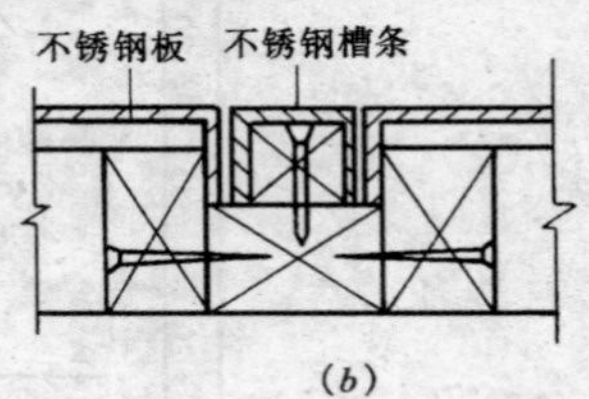

(b)

图 4-41 不锈钢圆柱镶面构造
(a) 直接卡口式安装；(b) 嵌槽压口式安装

(1) 检查柱体

柱体的施工质量直接影响不锈钢板面的安装质量。安装前要对柱体的垂直度、圆度、平整度进行检查，若误差大，必须进行返工。

(2) 修整柱体基层

检查完柱体，要对柱体进行修整，不允许有凸凹不平和表面存有杂物、油渍等。

(3) 钢板加工

一个圆柱面一般都由二片或三片不锈钢曲面板组合而成。曲面板的加工通常是在卷板机上进行的。即将不锈钢板放在卷板机上进行加工。加工时，应用圆弧样板检查曲板的弧度是否符合要求。

(4) 不锈钢板安装

不锈钢板安装的关键在于片与片间的对口处的处理。安装对口的方式主要有直接卡口式和嵌槽压口式两种。

1) 直接卡口式安装。直接卡口式是在两片不锈钢板对口处，安装一个不锈钢卡口槽，该卡口槽用螺钉固定于柱体骨架的凹部。安装柱面不锈钢板时，只要将不锈钢板一端的弯曲部，勾入卡口槽内，再用力推按不锈钢板的另一端，利用不锈钢板本身的特性，使其卡入另一个卡口槽内，如图 4-41（*a*）所示。

2）嵌槽压口式安装。先把不锈钢板在对口处的凹部用螺钉（铁钉）固定，再把一条宽度小于凹槽的木条固定在凹槽中间，两边空出的间隙相等，其间隙宽为 1mm 左右。

在木条上涂刷万能胶，等胶面不粘手时，向木条上嵌入不锈钢槽条。在不锈钢板槽条嵌入粘结前，应用酒精或汽油清擦槽条内的油迹污物，并涂刷一层薄薄的胶液，安装方式如图 4-41（*b*）所示。

(5) 不锈钢板安装的注意事项

1）安装卡口槽及不锈钢槽条时，尺寸准确，不能产生歪斜现象。

2）固定凹槽的木条尺寸、形状要准确。尺寸准确既可保证木条与不锈钢槽的配合松紧适度，安装时不需用锤大力敲击，避免损伤不锈钢槽面，又可保证不锈钢槽面与柱体面一致，没有高低不平现象；形状准确可使不锈钢槽嵌入木条后胶结面均匀，粘接牢固，防止槽面的侧歪现象。

3）木条安装前，应先与不锈钢试配，木条高度一般大于不锈钢槽的深度 0.5mm。

三、铝塑板安装施工

铝塑板墙面装修做法有多种，不论哪种做法，均不允许将高级铝塑板直接贴于抹灰找平层上，最好是贴于纸面石膏板、FC 纤维水泥加压板、耐燃型胶合板等比较平整的基层上或铝合金扁管做成的框架上（要求横、竖向铝合金扁管分格应与铝塑板分格一致）。基层板或基层框架的施工详见相关内容，在此仅介绍铝塑板在基层板（框架）上下的粘贴施工方法。

铝塑板粘贴的施工工艺顺序为：弹线→放样、试样、裁切编号→安装、粘贴→修整表面→板缝处理→封边、收口等。

1. 弹线

按具体设计，根据铝塑板的分格尺寸在基层板上弹出分格线。

2. 翻样、试拼、裁切、编号

按设计要求及弹线位置，对铝塑板进行翻样、试拼，然后将铝塑板裁切、编号备用。铝塑板裁切加工时需注意以下几点：

(1) 铝塑板可用手动或电动工具进行开孔、弯曲、切削、裁切等加工。

(2) 为了避免擦伤铝塑板表面，加工时应使用铝制或木制定规及油性签字笔进行画线、作标记等（可用甲苯溶剂擦掉）。

(3) 裁切铝塑板时，第一，须将工作台彻底清拭干净。第二，由正面裁切时，须连同保护膜一起裁切，装修完工后再撕去保护膜。由背面裁切时，因镜面向下，故须特别注意工作台面不得有任何不净及附有尘屑、硬粒之处，以免板面受伤。

(4) 铝塑板做大量及大面积直线切断时，可用升降盘电锯、刨锯、圆盘锯等机械加工。小量及小面积者可用手提电锯、电动钢丝锯或手锯等进行直线、曲线切断加工。

(5) 裁切铝塑板时应使用裁切铝质或塑胶质材料用的齿刃倒角较小的锯片。切削时应根据尺寸，用凿床、电钻、手提电锯、钢丝锯等进行圆形、曲线及各种图形的切削加工。开孔时应由镜面表面开始，以减少边缘毛边的产生。

(6) 铝塑板修边或切削小口时，可用木工所用的刨刀或电动刨沟机及锉刀进行加工。如用定盘固定切削，则效果更好。

(7) 铝塑板上裁切文字、图案，可用凿孔机、线锯、刨沟机等进行直线或曲线加工。

(8) 弯曲（适用于内圆、外圆的弯曲）；铝塑板的弯曲，可用手动或电动的“三支橡胶滚轮机”并需注意：①滚轮必须擦拭得特别干净。②铝塑板在弯曲前不得撕下保护膜，并须先将表面所有灰尘、砂粒、垃圾、硬屑等彻底清除干净。③弯曲时须徐徐弯曲，不得急于求成，否则将会破坏镜面，并产生电镀裂痕，影响板的质量及美观。

3. 安装、粘贴

铝塑板的安装粘贴，基本上有下列三种做法：

（1）胶粘剂直接粘贴法

在铝塑板背面及基层板表面均匀涂立时得胶或其他橡胶类胶粘剂（如 801 强力胶、XH-401 强力胶、LDN-3 硬材料胶粘剂、XY-401 胶、FN303 胶、CX-401 胶、JY-401 胶等）一层，待胶粘剂稍具粘性时，将铝塑板上墙就位，并与相邻各板抄平、调直后用手拍平压实，使铝塑板与基层板粘牢。拍压时严禁用铁棒或其他硬物敲击。

（2）双面胶带及胶粘剂并用粘贴法

根据墙面弹线，将薄质双面胶带按“田”字形分布粘贴于基层板上（按双面胶带总面积占底总面积 30％的比例分布）。在无双面胶带处，均匀涂立时得胶（或其他橡胶类强力胶）一层，然后按弹线范围，将已试拼编号之铝塑板临时固定，经与相邻各板抄平调直完全符合质量要求后，再用手拍实压平，使铝塑板与基层板粘牢。

（3）发泡双面胶带直接粘贴法

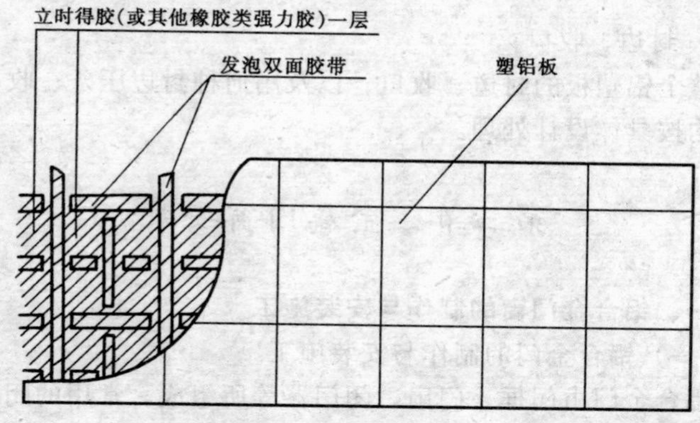

图 4-42　铝塑板发泡双面胶带直接粘贴法基本构造示意图

按图 4-42 所示将发泡双面胶带粘贴于基层板上，然后将铝塑板根据编号及弹线位置顺序上墙就位，进行粘贴。粘贴后在铝塑板四角加化妆螺丝四个，以利加强。

4. 修整表面

整个铝塑板安装完毕后，应严格检查装修重量，如发现不牢、不平、空心、鼓肚及平整度、垂直度、方正度偏差不符合质量要求之处，应彻底修整；表面如有胶液、胶迹，须彻底拭净。

5. 板缝处理

板缝大小宽窄以及造型处理，均按具体工程的具体设计处理。如具体设计无规定时，可参照图 4-43 处理。

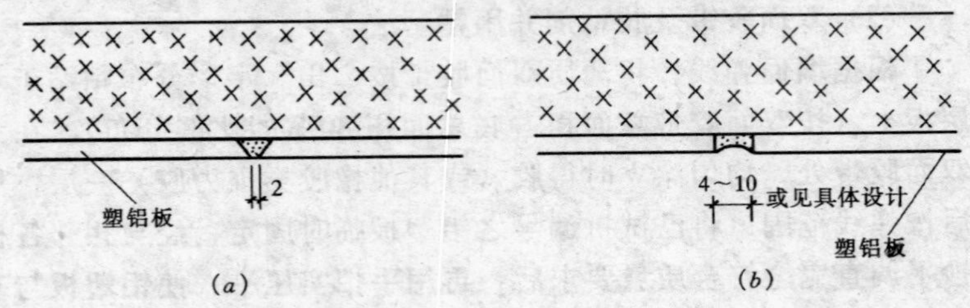

图 4-43 铝塑板墙面直接粘贴法接缝造型示意图
(a) 对缝（窄缝）造型；(b) 离缝（宽缝）造型

6. 封边、收口

整个铝塑板的封边、收口，以及用何种封边压条、收口饰条等，均按具体设计处理。

第三节 金属门窗安装

一、铝合金门窗的制作与安装施工

(一) 铝合金门的制作与安装施工

铝合金门由门框、门扇、闭门器等所组成。常用的闭门器有座地式地弹簧及门顶闭门器两种。玻璃通常用 5～6mm 厚透明白色或茶色玻璃。门框料多选用 76mm × 44mm、100mm × 44mm

的扁方管铝合金型材。门扇料多选用46系列铝合金地弹簧门装配图（图4-44）。

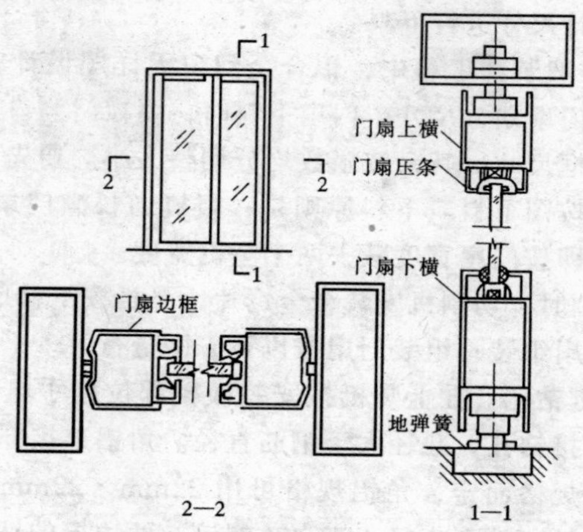

图4-44　46系列铝合金地弹簧门装配图

铝合金门可按开启方式分为推拉式（手动或电动）、手开式、电动式、悬挂式、旋转式等，以推拉和手开式两种居多。下面仅以手开式和推拉式铝合金门为主，叙述现场制作安装方法。

铝合金门制作安装的施工顺序为：料具准备→门扇制作→门框制作→铝合金门安装→安装拉手。

1．料具准备

（1）材料：各种规格铝合金型材、门锁、滑轮、不锈钢、螺钉、铝制拉铆钉、连接铁板、地弹簧、玻璃尼龙毛刷、压条、橡皮条、玻璃胶、木楔子等。

（2）工具：曲线刷、切割机、手电锯、射钉枪、扳手、半步扳手、角尺、吊线锤、打胶筒、锤子、水平尺、玻璃吸手等。

2．门扇制作

（1）选料与下料：选料与下料时应注意以下几个问题

1）选料时要充分考虑表面色彩、塑料、壁厚等因素，以保证足够的刚度、强度和装饰性。

2）每一种铝合金型材都有其特点和使用部位，如推拉、平开、自动门所采用的型材规格各不相同。确认材料及其使用部位后，要按设计尺寸进行下料。

3）在一般装饰工程中，铝合金门窗无详图设计，仅仅给出洞口尺寸和门扇划分尺寸。门扇下料时，要在门洞口尺寸中减去安装缝、门框尺寸，其余按扇数均分调整大小。要先计算，画简图，然后再按图下料。下料原则是：竖梃通长满门扇高度尺寸，横档截断，即按门扇宽度减去两个竖梃宽度。

4）切割时，切割机安装合金锯片，严格按下料尺寸切割。

（2）门扇组装：组装门扇按以下工序进行。

1）竖梃钻孔。在上竖梃拟安装横档部位用手电钻钻孔，用钢筋螺栓连接钻孔，孔径大于钢筋直径。角铝连接部位靠上或靠下，视角铝规格而定，角铝规格可用 22mm×22mm，钻孔可在上下 10mm 处，钻孔直径小于自攻螺钉。两边梃的钻孔部位应一致，否则将使横档不平。

2）门扇节点固定。上、下横档（上、下冒头）一般用套螺纹的钢筋固定，中横档（冒头）用角铝自攻螺钉固定。先将角铝用自攻螺钉连接在两边梃上，上、下冒头中穿入套扣钢筋；套口钢筋从钻孔中深入边梃，中横档套在角铝上。用半步扳手将上、下冒头用螺母拧紧，中横档再用手电钻上下钻孔，自攻螺钉拧紧。

3）锁孔和拉手安装。在拟安装的门锁部位用手电钻钻孔，再伸入曲线锯切割成锁孔形状。在门边梃上，门锁两侧要对正，为了保证安装精度，一般在门扇安装后再装门锁。

3. 门框制作

（1）选料与下料

视门大小选用 50mm×70mm、50mm×100mm、100mm×25mm 门框梁，按设计尺寸下料。具体做法同门扇制作。

（2）门框钻孔组装

在安装门的上框和中框部位的边框上，钻孔安装角铝，方法同门扇。然后将中、上框套在角铝上，用自攻螺钉固定。

（3）设连接件

在门框上，左右设扁铁连接件，扁铁件与门框上用自攻螺栓拧紧，安装间距为150～200mm，视门料情况与墙体的间距而定。扁铁做成平的，Π字形。连接方法视墙体内埋件情况而定。

4. 铝合金门安装

（1）安框

将刨好的门框在抹灰前立于门口处，用吊线锤吊直，然后卡方，以两条对角线相交为佳。安放在门口内适当位置（即与外墙边线水平，与墙内预埋件对正，一般在墙中），用木楔将三边固定。在认定门框水平、垂直、无扭曲后，用射钉枪将射钉打入柱、墙、梁上，将连接件与框固定在墙、柱、梁上。框的下部要埋入地下，埋入深度为30～150mm（图4-45）。

（2）塞缝

门框固定好后，复查平整度和垂直度，再扫清边框处浮土，洒水湿润基层，用1∶2水泥砂浆将门口与门框间的缝隙分层填实。待塞灰达到一定强度后，再拔去木楔，抹平表面。

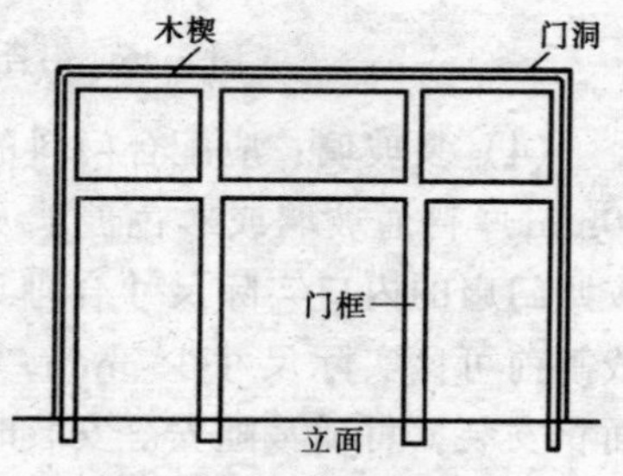

图4-45 铝合金门框安装

（3）装扇

扇与框是按照同一门洞口尺寸制作的，在一般情况下都能安装上，但要求周边密封，开闭灵活，固定门可不另做扇，而是在靠地面处竖框之间安装踢脚板。开启扇分内、外平开门、弹簧门、推拉门。

自动推拉门。内外平开门在门上框钻孔伸入门轴，门下地里埋设地脚，装置门轴，弹簧门上部做法同平开门，门框中安上门轴，下部埋设地弹簧，地面需预先留洞或后开洞，地弹簧埋设后要与地面平齐，然后灌细石混凝土，再抹平地面层。地弹簧的摇臂与门扇下冒头两侧拧紧，见图 4-46。推拉门要在上框内做导轨和滑轮，也有在地面上做导轨，在门扇下冒头做滑轮的。自动门的控制装置有脚踏式，装于地面上。光电感应控制开关的设备装于上框上。

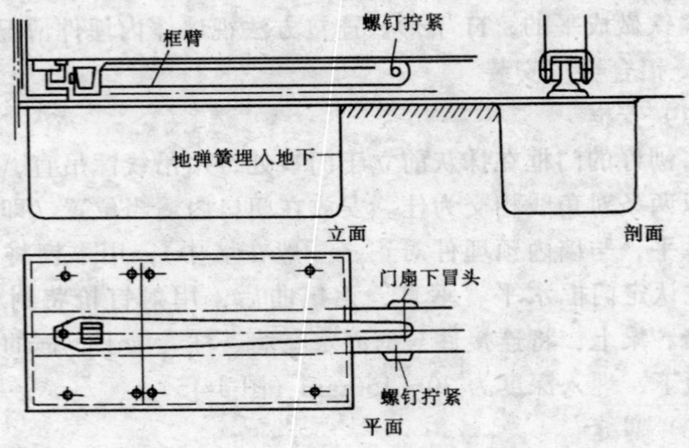

图 4-46　铝合金门地弹簧设施

（4）装玻璃：应配合门料的规格、色彩选用玻璃，安装 5～10mm 厚普通玻璃或彩色玻璃及 10～22mm 厚中空玻璃。首先，按照门扇的内口实际尺寸合理计划用料，尽量少生产边角废料，裁割前可比实际尺寸少 3mm，以利安装。裁割后分类堆放，小面积安装，可随裁随安。安装时先撕去门框的保护胶纸，在型材安装玻璃部位支塞胶带，用玻璃吸手安入平板玻璃，前后垫实，使缝隙一致，然后再塞入橡胶条密封，或用铝压条拧十字圆头螺丝固定。

（5）打胶、清理：大片玻璃与框扇接缝处，要用玻璃胶筒打入玻璃胶，整个门安装好后，以干净抹布擦洗表面，清理干净后交付使用。

5. 安装拉手

最后，用双手螺杆将门拉手上在门扇边框两侧。

至此，铝合金门的安装操作基本完成。安装铝合金门的关键主要是保持上、下两个转动部分在同一轴线上。

（二）铝合金窗的制作与安装施工

装饰工程中，使用铝合金型材制作窗较为普遍。目前，常用的铝型材有 90 系列推拉窗铝材和 38 系列平开窗铝材。

1. 组成材料

铝合金窗分为推拉窗和平开窗两类。所使用的铝合金型材规格完全不同，所采用的五金配件也完全不同。

（1）推拉窗主要组成材料

1）窗框：由上滑道、下滑道和两侧边封所组成，这三部分均为铝合金型材。

2）窗扇：由上横、下横、边框和带钩边框组成，这四部分均为铝合金型材。另外，还有密封边的两种毛条。

3）五金件：装于窗扇下横之中的导轨滚轮，装于窗扇边框上的窗扇钩锁。

4）连接件：窗框与窗扇的连接件有厚 2mm 的铝角型材，以及 M4×15 的自攻螺钉。

5）玻璃：窗扇玻璃通常用 5mm 厚玻璃，有茶色镀膜、普通透明玻璃。一般古铜色铝合金型材窗配茶色玻璃，银白色铝合金型材配透明玻璃、宝石蓝和海水绿玻璃。

6）密封材料：窗扇与玻璃的密封材料有塔形橡胶封条和玻璃胶两种。这两种材料不但具有密封作用，而且兼有固定材料的作用。

①用塔形橡胶封条固定窗扇玻璃的优点是装拆方便，缺点是胶条老化后，容易从封口处掉出。

②用玻璃胶固定的优点是粘结牢固，不会老化且不受封口形状的限制，缺点是如窗玻璃破损后，更换玻璃较麻烦，需将原玻璃胶一点一点的铲切下来。

（2）平开窗主要组成材料

1）窗框：有用于窗框四周的框边型型材，用于窗框中间的工字型窗料型材。

2）窗扇：有窗扇框料、玻璃压条以及密封玻璃用的橡胶压条。

3）五金件：平开窗常用的五金件主要有窗扇拉手、风撑和窗扇扣紧件。

4）连接件：窗框与窗扇的连接件有2mm左右厚的铝角型材，以及M4×15的自攻螺钉。

5）玻璃：窗扇通常用5mm厚玻璃。

2. 施工机具

常用工具为铝合金切割机、手电钻、$\phi 8$圆锉刀、$R20$半圆锉刀、十字螺丝刀、划针、铁脚圆规、钢尺、铁角尺等。

3. 施工准备

铝合金窗施工前的主要工作有：检查复核窗的尺寸、样式和数量→检查铝合金型材的规格与数量→检查铝窗五金件的规格与数量。

(1) 检验复核窗的尺寸与样式

在装饰工程中一般都采用现场进行铝窗制作与安装。查验铝窗尺寸与样式的工作，即是根据施工对照施工图，检查一下有否不相符合之处，有否安装问题，有否与电器、水卫、消防等设备相互妨碍的问题等。如发现问题要及时上报，与有关人员共同商讨解决方法。

(2) 检查铝合金型材的规格尺寸

目前，生产铝合金型材的厂家较多，虽然都是同一系列的铝合金型材，但其形状尺寸和壁厚尺寸也会出现不同程度上的误差，这些误差会在铝窗的制作和使用过程中产生不便，甚至麻烦。所以，在制作铝窗前要检查铝型材的尺寸，主要是铝合金型材相互接合的尺寸。

(3) 检查五金件及其他附件的规格

铝窗五金件分推拉窗和平开窗两大类，每类又有若干系列，所以在制作以前要检查一下五金件与所制作的铝窗是否配套。同时，还要检查一下各种附件是否配套，如各种封边毛条、橡胶边封条和碰口垫等，能否正好与铝型材衔接安装。如果与铝型材不配套，会出现过紧或过松现象。过紧，在铝窗制作时安装困难；过松，安装后会自行脱出。

此外，采用各种自攻螺钉要长短适合，螺钉的长度通长为15mm左右。

4. 推拉窗的制作和安装

推拉窗有带上窗及不带上窗之分。在用料规格上有55系列、70系列与90系列三种。55系列的铝型材与后两种系列在形状上有较大差别，而70系列与90系列这两种铝型材形状相同，但尺寸大小有明显差别。在这几种系列中，90系列是最常用的一种。图4-47是90系列铝窗带上窗的双扇推拉窗装配图。下面以该装配图为例介绍推拉窗制作方法。

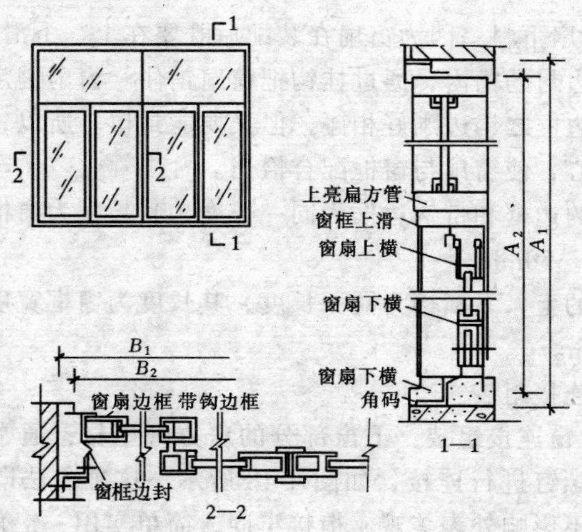

图4-47 90系列双扇推拉窗装配图

A_1—窗洞高；A_2—窗框高；B_1—窗洞宽；B_2—窗框宽

(1) 按图下料

下料是铝窗制作的第一道工序，也是最重要最关键的工序。如果下料不准，会造成尺寸误差、组装困难或无法安装。下料错误或下料误差也会造成铝材的浪费。所以，下料尺寸必须准确，其误差值应控制在 2mm 范围内。

下料时用铝合金切割机切割型材，切割机的刀口位置应在划线外，并留出划线痕迹。

1）上窗下料：窗的上窗通常是用 25.4mm × 90mm 的扁方管做成“口”字形。“口”字形的上、下两条扁方管长度为窗框的宽度，“口”字形两边的竖扁方管长度，为上窗高度减去两个扁方管的厚度。

2）窗框下料：窗框的下料是切割两条封铝型材和上、下滑道铝型材各一条。两条边封的长度等于全窗高减去上窗部分的高度。上、下滑道的长度等于窗框宽度减去两个边封铝型材的厚度。

3）窗扇下料：因为窗扇在装配后既要在上、下滑道内滑动，又要进入边封的槽内，通过挂钩把窗扇销住。窗扇销定时，两窗扇的带钩边框之钩边刚好相碰，但又要能封口。所以，窗扇下料要十分小心，使窗扇与窗框配合恰当。

窗扇的边框和带钩边框为同一长度，其长度为窗框边封的长度再减 45～50mm。

窗扇的上、下横档为同一长度，其长度为窗框宽度的一半再加 5～8mm。

（2）连接组装

1）上窗连接组装：上窗部分的扁方管型材，通常采用铝角码和自攻螺钉进行连接，如图 4-48 所示。这种方法既可隐藏连接件，又不影响外表美观，衔接牢固，简单实用，铝角码多采用 2mm 左右厚的直角铝角条，每个角码需要多长就切割多长。角码的长度最好能同扁方管内宽相符，以免发生接口松动现象。

两条扁方管在用铝角码固定连接时，应先用一小截同规格的扁方管做模子，长 20mm 左右。在横向扁方管上要衔接的部位用模子定好位，将角码放在模子内并用手捏紧，用手电钻将角码与横向扁方管一并钻孔，再用自攻螺钉或抽芯铝铆钉固定，如图

4-49 所示。然后取下模子，再将另一条竖向扇方管放到模子的位置上，在角码的另一个方向上打孔，固定便成。一般角码的每个面上打两个孔就够了。

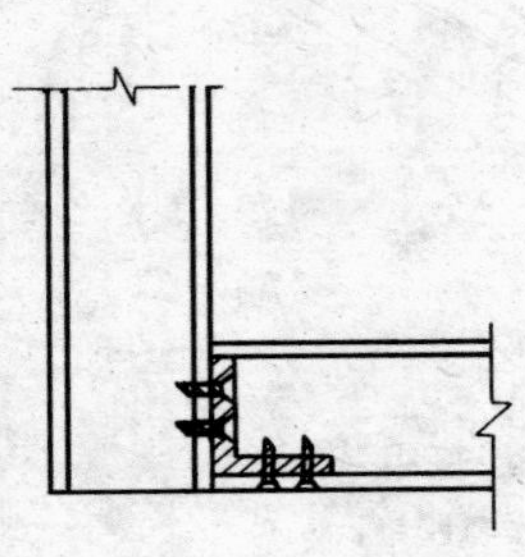

图 4-48　窗扇方管连接

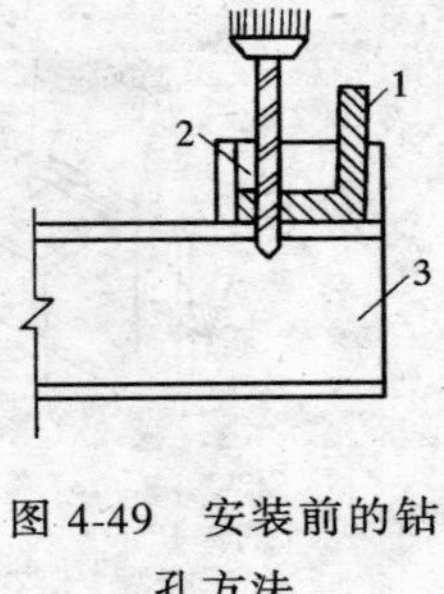

图 4-49　安装前的钻孔方法

1—码；2—模子；3—横向扇方管

上窗的铝型材在四个角位处衔接固定后，再用截面尺寸为 12mm×12mm 的铝槽作固定玻璃的压条。安装压条前，先在扁方管的宽度上画出中心线，再按上窗内侧长度切割四条铝槽条。按上窗内侧高度减去两条铝槽截面高的尺寸，切割四条铝槽条。安装压条时，先用自攻螺钉把槽条紧固在中线外侧，然后再离出大于玻璃厚度 0.5mm 距离，安装内侧铝槽，但自攻螺钉不需上紧，最后装上玻璃时再固紧。

2）窗框连接：首先测量出在上滑道上面两条固紧槽孔距侧边的距离和高低位置尺寸，然后按这两个尺寸在窗框边封上部衔接处划线打孔，孔径在 ϕ5mm 左右。钻好孔后，用专用的碰口胶垫，放在边封的槽口内，再将 M4×35 的自攻螺钉，穿过边封上打出的孔和碰口胶垫上的孔，旋进下滑道下面的固紧槽孔内，如图 4-50 所示。在旋紧螺钉的同时，要注意上滑道与边封对齐，各槽对正，最后再上紧螺丝，然后在边封内装毛条。

按同样的方法先测量出下划道下面的固紧槽孔距、侧边距离和其距上边的高低位置尺寸。然后按这三个尺寸在窗框边封下部衔接处划线打孔，孔径在 ϕ5mm 左右。钻好孔后，用专用的碰口胶垫，放在边封的槽口内，再将 M4×35 的自攻螺钉，穿过边

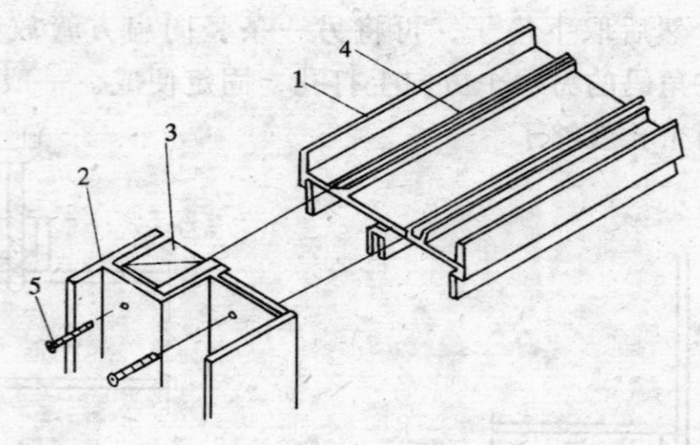

图 4-50　窗框上滑部分的连接组装

1—上滑道；2—边封；3—碰口胶垫；

4—上滑道上的固紧槽；5—自攻螺钉

封上打出的孔和碰口胶垫上的孔，旋进下滑道下面的固紧槽孔内，如图 4-51 所示。注意固定时不得将下滑道的位置装反，下滑道的滑轨面一定要与上滑道相对应才能使窗扇在上下滑道上滑动。

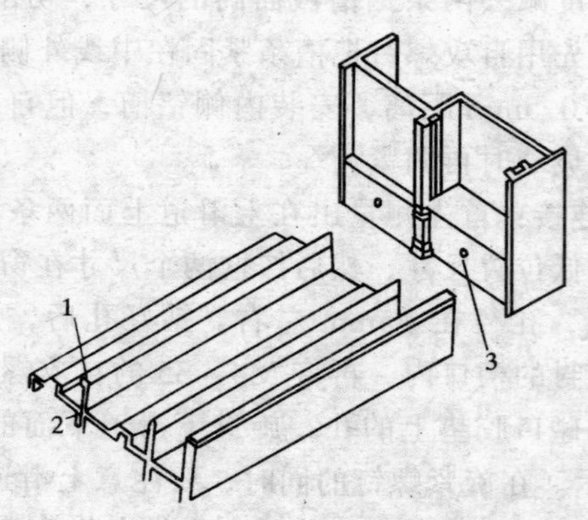

图 4-51　窗框下滑部分的连接组装

1—下滑道的滑轨；2—下滑道下的固紧槽孔；

3—自攻螺钉

窗框的四个角衔接起来后，用直角尺测量并校正一下窗框的直角度，最后上紧各角上的衔接自攻螺钉。将校正并紧固好的窗框立放在墙边，防止碰撞。

3）窗扇的连接：窗扇的连接分为五个步骤。

①在连接装拼窗扇前，要先在窗框的边框和带钩边框上、下两端处进行切口处理，以便将上、下横档插入其切口内进行固定。上端开切长 51mm，下端开切长 76.5mm，如图 4-52 所示。

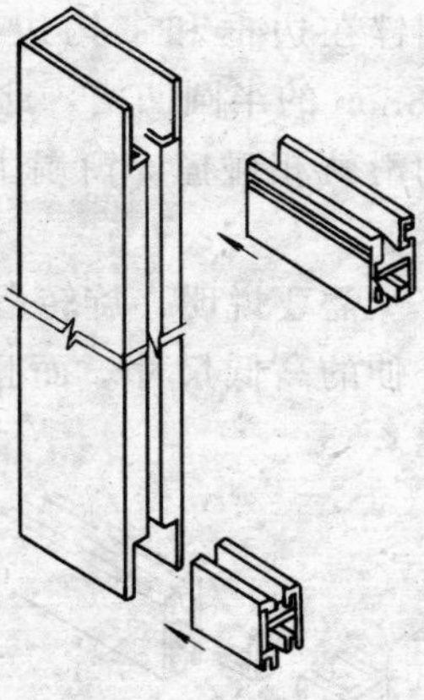

图 4-52 窗扇的连接

②在下横档的底槽中安装滑轮，每条下横档的两端各装一只滑轮。其安装方法如下：

把铝窗滑轮放进下横档一端的底槽中，使滑轮框上有调节螺钉的一面向外，该面与下横档端头边平齐，在下横档底槽板上划线定位，再按划线位置在下横档底槽板上打 ϕ4.5mm 的孔两个，然后用滑轮配套螺丝，将滑轮固定在下横档内。

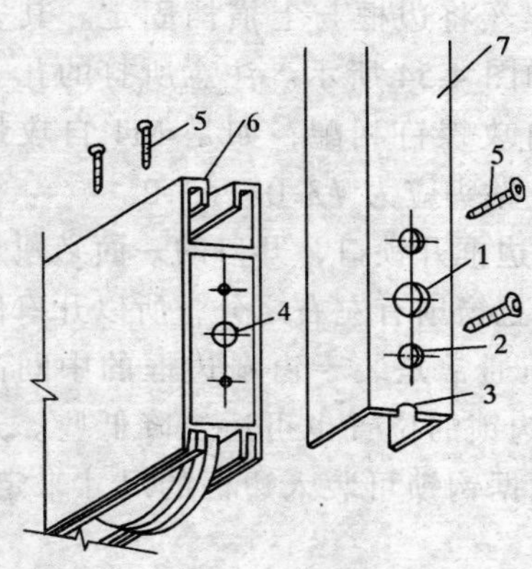

图 4-53 窗扇下横档安装

1—调节滑轮；2—固定孔；3—半圆槽；4—调节螺丝；5—滑轮固定螺钉；6—下横档；7—边框

③在窗扇边框和带钩边框与下横档衔接端划线打孔。孔有三个，上下两个是连接固定孔，中间一个是留出进行调节滑轮框上调整螺丝的工艺孔。这三个孔的位置，要根据固定在下横档内的滑轮框上孔位置来划线，然后打孔，并要求固定后边框下端要与下横档底边平齐。边框下端固定孔为 ϕ4.5mm，并要用 ϕ6 ~ ϕ7mm 的钻头划窝，以便固定螺钉与侧面基本平齐。工艺孔为 ϕ8mm 左右。钻好孔后，再用

圆锉在边框和带钩边框固定孔位置下边的中线处，锉出一个 ϕ8mm 的半圆凹槽。此半圆凹槽是为了防止边框与窗框下滑道上的滑轨相碰撞。窗扇下横档与窗扇边框的连接组装如图 4-53 所示。

需要说明，旋转滑轮上的调节螺丝，能改变滑轮从下横槽中外伸的高低尺寸。而且，也能改变下横档内两个滑轮之间的距离。

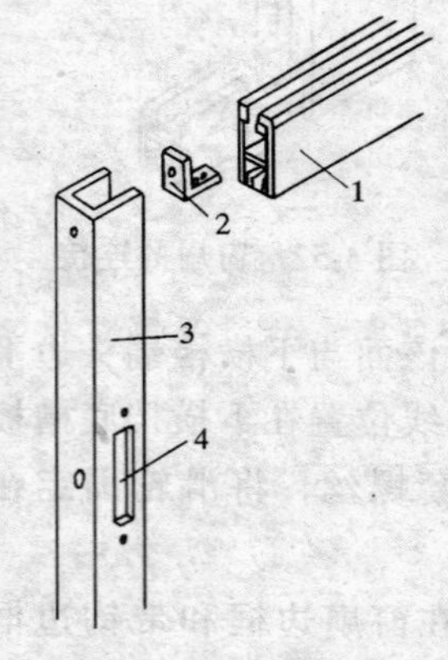

图 4-54 窗扇上横档安装
1—上横档；2—角码；
3—窗扇边框；4—窗锁洞

④安装上横档角码和窗扇钩锁。其方法为：截取两个铝角码，将角码放入横档的两头，使之一个面与上横档端头面平齐，并钻两个孔（角码与上横档一并钻通），用 M4 自攻螺钉将角码固定在上横档内。再在角码的另一个面上（与上横档端头平齐的那个面）的中间打一个孔，根据此孔的上下左右尺寸位置，在扇的边框与带钩边框上打孔并划窝，以便用螺丝将边框与上横档固定。其安装方式如图 4-54 所示。注意所打的孔一定要与自攻螺钉相配，如是 M4 自攻螺钉，打孔钻头应为 $\phi3.0 \sim \phi3.2$。

安装窗钩锁前，先要在窗扇边框开锁口，开口的一面必须是窗扇安装后，面向室内的面。而且窗扇有左右之分，所以开口位置要特别注意不要开错，窗钩锁通常是装于窗扇边框的中间高度，如窗扇高大于 1.5m，装窗钩锁的位置也可适当降低些。开窗钩锁长条形锁口的尺寸，要根据钩锁可装入边框的尺寸来定。开锁口的方法：

先按钩锁可装入部分的尺寸，在边框上划线，用手电钻在划线框内的角位打孔，或在划线框内沿线打孔。再把多余的部分取下，用平锉修平即可。然后，在边框侧面再挖一个直径为 ϕ25mm 的锁钩插入孔，孔的位置正对内钩之处，最后把锁身放入长形口内。

通过侧边的锁钩插入孔，检查锁内钩是否正对圆插入孔的中线，内钩向上提起后，钩尖是否在圆插入孔的中心位置上。如果对正后，用手按紧锁身，再用手电钻，通过钩锁上、下两个固定螺钉孔，在窗扇边框的另一面打孔，以便用窗锁固定螺杆贯穿边框厚度来固定窗钩锁（图 4-54 所示）。

⑤上密封毛条以及安装窗扇玻璃。窗扇上的密封毛条有两种：一种是长毛条，一种是短毛条。长毛条装于上横档顶边的槽内，以及下横档底边的槽内。而短毛条是装于带钩边框的钩部槽内。另外，窗框边封的凹槽两侧也需要装短毛条，可在安装毛条工序中与窗扇毛条一并装好。两种毛条的安装位置如图 4-55 所示。

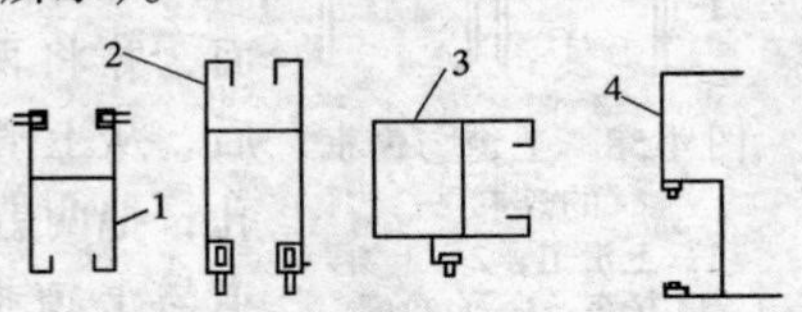

图 4-55　密封条的安装位置

1—上横档；2—下横档；3—带钩边框；4—窗框边封

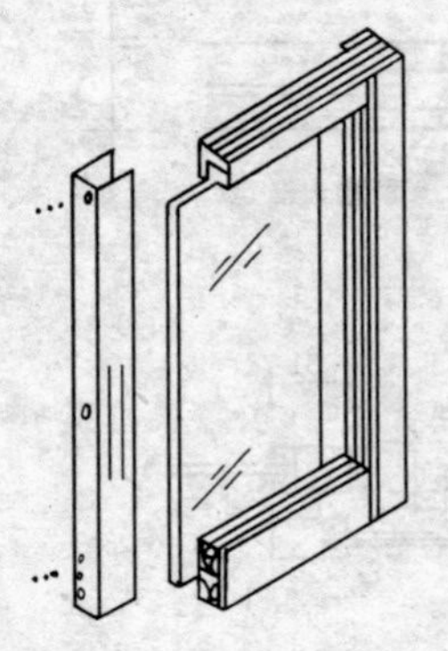

图 4-56　安装窗扇玻璃

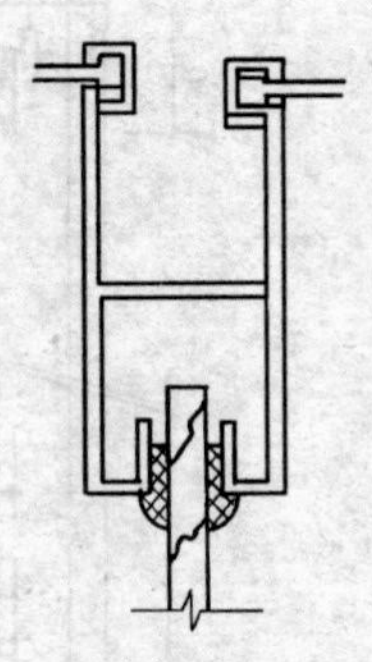

图 4-57　玻璃与窗扇槽的密封

在安装窗扇玻璃时，要先检查玻璃尺寸。通常，玻璃尺寸长宽方向均比窗扇内侧长宽尺寸大 25mm。然后，从窗扇一侧将玻璃装入窗扇内侧的槽内，并紧固连接好边框。安装方法如图4-56

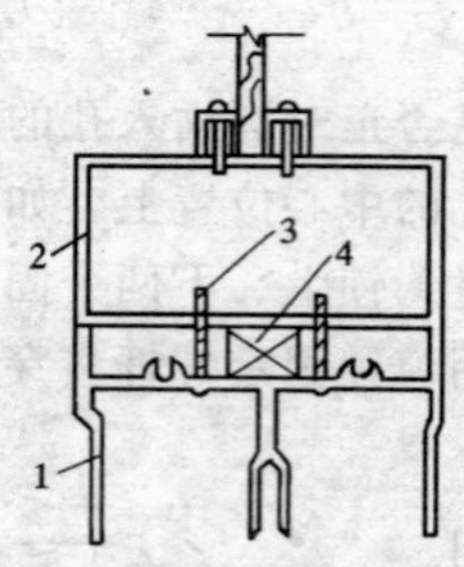

图 4-58 上窗与窗框的连接
1—上滑道；2—上窗扇方管；3—自攻螺钉；4—木垫块

所示。

最后，在玻璃与窗扇槽之间用塔形橡胶条或玻璃胶密封，如图 4-57 所示。

4）上窗与窗框组装：先切两小块 12mm 厘米板，将其放在窗框上滑的顶面。再将口字形上窗框放在上滑道的顶面，并将两者前后、左右的边对正。然后，从上滑道向下打孔，从上滑道向下打孔，把两者一并钻通，用自攻螺丝将上滑道与上窗框扁方管连接起来，如图 4-58 所示。

（3）推拉窗安装

推拉窗常安装于砖墙中，一般是先将窗框部分安装固定在砖墙洞内，再安装窗扇与上窗玻璃。铝合金推拉窗窗框与窗扇的构造如图 4-59 所示。

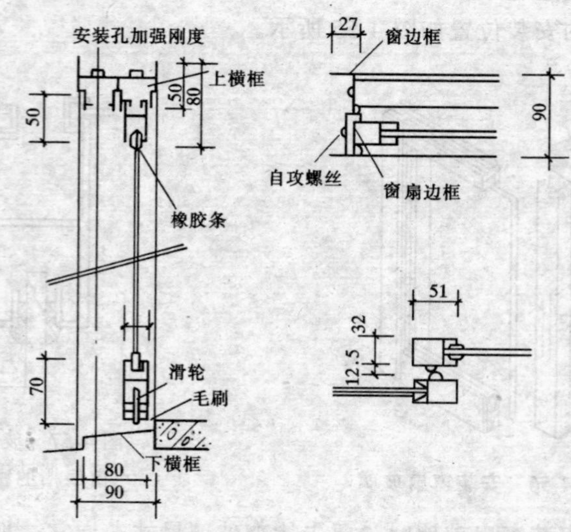

图 4-59 铝合金推拉窗的节点

1）窗框与砖墙安装。砖墙的洞先用水泥修平整，窗洞尺寸要比铝合金窗框尺寸大，四周各边均大 25～35mm。在铝合金窗框上安装角码或木块，每条边上各安装两个。角码需要用水泥钉钉固在窗洞墙内，如图 4-60 所示。

对装于洞中的铝合金窗框，进行水平和垂直度校正。校正完毕后用木楔块把窗框临时固紧在窗洞中，然后用保护胶带纸把窗框周边贴好，以防用水泥周边塞口时造成铝合金表面损伤。该保护胶带纸可在周边塞口水泥工序完工及水泥浆固结后再撕去。

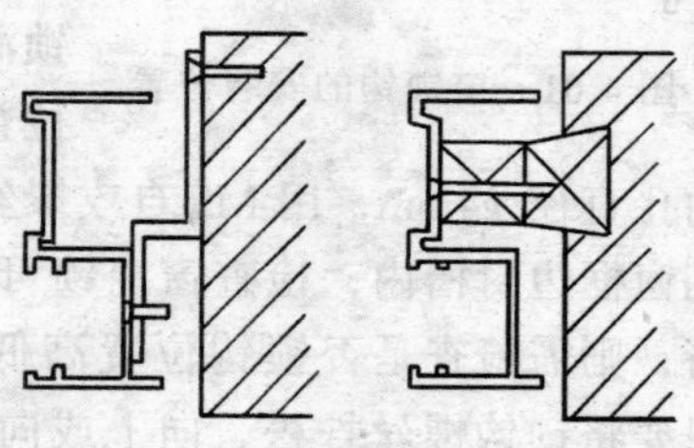

图 4-60 窗框与砖墙的连接安装

窗框周边填塞口水泥时，水泥浆要有较大的稠度，以能用手握成团为准。水泥要填实，将水泥浆用灰刀压入填缝中，填好后窗框周边抹平。

2）窗扇安装。塞口水泥固结后，撕下保护胶纸带，便可进行窗扇的安装。窗扇安装前，先检查一下窗扇上的各条密封毛条，有否少装或脱落现象。如果有脱落现象，应用玻璃胶或橡胶类胶水粘结，然后用螺丝刀拧旋边框侧的滑轮调节螺丝，使滑轮向下横档槽内回缩。这样即可托起窗扇，使其顶部插入窗框的上滑槽中，使滑轮卡在下滑的滑轮轨道上，然后拧旋滑轮调节螺钉，使滑轮从下横档内外伸。外伸量通常以下横档内的长毛条刚好能与窗框下滑面接触为准，以便使下横档上的毛条起到较好的防尘效果，同时窗扇在滑轨上也可移动顺畅。

3）上窗玻璃安装。上窗玻璃的尺寸必须比上窗内框尺寸小 5mm 左右，不能安装得与内框相接触。因为玻璃在阳光照射下，会受热膨胀。如果安装玻璃与窗框接触，受热膨胀后往往造成玻璃开裂。

上窗玻璃安装较简单，安装时只要把上窗铝压条取下一侧（内侧），安上玻璃后，再装回窗扁框上，拧紧螺丝即可。

4）窗钩锁挂钩安装。窗钩锁的挂钩安装于窗框的边封凹槽

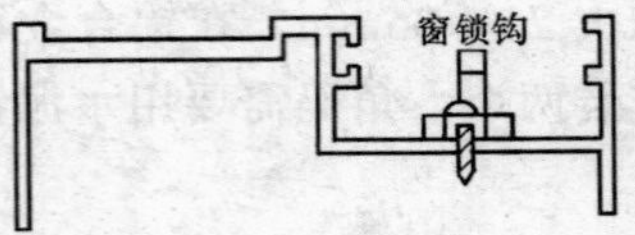

图 4-61　窗锁钩的安装位置

内，如图 4-61 所示。挂钩的安装位置尺寸要与窗扇上挂钩锁洞的位置相对应。挂钩的钩平面一般可位于锁洞孔的中心线处。根据这个对应位置，在窗框边封凹槽内划线打孔。钻孔直径 ϕ4mm，用 M5 自攻螺丝将锁钩临时固紧，然后移动窗扇到窗框边封槽内，检查窗扇锁可否与锁钩相接将窗锁定。如果不行，则需检查是否锁钩位置高低的问题，或锁钩左右偏斜问题，只要将锁钩螺丝拧松，向上或向下调整好再固紧螺丝即可。偏斜问题则需测一下偏斜量，再重新打孔固定，直至能将窗扇锁定。

5. 平开窗的制作与安装

平开窗有 38 系列、50 系列等。38 系列属轻型系列，50 系列属较重系列。平开窗主要由窗框和窗扇组成。如果有上窗部分，可以是固定玻璃，也可以是顶窗扇。但上窗部分的材料应与窗框所用铝型材相同，这一点与推拉窗上窗部分是有区别的。

平开窗根据需要也可制成单扇、双扇、带上窗单扇、带上窗双扇、带顶窗单扇、带顶窗双扇等六种主要形式。图 4-62 是 38 系列带顶窗双扇平开窗的装配图。下面以该图为例叙述其制作方法。

(1) 窗框制作

平开窗的上窗边框是直接取之于窗边框，故上窗边框和窗框为同一框料，在整个窗边上部适当的位置（1.0m 左右），横加一条窗工字料，及构成上窗的框架，而横窗工字料以下部位，就构成了平开窗的窗框。

1) 按图下料。窗框加工的尺寸应比已留好的砖墙洞略小 20～30mm。按照这个尺寸将窗框的宽与高方向材料裁切好。窗框四个角是按 45°对接方式，故在裁切时四条框料的端头应裁成 45°角。然后，再按窗框宽尺寸，将横向窗工字料截下来。竖窗工字料的尺寸，应按窗扇高度加上 20mm 左右榫头尺寸截取。

2) 窗框连接。窗框的连接采用 45°角拼接，窗框的内部插

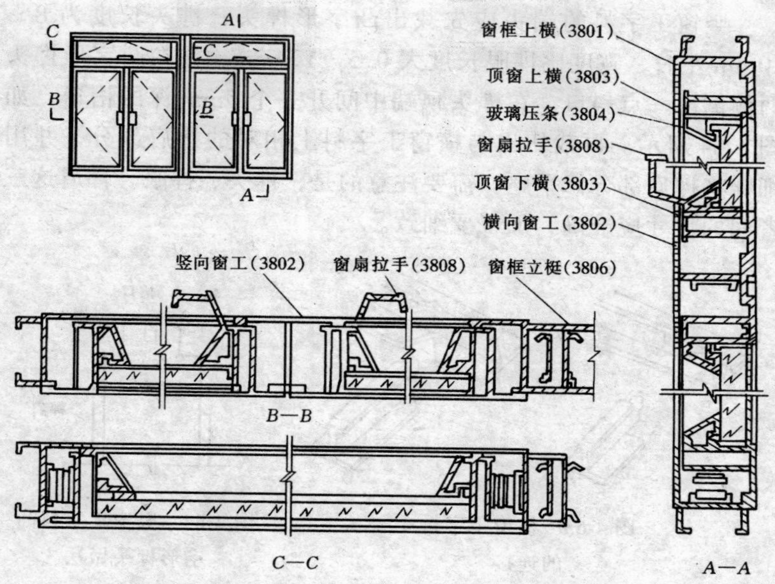

图 4-62　38 系列带顶窗双扇平开窗的装配图

入铝角，然后每边钻两个孔，用自攻螺钉上紧，并注意对角要对正对平。还有一种连接方法称撞角法，即是利用铝材较软的特点，在连接铝角的表面冲压成几个较深的毛刺。因所用铝角是采用专用型材，铝角的长度又按窗框内腔宽度裁割，能使其几何形状与窗框内腔相吻合，故能使窗框和铝角挤紧，进而使窗框对角处连接。

横窗工字料之间的连接，采用榫接方法。榫接方式有两种：一种是平榫肩方式，另一种是斜角榫肩的方式。这两种榫结构均是在竖向的窗中间工字料上做榫，在横向的窗工字料上做榫眼，如图 4-63 所示。

横窗工字料与竖窗工字料连接前，先在横窗工字料的长度中间处开一个长条形榫眼孔，其长度为 20mm 左右，宽度略大于工字料的壁厚。如果是斜角榫肩结合，需在榫眼所对的工字料上横档和下横档的一侧开裁出 90°角的缺口（图 4-63）。

竖窗工字料的端头应先裁出凸字形榫头，榫头长度为 8～10mm 左右，宽度比榫眼长度大 0.5～1.0mm，并在凸字形榫头两侧倒出一点斜口，在榫头顶端中间开一个 5mm 深的槽口，如图 4-64 所示。再裁切出与横窗工字料上相对的榫肩部分，并用细锉将榫肩部分修平整。需要注意的是，榫头、榫眼、榫肩这三者间的尺寸应准确，加工要细致。

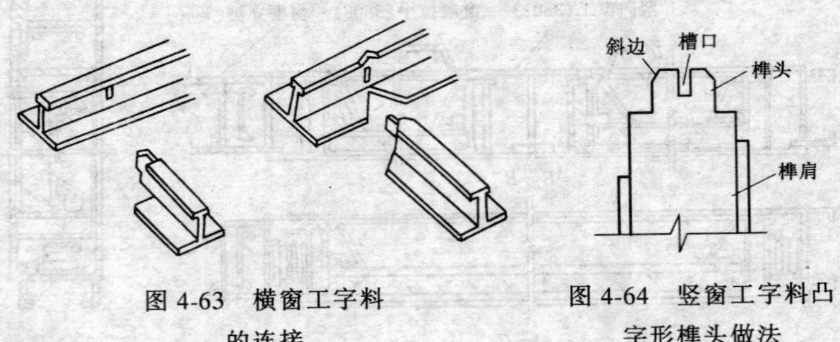

图 4-63　横窗工字料的连接

图 4-64　竖窗工字料凸字形榫头做法

榫头、榫眼部分加工完毕后，将榫头插进榫眼，把榫头的伸出部分，以开槽口为界分别向两个方向拧歪，使榫头结构部分锁紧，将横向工字形窗料与竖向工字形窗料连接起来。

横向窗工字料与窗边框的连接，同样也用榫接方法连接，其方法与前述竖向、横向窗工字料榫接方法相同。但榫接时，是以横向工字料两端为榫头，窗框料上做榫眼。

在窗框料上所有榫头、榫眼加工完毕后，先将窗框料上的密封胶条上好，在进行窗框的组装连接，最后在各对口处上玻璃胶封口。

(2) 平开窗扇制作

平开窗窗型材有三种：窗扇框、窗玻璃压条和连接铝角。

1) 按图下料。下料前，先在型材上划线。窗扇横向框料尺寸，要按窗框中心竖向工字型料中间至窗框边框料外边的宽度尺寸来切割。窗扇竖向框料要按窗框上部横向工字型料中间至窗框边框料外边的高度尺寸来切割，使得窗扇组装后，其侧边的密封胶条能压在窗框架的外边。

横、竖窗扇料切下来后，还要将两端切成45°角的斜口，并用细锉修正飞边和毛刺。连接铝角是用比窗框铝角小一些的窗扇铝角，其裁切方法与窗框铝角相同。

窗压线条按窗框尺寸裁割，端头也是切成45°角，并整修好切口。

2）连接。窗扇连接主要是将窗扇框料连接成一个整体。连接前，需将密封胶条植入槽内。连接时的铝角安装方法有两种：一种是自攻螺丝固定；另一种是撞角法。其具体方法与窗框铝角安装方法相同。

（3）安装固定窗框

1）安装平开窗的砖墙窗洞，首先用水泥修平，窗洞尺寸大于铝合金平开窗框30mm左右。然后，在铝合金平开窗框四周安装镀锌锚固板，每边两个。

2）对装入窗洞中的铝合金窗框，进行水平和垂直度校正，并用木楔块把窗框临时固紧在墙的窗洞中，再用水泥钉将锚固板固定在窗洞的墙边，如图4-65所示。

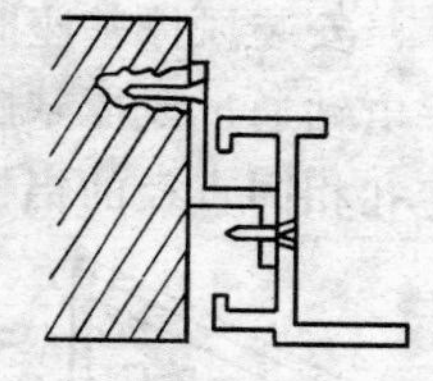

图4-65　平开窗与墙身的固定

3）铝合金窗框边贴好保护胶带纸，再进行周边水泥塞口和修平，待水泥固结后撕去保护胶带纸。

（4）平开窗组装

平开窗组装的内容有：上窗安装、窗扇安装、装窗扇拉手及玻璃、装执手和风撑。

1）上窗安装。如果上窗是固定的，可将玻璃直接安放在窗框的横向工字形铝合金上，然后用玻璃压线条固定玻璃，并用塔形橡胶条或玻璃胶密封。如果上窗是可以开启的一扇窗，可按窗扇的安装方法先装好窗扇，再在上窗窗顶部装两个铰链，下部装一个风撑、一个拉手即可。

2）装执手和风撑基座。执手是用于将窗扇关闭时的扣紧装置，风撑则是起到窗扇的铰链和决定窗扇开闭角度的重要配件。风撑有 90°和 60°两种规格。

执手的把柄装在窗框中间竖向工字形铝合金料的室内一侧，两扇窗需装两个执手。执手的安装位置尺寸一般在窗扇高度的中间位置。执手与窗框竖向工字料的连接用螺钉固定。与执手相配的扣件装于窗扇的侧边，扣件用螺丝与窗扇框固定。在扣紧窗扇时，执手连动杆上的钩头，可将装在窗扇框边相应位置上扣件钩住，窗扇便能扣锁住了。如窗扇高度大于 1.0m 时，也可安装两个执手。

风撑的基座装于窗框架上，使风撑藏在窗框架和窗扇框架之间的空位中，风撑基底用抽芯铝铆钉与窗框的内边固定，每个窗扇的上、下边都需装一只风撑，所以与窗扇对应窗框上、下都要装好风撑。安装风撑的操作应在窗框架连接完毕后，即在窗框架与墙面窗洞安装前进行。

安装风撑基座时，先将基座放在窗框下边靠墙的角位上，用手电钻通过风撑基座上固定孔在窗框上钻孔，再用与风撑基座固定孔相同直径的铝抽芯铆钉，将风撑基座固定。

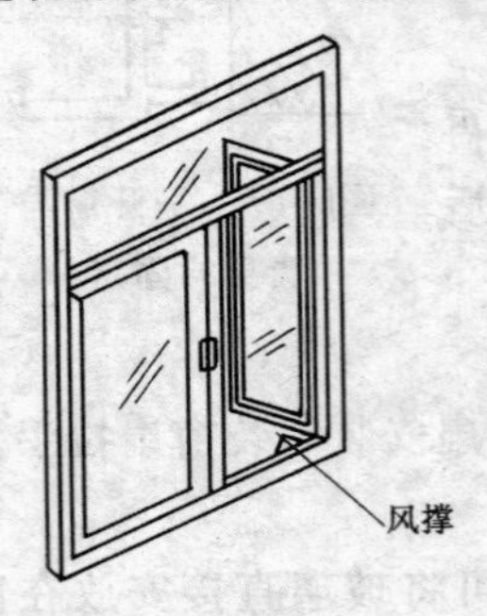

图 4-66　窗扇与风撑的连接安装

3）窗扇与风撑连接。窗扇与风撑的连接有两点：一处是与风撑的小滑块，一处是风撑的支杆。这两点又是定位在一个连杆上，与窗扇框固定连接。该连杆与窗扇固定时，先移动连杆，使风撑开启到最大位置，然后将窗扇框与连杆固定。风撑安装后，窗扇的开启位置如图 4-66 所示。

4）装拉手及玻璃。拉手是安装在窗扇框的竖向边框中部，窗扇关闭后，拉手的位置与执手靠近。装拉手前先在窗扇竖向边框中部，用锉刀或铣刀把边框上压线条的槽锉一个缺口，再把装在该处的玻璃压线条切一个缺口，缺口大小按拉手尺寸而定。然后，钻孔用自攻螺丝将把手固定在窗扇边框上。

玻璃的尺寸应小于窗扇框内边尺寸15mm左右。将裁好的玻璃放入窗扇框内边，并马上把玻璃压线条装卡到窗扇框内边的卡槽上。然后，在玻璃的内外边各压上一周边的塔形密封橡胶条。

在平开窗的安装工作中，最主要的是掌握好斜角对口的安装。斜角对口要求尺寸准确、角度准确，加工细致。如果在窗框、扇框连接后，仍然有些角位对口不密合，可用与铝合金相同色的玻璃胶补缝。

平开窗与墙面窗洞的安装，有先装窗框架，再安装窗扇的方法，也有先将整个平开窗完全装配好之后，再与墙面窗洞安装。具体采用哪种方法可根据不同情况而定。一般大批量的安装制作时，可用前种方法；而少量的安装制作可用后种方法。

（三）铝合金卷帘门窗安装施工

卷帘门窗，又称卷闸，是近年来在商业建筑中广泛推广应用的一种门窗。铝合金卷帘门窗是由曲面闸片型材或平面闸片型材、锁连片、卷闸底片、导轨等四种材料及闸锁、转轴和转轴座组成。它具有造型美观新颖、结构紧凑先进，操作简便，坚固耐用，刚度大，防盗性强，不占用地方，隐蔽性好，密封性好，启闭灵活方便，防风、防尘、防火等特点。

1. 卷帘门窗的分类

（1）按传动方式分类

1）电动卷帘门窗（D）；2）遥控电动卷帘门窗（YD）；3）手动卷帘门窗（S）；4）电动手动卷帘门窗（DS）。

（2）按外形分类

1）鱼鳞网状卷帘门窗；2）直管横格卷帘门窗；3）帘板卷帘门窗；4）压花帘板卷帘门窗。

（3）按材质分类

1）铝合金卷帘门窗；2）电化铝合金卷帘门窗；3）镀锌铁板卷帘门窗；4）不锈钢钢板卷帘门窗；5）钢管及钢筋卷帘门窗。

(4) 按门窗扇结构分类

1) 帘板结构卷帘门窗。其门扇由若干帘板组成，根据门扇帘板的形状，卷帘门的型号有所不同。这种卷帘门窗的特点是：防风、防砂、防盗，并可制成防烟、防火的卷帘门窗。

2) 通花结构卷帘门窗。其门扇由若干圆钢、钢管或扁钢组成。这种卷帘门的特点是美观大方，轻便灵活。

(5) 按性能分类

1) 普通型卷帘门窗；2) 防火型卷帘门窗；3) 抗风型卷帘门窗。

2. 安装方式

卷帘门窗的安装方式有三种：1) 洞内安装：卷帘门窗装在门窗洞边，帘片向内侧卷起。2) 洞外安装：卷帘门窗在门窗洞外，帘片向外侧卷起。3) 洞中安装：卷帘门窗装在门窗洞中，

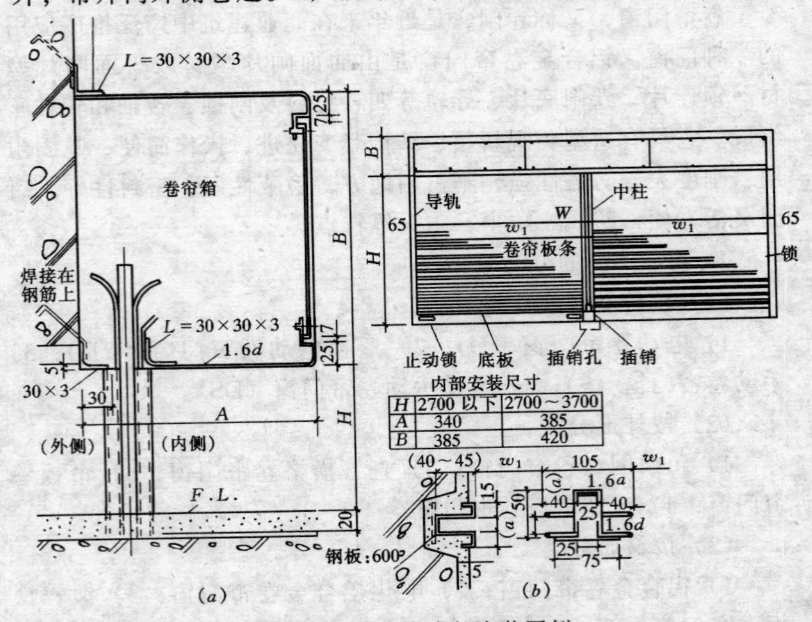

H	2700 以下	2700～3700
A	340	385
B	385	420

图 4-67　普通卷帘门安装图例

(a) 纵剖面详图；(b) 导轨、中柱图

帘片可向内侧或外侧卷起，根据用户要求来定。

3. 普通卷帘门窗安装

普通卷帘门安装施工见图 4-67。

4. 防火卷帘门窗安装施工

具体施工方法参见防火卷帘门安装。

(1) 防火卷帘门的构造

防火卷帘门由帘板、卷筒体、导轨、电机传动等部分组成。帘板为 1.5mm 厚的冷轧带钢轧制成 C 型板重叠联锁，具有刚度好、密封性能优的特点。也可采用钢质 L 型串联式组合结构。另外，配置温感、烟感、光感报警系统，水幕喷淋系统，遇有火情自动报警，自动喷淋，门体自控下降，定点延时关闭，使受灾区域人员得以疏散，财产得以及时转移。全系统防火综合性能显著。

防火卷帘门的立面、剖面见图 4-68 所示。

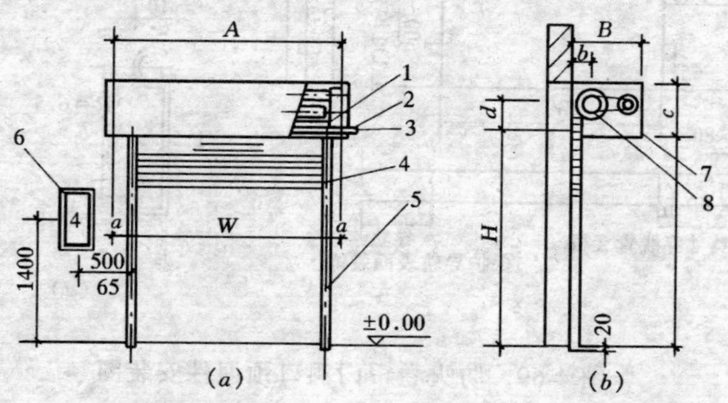

图 4-68 防火卷帘门立、剖面示意图

(a) 立面图；(b) 剖面图

1—卷筒体；2—水幕喷淋；3—供水系统；

4—帘板；5—导轨；6—电控箱；

7—防火罩；8—电机传动机构

(2) 预留洞口

防火卷帘门的洞口尺寸，可根据 3M 模制选定。一般洞口宽度不宜大于 5m，洞口高度也不宜大于 5m。各部件尺寸见表 4-9。

防火卷帘门各部件尺寸（mm）　表 4-9

洞口宽 W	洞口高 H	最大外形宽 A	顶高 H'	最大外形厚 B	a	b	c	d
＜5000	＜5000	W＋305	$H+80$	630	140	220	140	200

（3）预埋件安装

防火卷帘门洞口预埋件安装见图 4-69。

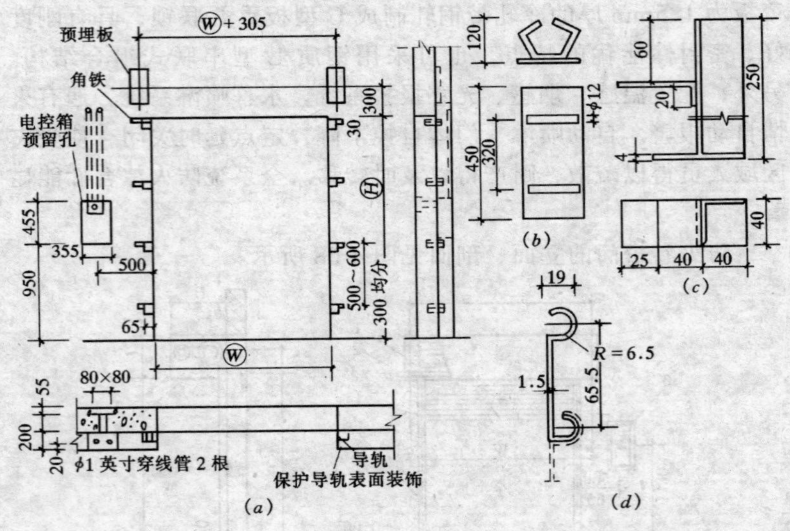

图 4-69　防火卷帘门洞口预埋件安装图

（a）门口预埋件位置；（b）支架预埋铁板；
（c）导轨预埋角铁；（d）帘板连接

（4）安装与调试

防火卷帘门安装与调试顺序如下：

1）按设计型号，查阅产品说明书和电气原理图。检查产品表面处理和零附件。测量产品各部位基本尺寸。检查门洞口是否与卷帘门尺寸相符；导轨、支架的预埋件位置、数量是否正确。

2）测量洞口标高，弹出两导轨垂线及卷筒中心线。

3）将垫板电焊在预埋铁板上，用螺丝固定卷筒的左右支架，安装卷筒。卷筒安装后应转动灵活。

4）安装减速器和传动系统。

5）安装电器控制系统。

6）空载试车。

7）将事先装配好的帘板安装在卷筒上。

8）安装导轨。按图纸规定位置，将两侧及上方导轨焊牢于墙体预埋件上，并焊成一体，各导轨应在同一垂直平面上。

9）安装水幕喷淋系统，并与总控制系统联结。

10）试车。先手动试运行，再用电动机启闭数次，调整至无卡住、阻滞及异常噪声等现象为止，全部调试完毕，安装防护罩。

11）粉刷或镶砌导轨墙体装饰面层。

（四）铝合金门窗质量要求及验收标准

1. 质量要求

（1）铝合金门窗及其附件质量必须符合设计要求和有关标准的规定。

（2）铝合金门窗安装的位置、开启方向，必须符合设计要求。

（3）铝合金门窗安装必须牢固，预埋件的数量、位置、埋设连接方法必须符合设计要求。

（4）铝合金门窗框与非不锈钢紧固件接触面之间必须做防腐处理；严禁用水泥砂浆作门窗框与墙体间的填塞材料。

（5）铝合金门窗安装质量要求及检验方法见表4-10。

铝合金门窗安装质量要求及检验方法　　　表4-10

序号	项　目	质量等级	质量要求	检验方法
1	平开门窗扇	合格	关闭严密，间隙基本均匀，开关灵活	观察和开闭检查
		优良	关闭严密，间隙均匀，开关灵活	

续表

序号	项　目	质量等级	质量要求	检验方法
2	推拉门窗扇	合格	关闭严密，间隙基本均匀，扇与框搭接量不小于设计要求的80%	观察和用深度尺检查
		优良	关闭严密，间隙均匀，扇与框搭接量符合设计要求	
3	弹簧门扇	合格	自动定位准确，开启角度为90±3°，关闭时间在3～15s范围之内	用秒表、角度尺检查
		优良	自动定位准确，开启角度为90±1.5°，关闭时间在6～10s范围之内	
4	门窗附件安装	合格	附件齐全，安装牢固，灵活适用，达到各自的功能	观察、手扳和尺量检查
		优良	附件齐全，安装位置正确、牢固，灵活适用，达到各自的功能，端正美观	
5	门窗框与墙体间缝隙填嵌	合格	填嵌基本饱满密实，表面平整，填嵌材料、方法基本符合设计要求	观察检查
		优良	填嵌饱满密实，表面平整、光滑、无裂缝，填塞材料，方法基本符合设计要求	
6	门窗外观	合格	表面洁净，无明显划痕、碰伤，基本无锈蚀；涂胶表面基本光滑，无气孔	观察检查
		优良	表面洁净，无划痕、碰伤，无锈蚀、涂胶表面光滑、平整、厚度均匀，无气孔	
7	密封质量	合格	关闭后各配合处无明显缝隙，不透气、透光	观察检查
		优良	关闭后各配合处无缝隙，不透气、透光	

2．验收标准

铝合金门窗安装允许偏差限制和检验方法见表4-11。

铝合金门窗安装允许偏差限制和检验方法　　表4-11

序号	项目			允许偏差限值（mm）	检验方法
1	门窗框两对角线长度差	≤2000mm		2	用钢尺检查，量里角
		>2000mm		3	
2	平开窗	窗扇与框搭接宽度差		1	用深度尺或钢板尺检查
3		同樘门窗相邻扇的横端角高度差		2	用拉线和钢板尺检查
4	推拉窗	门窗扇开启力限值	扇面积≤1.5m²	≤40N	用100N弹簧秤钩住拉手处，启闭5次，取平均值
			扇面积>1.5m²	≤60N	
5		门窗扇与框或相邻扇立边平行度		2	
6	弹簧门窗	门扇对口处或扇与框之间立、横缝留缝限值		2～4	用楔形塞尺检查
7		门扇与地面间隙留缝限值		2～7	
8		门扇对口缝关闭时平整		2	用深度尺检查
9	门窗框（含拼樘料）正、侧面的垂直度			2	用1m托线板检查
10	门窗框（含拼樘料）的水平度			1.5	用1m水平尺和塞尺检查
11	门窗横框标高			5	用钢板尺检查与基准线比较
12	双层门窗内外框、梃（含拼樘料）中心距			4	用钢板尺检查

二、涂色镀锌钢板门窗的安装施工

涂色镀锌钢板门窗是一种新型金属门窗，是以彩色镀锌钢板和3～5mm厚平板玻璃或中空双层钢化玻璃为主要材料，经机械加工而制成。门窗四角用插接件插接，玻璃与门窗交接处及门窗框与扇之间的缝隙，全部用橡胶条、玛瑞脂密封，或油灰及其他建筑密封膏密封。它具有质量轻、强度高、采光面积大、防尘、隔声、保温、密封性能好、造型美观、款式新颖、耐腐蚀、寿命长等特点。主要适用于商店、超级市场、实验室、教学楼、办公楼、高级宾馆与旅社、各种影剧院及民用住宅、高级建筑。

（一）涂色镀锌钢板门窗的安装方法

1. 带副框涂色镀锌钢板门窗的安装方法

（1）按门窗图纸尺寸在工厂组装好副框，运到施工现场，用TC4.2×12.7的自攻螺钉，将连接件铆固在副框上。

（2）将副框装入洞口的安装线上，用对拨木楔初步固定。

（3）校对副框正、侧面垂直度和对角线合格后，对拨木楔应固定牢靠。

（4）将副框的连接件，逐件电焊焊牢在洞口预埋件上。

（5）粉刷内、外墙和洞口。副框底粉刷时，应嵌入硬木条或玻璃条。副框两侧预留槽口，粉刷干燥后，消除浮灰、尘土，注入封膏防水。

（6）室内、外墙面和洞口装饰完毕并干燥后，在副框与门窗外框接触的顶、侧面上贴密封胶条，将门窗装入副框内，适当调整，用TP4.8×22自攻螺钉将门窗外框与副框连接牢固，扣上孔盖。安装推拉窗时，还应调整好滑块。

（7）洞口与副框、副框与门窗之间的缝隙，应填充密封膏封严。安装完毕后，剥去门窗构件表面的保护胶条，擦净玻璃及门窗框扇。

2. 不带副框涂色镀锌钢板门窗的安装方法

（1）室内外及洞口应粉刷完毕。洞口粉刷后的成型尺寸应略大于门窗外框尺寸。其间隙：宽度方向为3～5mm，高度方向为5～8mm。

（2）按设计图的规定在洞口内弹好门窗安装线。

（3）门窗与洞口宜用膨胀螺栓连接。按门窗外框上膨胀螺栓的位置，在洞口相应位置的墙体上钻膨胀螺栓孔。

（4）将门窗装入洞口安装线上，调整门窗的垂直度、水平度和对角线合格后，以木楔固定。门窗与洞口用膨胀螺栓连接，盖上螺钉盖。门窗与洞口之间的缝隙，用建筑密封膏密封。

（5）竣工后剥去门窗上的保护胶条，擦净玻璃及窗扇。

（6）不带副框涂色镀锌钢板门窗亦可采用“先安装外框、后做粉刷”的工艺。具体做法是：门窗外框先用螺丝钉固定好连接铁件，放入洞口内调整水平度、垂直度和对角线合格后以木楔固定，用射钉将外框连接件与洞口墙体连接。框料及玻璃覆盖塑料薄膜保护，然后进行室内外装饰。砂浆干燥后，清理门窗构件装入内扇。清理构件时，切忌划伤门窗上的涂层。

（二）涂色镀锌钢板门窗的质量要求

1. 涂色镀锌钢板门窗的质量要求

（1）涂色镀锌钢板门窗及其附件质量必须符合设计要求和有关标准的规定。

（2）涂色镀锌钢板门窗安装带副框或不带副框的安装位置、开启方向，必须符合设计要求。

（3）涂色镀锌钢板门窗安装必须牢固，预埋件的数量、位置、埋设连接方法必须符合设计要求。

（4）涂色镀锌钢板门窗扇安装质量要求及检验方法见表4-12。

涂色镀锌钢板门窗扇安装质量要求及检验方法　　表 4-12

序号	项　目	质量等级	质量要求	检验方法
1	平开门窗扇	合格	关闭严密，间隙基本均匀，开关灵活	观察和开闭检查
		优良	关闭严密，间隙均匀，开关灵活	
2	推拉门窗扇	合格	关闭严密，间隙基本均匀，扇与框搭接量不小于设计要求的 80%	观察和用深度尺检查
		优良	关闭严密，间隙均匀，扇与框搭接量符合设计要求	

续表

序号	项　目	质量等级	质量要求	检验方法
3	弹簧门扇	合格	自动定位准确，开启角度为90°±3°，关闭时间在3～15s范围之内	用秒表、角度尺检查
		优良	自动定位准确，开启角度为90°±1.5°，关闭时间在6～10s范围之内	
4	门窗附件安装	合格	附件齐全，安装牢固，灵活适用，达到各自的功能	观察、手扳和尺量检查
		优良	附件齐全，安装位置正确、牢固，灵活适用，达到各自的功能，端正美观	
5	副框或门窗框与墙体间缝隙填嵌质量	合格	填嵌基本饱和密实，表面平整，填塞材料、方法基本符合设计要求	观察检查
		优良	填嵌饱和密实，表面平整、光滑、无裂缝、填塞材料、方法基本符合要求	
6	门窗外观质量	合格	表面洁净，无明显划痕、碰伤、基本无锈蚀，涂漆表面基本光滑、无气孔	观察检查
		优良	表面洁净，无划痕、碰伤，无锈蚀，涂漆表面光滑、厚度均匀，无气孔	
7	密封质量	合格	关闭后各配合处无明显缝隙，不透气、透光	观察检查
		优良	关闭后各配合处无缝隙，不透气、透光	

2．涂色镀锌钢板门窗验收标准

涂色镀锌钢板门窗安装的允许偏差限值和检验方法见表4-13。

涂色镀锌钢板门窗安装的允许偏差限值和检验方法　表 4-13

<table>
<tr><th>序号</th><th colspan="3">项目</th><th>允许偏差限值（mm）</th><th>检验方法</th></tr>
<tr><td rowspan="2">1</td><td colspan="2" rowspan="2">门窗框（含副框）两对角线长度差</td><td>≤2000mm</td><td>≤4</td><td>用钢卷尺检查，量里角</td></tr>
<tr><td>>2000mm</td><td>≤5</td><td rowspan="2">用深度尺或钢板尺检查</td></tr>
<tr><td>2</td><td rowspan="2">平开窗</td><td colspan="2">窗扇与框搭接宽度差</td><td>1</td></tr>
<tr><td>3</td><td colspan="2">同樘门窗相邻扇的横端角高度差</td><td>2</td><td>用拉线或钢板尺检查</td></tr>
<tr><td rowspan="2">4</td><td rowspan="3">推拉窗</td><td colspan="2">扇面积≤1.5m²</td><td>≤40N</td><td rowspan="2">用 100N 弹簧秤钩住拉手处，启闭 5 次取平均值</td></tr>
<tr><td colspan="2">扇面积>1.5m²</td><td>≤60N</td></tr>
<tr><td>5</td><td colspan="2">门窗扇与框（含副框）或相邻扇立边平行度</td><td>2</td><td>用 1m 钢卷尺检查</td></tr>
<tr><td>6</td><td rowspan="3">弹簧门窗</td><td colspan="2">门扇对口缝或扇与框之间立、横缝留缝限值</td><td>2～4</td><td>用楔形塞尺检查</td></tr>
<tr><td>7</td><td colspan="2">门扇与地面间留缝限值</td><td>2～7</td><td>用楔形塞尺检查</td></tr>
<tr><td>8</td><td colspan="2">门扇对口缝关闭时平整</td><td>2</td><td>用深度尺检查</td></tr>
<tr><td rowspan="2">9</td><td colspan="2" rowspan="2">门窗框（含副框、拼樘料）正、侧面的垂直度</td><td>≤2000mm</td><td>≤2</td><td rowspan="2">用 1m 托线尺检查</td></tr>
<tr><td>>2000mm</td><td>≤3</td></tr>
<tr><td>10</td><td colspan="3">门窗框（含副框拼樘料）的水平度</td><td></td><td>用 1m 水平尺和楔形塞尺检查</td></tr>
<tr><td>11</td><td colspan="3">门窗竖向偏离中心</td><td>5</td><td>吊线锤和钢板尺检查</td></tr>
<tr><td>12</td><td colspan="3">门窗横框标高</td><td>5</td><td>用钢板尺与基准线比较</td></tr>
<tr><td>13</td><td colspan="3">双层门窗内外框、梃（含副框拼樘料）中心距</td><td>4</td><td>用钢板尺检查</td></tr>
</table>

三、塑料门窗的安装施工

塑料门窗是以聚氯乙烯或其他树脂为主要原料，轻质碳酸钙为填料，添加适量助剂和改性剂，经双螺杆挤压机挤出形成各种截面的空腹门窗异型材，再根据不同的品种规格选用不同截面异型材组装而成。因塑料的变形大、刚度差，一般在空腹内嵌装型钢或铝合金型材加强，从而增强了塑料门窗的刚度，提高了塑料门窗的牢固性和抗风能力。因此，塑料门窗又称“塑钢门窗”。它具有线条清晰、造型美观、表面光洁细腻及良好的装饰性，隔热性和密封性等特点。其气密性为木窗的 3 倍，为铝窗的 1.5 倍；热损耗为金属门的 1‰，可节约暖气费 20％左右；其隔声效果亦比铝窗高 30dB 以上。另外，塑料尚可不用油漆，节省施工时间及费用。塑料本身又具有耐腐蚀和耐潮湿等性能，在化工建筑、纺织工业、卫生间及浴室内部使用，尤为适宜。是应用广泛的建筑节能产品。

塑料门窗的种类很多。根据原材料的不同，塑料门窗可分为聚氯乙烯树脂为主要原材料的钙塑门窗（又称“硬 PVC 门窗”）；以改性聚氯乙烯为主要原材料的改性聚氯乙烯门窗（又称“改性 PVC 门窗”）；以合成树脂为基料，以玻璃纤维及其制品为增强材料的玻璃钢门窗。

（一）塑料门窗的安装施工技术

1. 安装施工准备

（1）安装材料

1）塑料门窗：框、窗多为工厂制作的成品，并有五金配件。

2）其他材料：木螺丝、平头机螺丝、塑料胀管螺栓、自攻螺钉、钢钉、结拔木楔、密封条、密封膏、抹布等。

（2）安装机具

塑料门窗的安装机具，主要有冲击钻、射钉枪、螺丝刀、锤子、吊线锤、灰线包等。

（3）作业条件

1）门窗洞口质量检查。即按设计要求检查门窗洞口的尺寸。

若无设计要求，一般应满足下列规定：门洞口宽度为门框宽+50mm；门洞口高度为门框高+20mm；窗洞口宽度为窗框宽+40mm；窗洞口高度为窗框高+40mm。门窗洞口尺寸的允许偏差值为；洞口表面平整度允许偏差3mm；洞口正、侧面垂直度允许偏差3mm；洞口对角线长度允许偏差3mm。

2）检查洞口的位置、标高与设计要求是否相符。

3）检查洞口内预埋木砖的位置、数量是否准确。

4）按设计要求弹好门窗安装位置线。

5）准备好安装脚手架。

2. 塑料门窗的安装方法

塑料门窗由于大多是在工厂制作好，在现场整体安装到洞口内，因此工序比较简单。但是，由于塑料门窗的热膨胀系数较大，且弯曲弹性模量又较小，加之又是成品安装，如果稍不注意就可能造成塑料门窗的损伤变形，影响使用功能、装饰效果和耐久性。因此，安装塑料门窗的技术难度比钢门窗、木门窗要大得多，施工时应特别注意。另外，虽然塑料门窗的种类很多，但是它们的安装方法基本上是相同的。

（1）门窗框与墙体的连接

塑料门窗框与墙体的固定方法，常见的有连接件法、直接固定法和假框法三种。

1）连接件法：这是用一种专门制作的铁件将门窗框与墙体相连接，是我国目前运用较多的一种方法。其优点是比较经济，且基本上可以保证门窗的稳定性。连接件法的做法是先将塑料门窗放入窗洞口内，找平对中后用木楔临时固定。然后，将固定在门窗框异型材靠墙一面的锚固铁件用螺钉或膨胀螺丝固定在墙上。

2）直接固定法：在砌筑墙体时先将木砖预埋入门窗洞口内，当塑料门窗安入洞口并定位后，用木螺钉直接穿过门窗框与预埋木砖连接，从而将门窗框直接固定于墙体上。

3）假框法：先在门窗洞口内安装一个与塑料门窗框相配套

的镀锌铁皮金属框，或者当木门窗换成塑料门窗时，将原来的木门窗框保留，待抹灰装饰完成后，再将塑料门窗框直接固定在上述框材上，最后再用盖口条对接缝及边缘部分进行装饰。

（2）确定连接点的布置

1）确定连接点的位置时，首先应考虑能使门窗扇通过合页作用于门窗框的力，尽可能直接传递给墙体。

2）确定连接点的数量时，必须考虑防止塑料门窗在温度应力、风压及其他静荷载作用下可能产生的变形。

3）连接点的位置和数量，还必须适应塑料门窗变形较大的特点，保证在塑料门窗与墙体之间微小的位移，不致影响门窗的使用功能及边框本身。

4）在合页的位置应设连接点，相邻两连接点的距离不应大于700mm。在横档或竖框的地方不宜设连接点，相邻的连接点应在距其15mm处。

（3）框与墙间缝隙处理

1）由于塑料的膨胀系数较大，故要求塑料门窗框与墙体间应留出一定宽度的缝隙，以适应塑料伸缩变形的安全余量。

2）框与墙间的缝隙宽度，可根据总跨度、膨胀系数、年最大温差计算出最大膨胀量，再乘以要求的安全系数求出，一般取10～20mm。

3）框与墙间的缝隙，应用泡沫塑料条或油毡卷条填塞，填塞不宜过紧，以免框架变形。门窗框四周的内外接缝隙应用密封材料嵌填严密。也可以采用硅橡胶嵌缝条，不宜采用嵌填水泥砂浆的做法。

4）不论采用何种填缝方法，均要求做到以下两点：

①嵌填封缝材料应能承受墙体与框间的相对运动而保持密封性能。

②嵌填封缝材料不应对塑料门窗有腐蚀、软化作用，沥青类材料可能使塑料软化，故不宜使用。

5）嵌填实、封完成后，就可以进行墙面抹灰。工程有要求时，最后还需加装塑料盖口条。

（4）五金配件安装

塑料门窗安装五金配件时，必须先在杆件上钻孔，然后用自攻螺丝拧入，严禁在杆件上直接锤击钉入。

（5）清洁

门框扇安装后应暂时取下门扇，编号单独保管。门窗洞粉刷时，应将门窗表面贴纸保护。粉刷时如框扇沾上水泥浆，应立即用软料抹布擦洗干净，切勿使用金属工具擦刮。粉刷完毕，应及时清除玻璃槽口内的渣灰。

（二）塑料门窗的安装质量要求及验收标准

1.门窗的安装质量要求

（1）塑料门窗及其五金配件必须符合设计要求和有关标准的规定。

（2）塑料门窗安装的位置、开启方向，必须符合设计要求。

（3）门窗安装必须牢固，预埋连接件数量、位置、埋设连接方法必须符合设计要求。

（4）塑料门窗安装的质量要求和检验方法，见表4-14。

塑料门窗安装的质量要求和检验方法　　表4-14

序号	项　目	质量等级	质量要求	检验方法
1	门窗扇安装	合格	关闭严密，间隙基本均匀，开关灵活	观察和开闭检查
		优良	关闭严密，间隙均匀，开关灵活	
2	门窗配件安装	合格	配件齐全，安装牢固，灵活适用，达到各自的功能	观察、手扳和尺量检查
		优良	配件齐全，安装位置正确，牢固，灵活适用，达到各自的功能，端正美观	
3	门扇框与墙体间缝隙填嵌	合格	填嵌基本饱满密实，表面平整，填塞材料、方法基本符合设计要求	观察检查
		优良	填嵌饱满密实，表面平整、光滑、无裂缝，填塞材料、方法符合设计要求	

续表

序号	项　目	质量等级	质量要求	检验方法
4	门窗外观	合格	表面洁净，无明显划痕、碰伤，表面基本平整、光滑、无气孔	观察检查
		优良	表面洁净，无划痕、碰伤，表面平整、光滑、色泽均匀，无气孔	
5	密封质量	合格	关闭后各配合处无明显缝隙，不透光、透气	观察检查
		优良	关闭后各配合处无缝隙，不透光、透气	

2. 塑料门窗安装质量的验收标准

塑料门窗安装质量的允许偏差及检验方法见表 4-15。

塑料门窗安装质量的允许偏差及检验方法　　表 4-15

项次	项　目		允许偏差	检验方法
1	门窗槽口对角线尺寸之差	≤2000	≤3	用 3m 钢卷尺检查
		>2000	≤5	
2	门窗框（含拼樘料）的垂直度	≤2000	≤2	用线坠、水平靠尺检查
		>2000	≤3	
3	门窗框（含拼樘料）的水平度	≤2000	≤2	用水平靠尺检查
		>2000	≤3	
4	门窗横框标高		≤5	用钢板尺检查
5	门窗竖向偏离中心		≤5	用线坠、钢板尺检查
6	双层门窗内外框、框（含拼樘料）中心距		≤4	用钢板尺检查

四、微波自动门

微波自动门是一种新型金属自动门。其传感系统采用微波感应方式。它具有外观新颖、结构精巧、噪声小、功耗低、启动灵活、运行可靠、节能等特点。适用于高级宾馆、饭店、医院、候机楼、车站、贸易楼、办公大楼。

（一）微波自动门的结构

1. 门体结构

上海红光建筑五金厂生产的 ZM-E2 型自动门门体结构分类详见表 4-16。

ZM-E2 型自动门门体分类系列 **表 4-16**

门体材料	表面处理（颜色）	
铝合金	银白色	古铜色
无框全玻璃门	白色全玻璃	茶色全玻璃
异型薄壁钢管	镀锌	油漆

自动门标准立面设计主要分为两扇型、四扇型、六扇型等等见图 4-70。

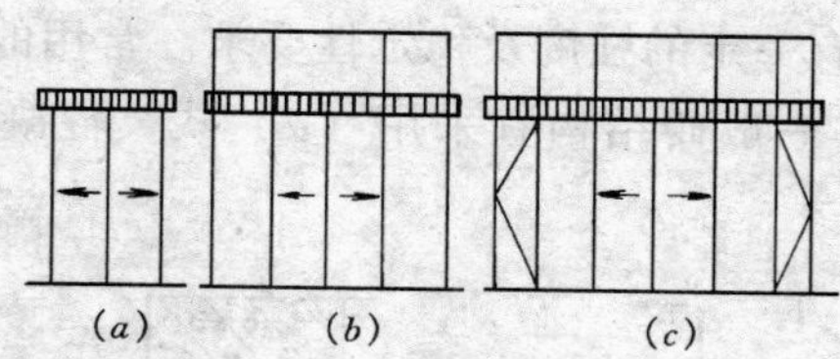

图 4-70　自动门标准立面示意图

（a）二扇型；（b）四扇型；（c）六扇型

2. 结构

在自动门扇的上部设有统长的机箱层，用以安置自动门的机电装置。

3. 控制电路结构

控制电路是自动门的指挥系统。ZM-E2 型自动门控制电路由两部分组成：其一是用来感应开门目标讯号的微波传感器；其二是进行讯号处理的二次电源控制。微波传感器利用 X 波段微波讯号的“多普勒”效应原理。对感应范围内的活动目标所引起的反应讯号进行放大检测，从而自动输出开门或关门控制讯号。

（二）微波自动门的施工及使用维护

1. 安装施工

(1) 地面导向轨安装

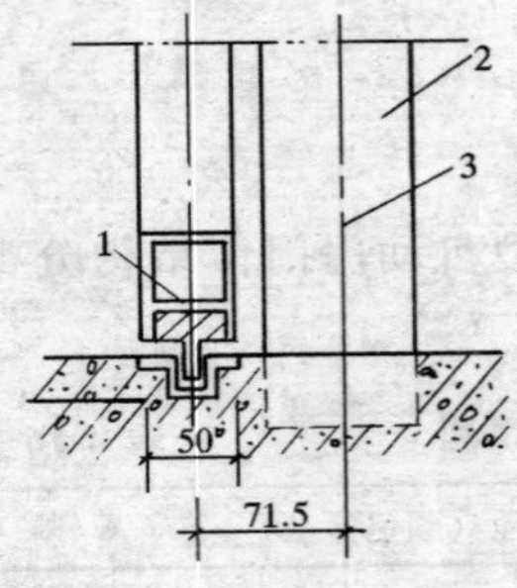

图 4-71　自动门下轨道埋设示意图
1—自动门扇下帽；2—门框；3—门柱中心线

铝合金自动门和全玻璃自动门地面上装有导向性下轨道。异形钢管自动门无下轨道。有下轨道的自动门在土建做地坪时，先在地面上预埋 50mm × 75mm 方木条一根，自动门安装时，撬出方木条便可埋设下轨道，下轨道长度为开启门宽的两倍。图 4-71 为 ZM-E2 型自动门下轨道埋设示意图。

(2) 横梁安装

自动门上部机箱层主梁是安装中的重要环节。由于机箱内装有机械及电控装置，因此，对支承梁的土建支撑结构有一定的强度及稳定性要求。常用的有两种支承节点（图 4-72），一般砖结构宜采用（*a*）式，混凝土结构宜采用（*b*）式。

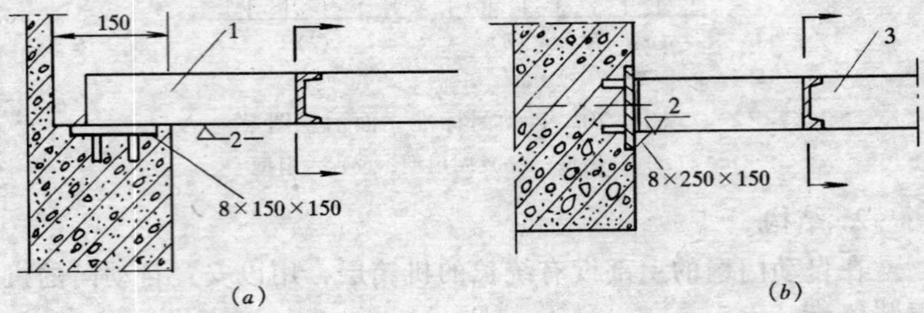

图 4-72　机箱横梁支承节点
（*a*）：1—机箱层横梁（18 号槽钢）；2—门扇高度
（*b*）：1—门扇高度 + 90mm；2—门扇高度；3—18 号槽钢

2. 使用与维护

自动门的使用性能与使用寿命，与施工及日常的维护有关。须做好以下几点：

(1) 门扇地面滑行轨道（下轨道），应经常清理垃圾杂物，槽不得留有异物；结冰气候要防止水流进下轨道，以免卡阻活动门扇。

(2) 微波传感器及控制箱等一旦调试正常，就不能任意变动各种旋钮的位置，以免失去其最佳工作状态，达不到应有的技术性能。

(3) 铝合金门框、门扇、装饰板等，产品运往施工现场后，应妥善保管，并注意门体不得与石灰、水泥及其他酸、碱性化学物品接触，以免损伤表面影响美观。

(4) 对使用频繁的自动门，要定期检查传动部分装配紧固零件是否松动、缺损。对机械活动部位定期加油，以保证门扇运行润滑、平稳。

五、全玻璃装饰门

在现代装饰工程中，采用全玻璃装饰门的施工日益普及。所用玻璃多为厚度在12mm以上的厚质平板白玻璃、雕花玻璃、钢化玻璃及彩印图案玻璃等，有的设有金属扇框，有的活动门扇除玻璃之外只有局部的金属边条。框、扇、拉手等细部的金属装饰多是镜面不锈钢、镜面黄铜等展示高级豪华气派的材料（图4-73)。

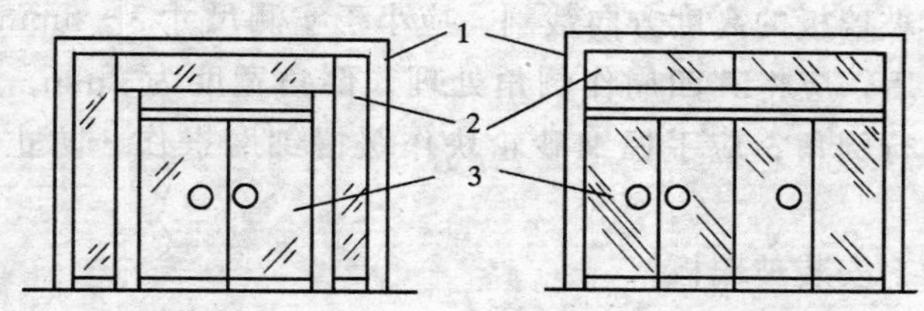

图 4-73　全玻璃装饰门的形式示例

1—金属包框；2—固定部分；3—活动开启扇

1. 玻璃门固定部分的安装

(1) 施工准备

安装玻璃之前，门框的不锈钢板或其他饰面包覆安装应完成，地面的装饰施工也应已经完毕。门框顶部的玻璃安装限位槽已留出（图 4-74），其限位槽的宽度应大于所用玻璃厚度 2～4mm，槽深 10～20mm。

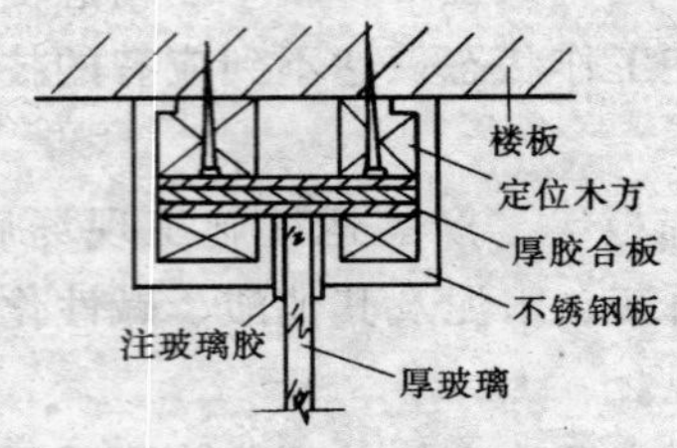

图 4-74　顶部门框玻璃限位槽构造

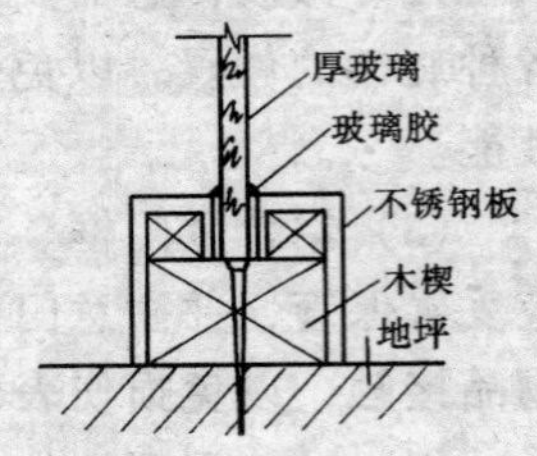

图 4-75　底部木底托构造做法

不锈钢（或铜）饰面的木底托，可用木楔加钉的方法固定于地面，然后再用万能胶将不锈钢饰面板粘卡在木方上（图 4-75）。如果是采用铝合金方管，可用铝角将其固定在框柱上，或用木螺钉固定于地面埋入的木楔上。

厚玻璃的安装尺寸，应从安装位置的底部、中部和顶部进行测量，选择最小尺寸为玻璃板宽度的切割尺寸。如果在上、中、下测量的尺寸一致，其玻璃宽度的裁割应比实测尺寸小 2～3mm。玻璃板的高度方向裁割，应小于实测尺寸 3～5mm。玻璃板裁割后，应将其四周作倒角处理，倒角宽度为 2mm，如若在现场自行倒角，应手握细砂轮块作缓慢细磨操作，防止崩角崩边。

（2）安装玻璃板

用玻璃吸盘将玻璃板吸紧，然后进行玻璃就位。应先把玻璃板上边插入门框底部的限位槽内，然后将其下边安放于木底托上的不锈钢包面对口缝内（图 4-76）。

在底托上固定玻璃板的方法为：在底托木方上钉木板条，距玻璃板面 4mm 左右；然后在木板条上涂刷万能胶，将饰面不锈钢板片粘卡在木方上。玻璃板竖直方向各部位的安装构造见图 4-77。

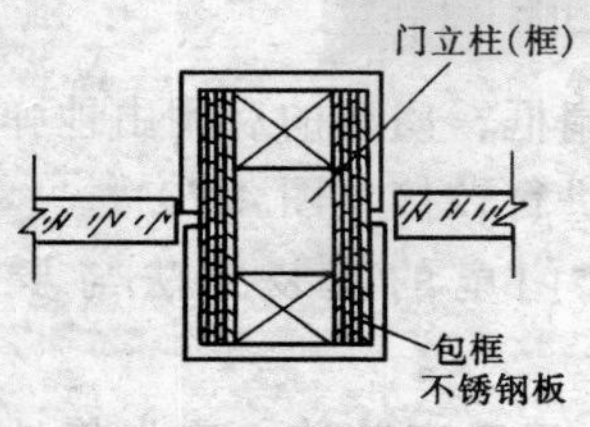

图 4-76　玻璃门框柱与玻璃板安装的构造关系图

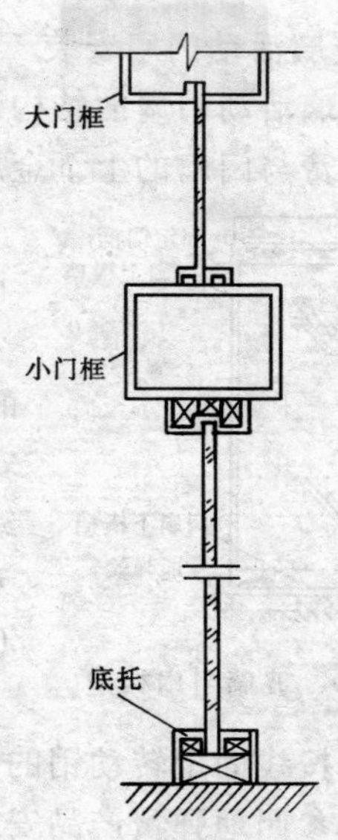

图 4-77　玻璃门竖向安装构造示意

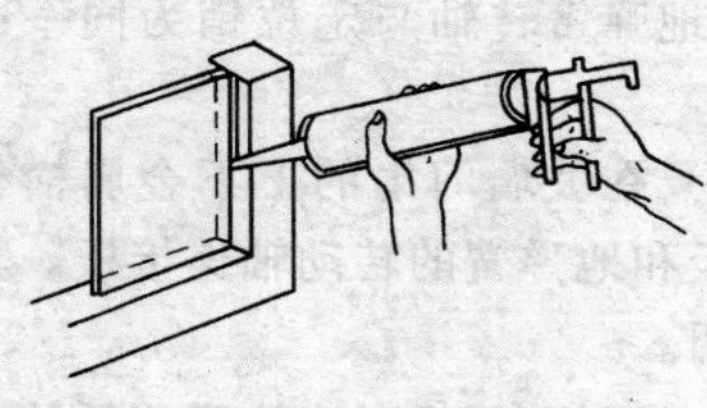
图 4-78　注胶封口操作示意

(3) 注胶封口

玻璃门固定部分的玻璃板就位以后，即在顶部限位槽处和底部的底托固定处，以及玻璃板与框柱的对缝处等各缝隙处，均注胶密封。首先将玻璃胶开封后装入打胶枪内，即用胶枪的后压杆端头板顶住玻璃胶罐的底部，然后一只手托住胶枪身，另一只手握着注胶压柄不断松压循环地操作压柄，将玻璃胶注于需要封口的缝隙端（图 4-78）。由需要注胶的缝隙端头开始，顺缝隙匀速移动，使玻璃胶在缝隙处形成一条均匀的直线。最后用塑料片刮去多余的玻璃胶，用棉布擦净胶迹。

(4) 玻璃板之间的对接

门上固定部分的玻璃板需要对接时，其对接缝应有 2～4mm 的宽度，玻璃板边部要进行倒角处理。当玻璃块留缝定位并安装稳固后，即将玻璃胶注入其对接的缝隙，用塑料片在玻璃板对缝的两面把胶刮平，用布擦净胶料残迹。

2. 玻璃活动门扇安装

全玻璃活动门扇的结构没有门扇框，门扇的启闭由地弹簧实现，地弹簧与门扇的上下金属横档进行铰接（图 4-79）。

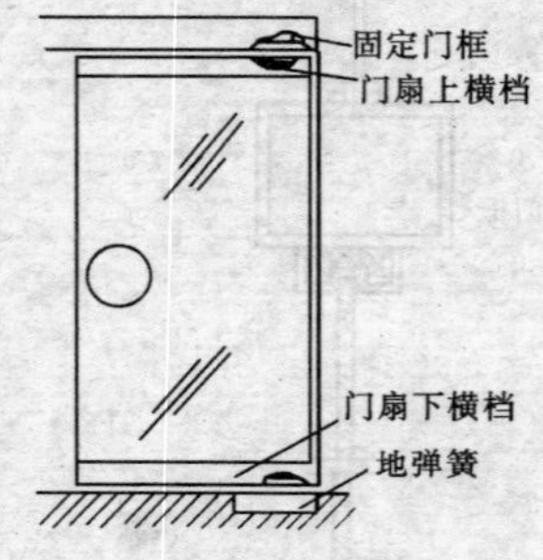

图 4-79　玻璃门扇构造

玻璃门扇的安装方法与步骤如下：

（1）门扇安装前，应先将地面上的地弹簧和门扇顶面横梁上的定位销安装固定完毕，两者必须同一安装轴线，安装时应吊垂线检查，做到准确无误，地弹簧转轴与定位销为同一中心线。

（2）在玻璃门扇的上下金属横档内划线，按线固定转动销的销孔板和地弹簧的转动轴连接板。具体操作可参照地弹簧产品安装说明。

（3）玻璃门扇的高度尺寸，在裁割玻璃板时应注意包括插入上下横档的安装部分。一般情况下，玻璃高度尺寸应小于测量尺寸 5mm 左右，以便于安装时进行定位调节。

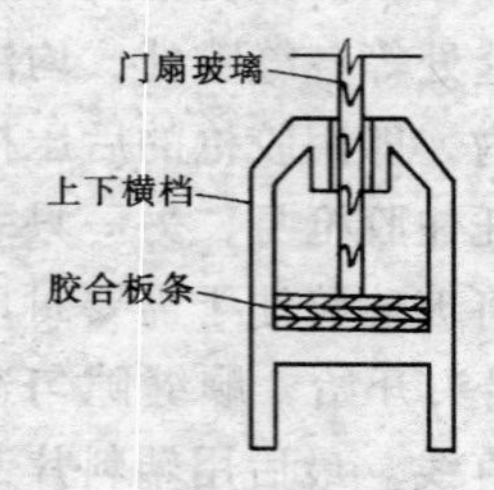

图 4-80　加垫胶合板条调整门扇高度

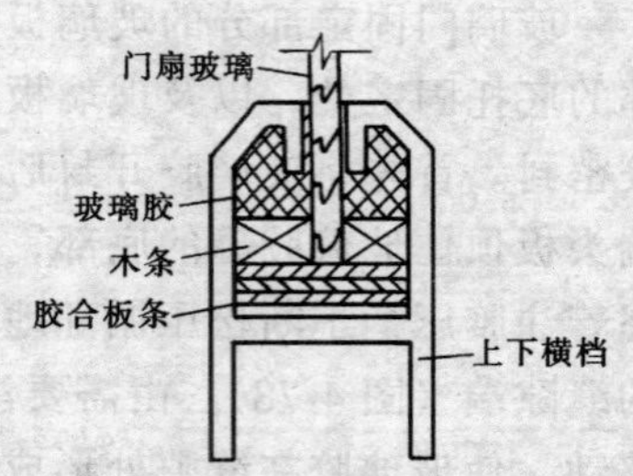

图 4-81　上下金属横档的固定

（4）把上下横档（多采用镜面不锈钢成型材料）分别装在厚玻璃门扇上下端，并进行门扇高度的测量。如果门扇高度不足，即其上下边距门横档及地面的缝隙超过规定值，可在上下横档内加垫胶合板条进行调节（图 4-80）。如果门扇高度超过安装尺寸，只能由专业玻璃工将门扇多余部分裁去。

（5）门扇高度确定后，即可固定上下横档，在玻璃板与金属横档内的两侧空隙处，由两边同时插入小木条，轻敲稳实，然后在小木条、门扇玻璃及横档之间形成的缝隙中注入玻璃胶（图 4-81）。

（6）进行门扇定位安装。先将门框横梁上的定位销本身的调节螺钉调出横梁平面 1～2mm，再将玻璃门扇竖起来，把门扇下横档内的转动销连接件的孔位对准地弹簧的转动销轴，并转动门扇将孔位套入销轴上。然后把门扇转动 90°使之与门框横梁成直角，把门扇上横档中的转动连接件的孔对准门框横梁上的定位销，将定位销插入孔内 15mm 左右（调动定位销上的调节螺钉）。如图 4-82 所示。

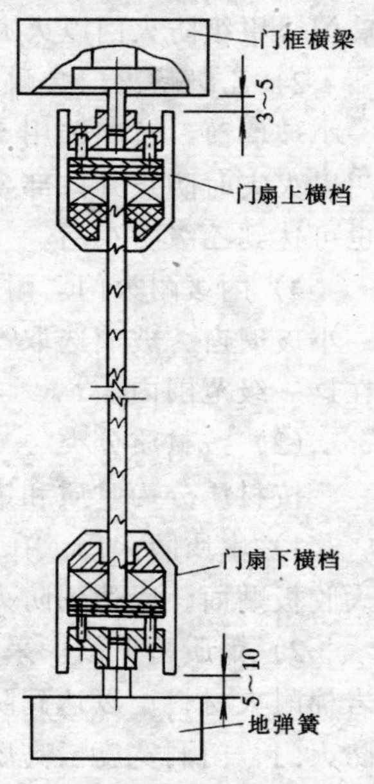

图 4-82　门扇定位安装

（7）定装门拉手

全玻璃门扇上的拉手孔洞，一般是事先订购时就加工好的，拉手连接部分插入孔洞时不能很紧，应略有松动。安装前在拉手插入玻璃的部分涂少许玻璃胶；如若插入过松，可在插入部分裹上软质胶带。拉手组装时，其根部与玻璃贴靠紧密后再拧紧固定螺钉（图 4-83 所示）。

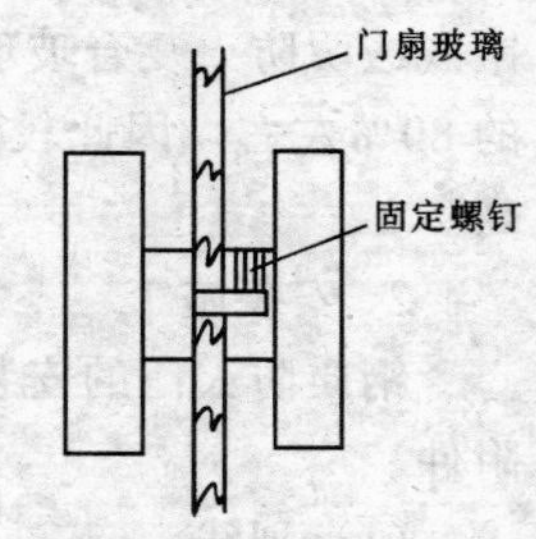

图 4-83　门拉手安装示意

六、特种门窗及配件

（一）防火门安装施工

1. 防火门的种类

（1）按耐火极限分类

按耐火极限分，防火门的ISO标准有甲、乙、丙三个等级。

1）甲级耐火门。耐火极限为1.2h，一般为全钢板门，无玻璃门。甲级防火门以火灾时防止扩大火灾为目的。

2）乙级耐火门。耐火极限为0.9h，为全钢板门，在门上开一小玻璃窗，玻璃选用5mm厚夹丝玻璃或耐火玻璃。乙级防火门以火灾时防止开口部蔓延为主要目的。性能较好的木质防火门也可达到乙级防火门。

3）丙级耐火门。耐火极限为0.6h，为全钢板门，在门上开一小玻璃窗，玻璃选取5mm厚夹丝玻璃。大多数木质防火门都在这一级范围内。

（2）按材质分类

按材质分为木质和钢质两种

1）木质防火门。在木质门表面涂以耐火涂料。或用装饰防火胶板贴面，以达到防火要求。其防火性能要稍差一些。

2）钢质防火门。采用普通钢板制作。在门扇夹层中填入页岩棉耐火材料，以达到防火要求。国内一些生产单位目前生产的防火门，门洞宽度、高度均采用国家建筑标准中常用的尺寸。

3）复合玻璃防火门。采用冷轧钢板作防火门的门扇背架，镶嵌透明防火复合玻璃。其玻璃部分的面积一般可达到门扇面积的80%左右。因此较为美观，但价格较高，安装精度要求也较高。

2. 安装施工

钢质防火门的安装施工程序为：划线→立门框→安装门扇及附件。

（1）划线

按设计要求尺寸，标高和方向，画出门框口位置线。

（2）立门框

先拆掉门框下部的固定板，凡框内高度比门扇的高度大于30mm者，洞口两侧地面须设留凹槽。门框一般埋入±0.00标高以下20mm，须保证框口上下尺寸相同。允许误差小于

1.5mm，对角线允许误差小于 2mm。

将门框用木楔临时固定在洞口内，经校正合格后，固定木楔，门框铁角与预埋铁板件焊牢。

(3) 安装门扇及附件

门框周边缝隙，用 1∶2 的水泥砂浆或强度不低于 10MPa 的细石混凝土嵌塞牢固，应保证与墙体结成整体；经养护凝固后，再粉刷洞口及墙体。

粉刷完工后，安装门扇，五金配件及有关防火装置。门扇关闭后，门缝应均匀平整，开启自由轻便。不得有过紧、过松和反弹现象。

3. 注意事项

(1) 为防止火灾蔓延和扩大，防火门必须在构造上设计有隔断装置，即装设保险丝，一旦火灾发生，热量使保险丝熔断，自动关锁装置就开始动作进行隔断，这样可以达到防火目的。

(2) 金属防火门，由于火灾时的温度使其膨胀，可能不好关闭；或是因为门框阻止门膨胀而产生翘曲，从而引起间隙；或是使门框破坏。必须在构造上采取措施，不使这类现象产生，这是很重要的。

(二) 金属转门安装施工

金属转门有铝质、钢质两种型材结构。铝质结构是采用铝镁硅合金挤压型材，经阳极氧化成银白、古铜等色，外形美观，并耐大气腐蚀。钢质结构采用 20 号碳素结构钢无缝异型管，选用 YB431—64 标准，冷拉成各种类型转门、转壁框架，然后喷涂各种油漆而成。它具有密闭性好、抗震和耐老化能力强、转动平稳、转动方便、坚固耐用等特点。主要适用于宾馆、机场、商店等高级公共建筑。

金属转门的安装施工按以下步骤进行：

1. 开箱后，检查各类零部件是否正常，门樘外形尺寸是否符合门洞口尺寸，以及转门壁位置要求，预埋件位置和数量。

2. 木桁架按洞口左右、前后位置尺寸与预埋件固定，并保持水平，一般转门与弹簧门、铰链门或其他固定扇组合，就可先安装其他组合部分。

3. 装转轴，固定底座，底座下要垫实，不允许下沉，临时点焊上轴承座，使转轴垂直于地平面。

4. 装圆转门顶与转门壁，转门壁不允许预先固定，便于调整与活扇之间隙，装门扇保持 90°夹角，旋转转门，保证上下间隙。

5. 调整转壁位置，以保证门扇与转门壁之间的间隙。门扇高度与旋转松紧调节见图 4-84。

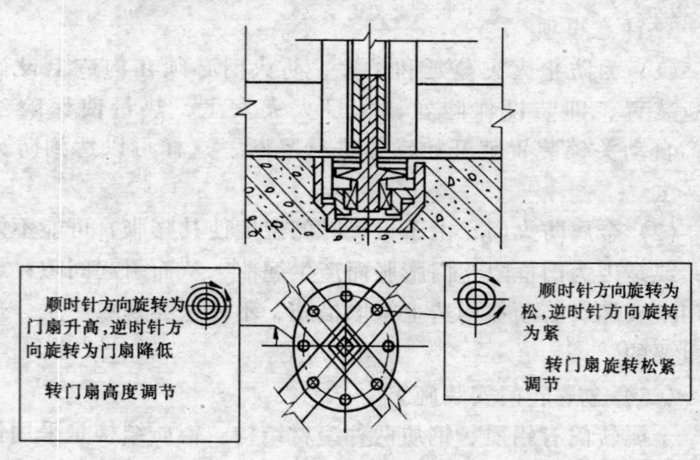

图 4-84　转门调节示意图

6. 先焊上轴承座，混凝土固定底座，埋插销下壳，固定门壁。

7. 安装玻璃。

8. 钢转门喷涂油漆。

（三）金属铰链门、弹簧门安装施工

金属铰链门、弹簧门有铝质、钢质两种型材结构。与金属转门相同，铝质结构采用铝镁硅合金挤压成型材，铝材表面经阳极氧化成银白、古铜等色，外形美观，并耐大气腐蚀，钢质结构采用 20 号碳素结构钢无缝异型管，选用 YB431—64 标准，冷挤成各种类型，门樘表面可按需要喷涂成各种色彩。这种产品可以在风荷载不大于 10MPa 条件下使用。

铰链是由弹簧等装配起来的装置，可兼做门下端的转轴和门的调整开关。例如门开到 90°使用。一般，如用手推动，则可回复到原来位置，把门关上，普通风力推不动它，这可以通过调整弹簧强度来实现。

1. 特点

(1) 铝结构采用有机密封胶条固定玻璃，具有良好的密封、抗震和耐老化性能。钢结构玻璃采用油面腻子固定；铝质、钢质结构采用 5～6mm 厚玻璃。

(2) 弹簧门扇可向内或向外开启，运动平稳，无噪声，开启方便，关闭紧密，坚固耐用，便于擦洗清洁和维修。

(3) 门向内侧开启时，人和风力共同推门扇（人力 + 风压），然后逆风压（弹簧力 - 风压）而关闭，这时可以增强弹簧；相反，门向外侧开启时，门扇逆压（人力 - 风压）而开，然后顺风压而关（弹簧力 + 风压），这种情况下，可以减弱弹簧。

(4) 铰链门单向开启，采用铜质轴承铰链。

2. 安装施工

(1) 施工准备

1) 安装前，检查各零部件是否正常，门樘外形尺寸是否符合门洞尺寸要求。

2) 检查预埋件的位置与数量是否符合设计要求。

3) 检查门樘桩脚坑是否符合安装条件。

(2) 安装施工要点

1) 门樘竖立后，门樘地平线与建筑物地平线相平齐。在保证左右、前后位置后，要保证整个门樘的水平及门柱两侧均垂直，如多樘拼装应使所有立柱在一直线上，使门樘固定。

2) 装上门扇，保证上下、左右间隙，弹簧门要保证地弹簧面板的水平，铰链门扇的铰链轴应保持在同一垂直线上，在自由静止状态下，门扇不得有运动现象。然后，再焊接各水泥脚头。

3）埋插销下壳，装玻璃，钢门喷涂油漆。

4）产品运到施工现场后，应妥善保管，并注意确保门体不得与石灰、水泥及其他酸、碱性化学物品接触，以免损伤表面美观。

（四）自动闭门器的安装

自动闭门器为安装于门顶、门扇中部或门底的自动闭门装置，分为两类，一是油压式自动闭门器，二是弹簧式自动闭门器，见表4-17。

自动闭门器的产品名称及说明　　表4-17

类别	品种名称		说明
	一般名称	别称	
油压式自动闭门器	地弹簧	地龙、门地龙	由顶轴（装在门顶），地轴套座（装在门底）和底座（埋于地，楼面以下）组成，门扇依顶轴和地轴的轴心为枢轴而旋转。门扇开启后（90°以内）能自动关闭，关闭速度可以调整
	门顶弹簧	门顶弹弓	装于门扇顶上。特别是内部装有缓冲油泵，关门时速度较慢，人可以从容通过
弹簧式自动闭门器	门底弹簧	门底弹弓、地下自动门弓	分横式，直式两种。与双管式弹簧铰链相似，能使门扇自动关闭，依地轴和顶轴的轴心与门扇边梃连接，不需另用铰链
	地弹簧	地龙、门地龙	与油压式自动闭门器中“地弹簧”的不同之处是这种地弹簧没有缓冲油泵，其他均相同
	鼠尾弹簧	门弹弓 鼠尾弹弓 弹簧门弓	装在门扇中部的一种自动闭门器，适用于装置在单向开启的轻便门上。如门扇不需自动关闭时，可将臂梗垂直放下

1. 地弹簧

地弹簧又名地龙或门地龙，是安装在各类门扇下面的一种自动闭门装置。当门扇向内或向外开启角度不到90°时，它能使门扇自动关闭，而且可调整门扇自动关闭的速度。如需要门扇暂时开启一段时间不要关闭时，可将门扇开启到90°位置，它即停止自动关闭，当需再关闭门扇时，可将门扇略微推动一下，它即恢复自动关闭功能。这种自动闭门器的主要结构埋于地下，门扇上无需再另安铰链或定位器等。地弹簧有铝面、铜面，其尺寸有294mm×171mm×60mm、277mm×136mm×45mm、305mm×152mm×45mm 等几种，为全封闭结构，不漏油，不污染地面，采用液压油阻尼，关闭速度自由调节，复位正确。

（1）365 型、266 型地弹簧

365 型地弹簧带有缓冲油泵，适用于门扇宽度 700～1000mm，门扇高度 2000～2600mm，门扇厚度 40～50mm，门扇重 70～130kg；另有 266 型地弹簧适用于门扇宽度 500～800mm，门扇高度 2000～2500mm，门扇厚度 40～50mm，门扇重 50～80kg（图 4-85）。其安装方法参见图 4-86。

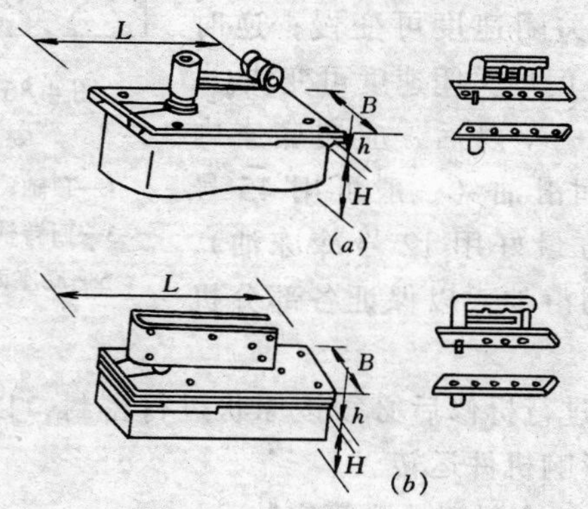

图 4-85　地弹簧的两种类型图

（a）D266 型；（b）D365 型

1）将顶轴套板 2 装于门扇顶部，回转轴套 3 装于门扇底部，两者的轴孔中心线必须在同一直线上，并与门扇底面垂直。

2）将顶轴 1 装于门框顶部，并适当留出门框与门扇顶部之间的间隙，以保证门扇启闭灵活。

3）安装底座 4，先从顶轴中心吊一垂线到地面，找出底座上回转轴中心位置，同时保持底座同门扇垂直，然后将底座外壳用混凝土浇固（内壳不能浇固），并须注意使面板5与地面保持在同一标高上。

4）安装门扇（待混凝土终凝后），先将门扇底部的回转轴套套在底座的回转轴上，再将门扇顶部的顶轴套的轴孔与门框上的轴芯对准，然后拧动顶轴上的调节螺钉，使顶轴的轴芯插入顶轴套的顶孔中，门扇即可启闭使用。

5）顺时针方向拧油泵调节螺丝钉（将底座机板上的螺钉6拧出即可看见），门扇关闭速度可变慢；逆时针方向拧时，门扇关闭速度可变快。

6）使用一年以后，应向底座内加注纯净的润滑油（一般可用45号机油，在北方最好用12号冷冻油），向顶轴加注润滑油，以保证各部分机件运转灵活。

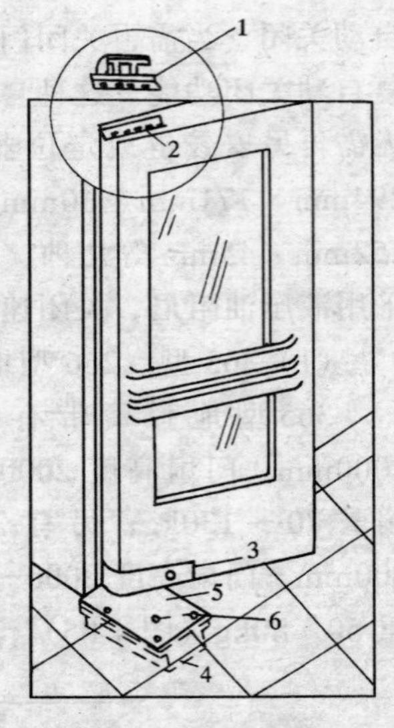

图4-86 地弹簧的安装示意

1—顶轴；2—顶轴套板；3—回转轴套；4—底座；5—底座面板；6—螺钉

7）底座进行拆修后必须按原状进行密封，以防止脏物、水进入内部而影响机件运转。

（2）850-A全封闭地弹簧安装

850-A型全封闭地弹簧，系采用双弹簧液压机构的超薄型新产品，其最大的优点是不需要每年加油，再就是超薄型结构，不但可装于底层，而且可装于楼面。850-A型地弹簧的底座面板为不锈钢，适宜于铝合金门扇配套；850-B型面板为铜质，适用于普通木制门扇配套。由于采用双弹簧液压慢速系统，运转平稳安全；同时，各转动部分装有滚珠轴承，转动灵活，坚固耐用。其安装步骤，参见图4-87和图4-88。

1）先将顶轴套板B固定于门扇上部，后将回转轴杆C装于

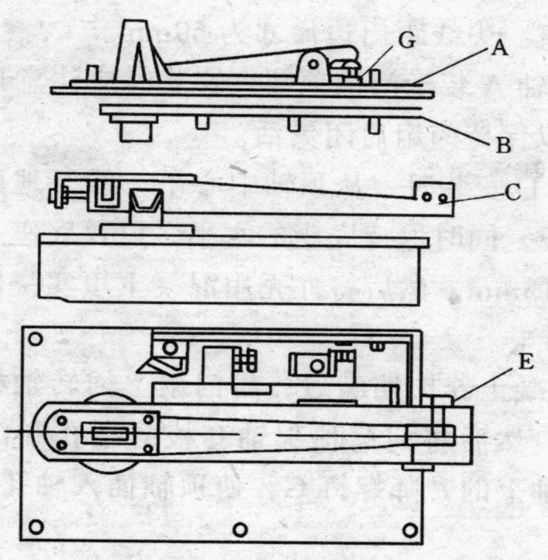

图 4-87　850-A 型地弹簧

A—顶轴；B—顶轴套板；C—回转轴杆；E—调节螺钉；G—升降螺钉

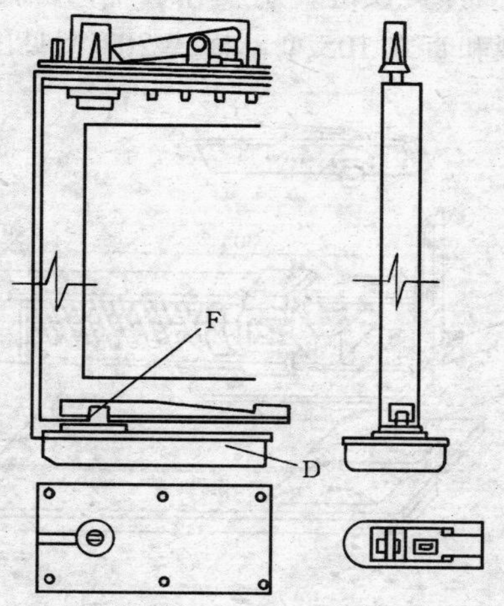

图 4-88　850-A 地弹簧组装

D—底座；F—底座地轴中心

门扇底部，同时将螺钉 E 装于两侧。顶轴套板的轴孔中心与回转轴杆的轴空中心必须上下对齐，保持在同一中心线上，并与门扇底面成垂直。中线距门边尺寸为69mm。

2）将顶轴A装于门框顶部，安装时应注意顶轴的中心距边柱的距离，以保持门扇启闭灵活。

3）底座D安装时，从顶轴中心吊一线至地面，对准底座上地轴的中心F，同时保持底座的水平，以及底座上面板与门扇底部的缝隙为15mm，然后将外壳用混凝土填实浇固，但须注意不可将内壳浇牢。

4）待混凝土养护期满后，将门扇上回转轴杆的轴孔套在底座的地轴上，然后将门扇顶部轴套板的轴孔和门框上的顶轴对准，拧动顶轴上的升降螺钉G，使顶轴插入轴孔15mm，门扇即可启闭使用。

2. 门底弹簧

门底弹簧也称门底弹弓、地下自动门弓，其应用相当于200或250mm的双面弹簧铰链，用于弹簧木门。门底弹簧一般分两种：横式204型和直式105型。横式204型见图4-89。

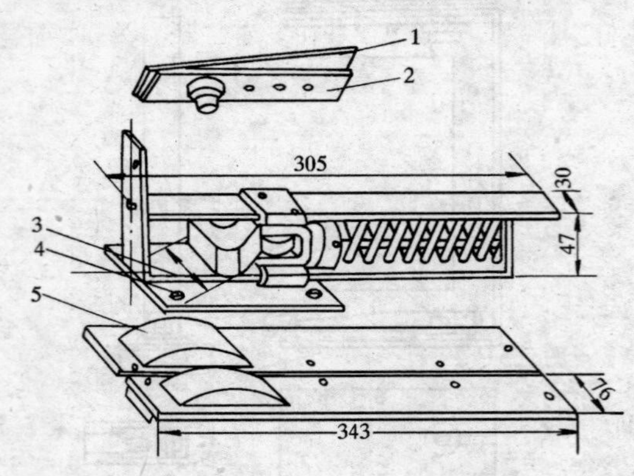

图4-89　横式204型门底弹簧

1—顶轴；2—顶轴套板；3—底轴中心位置；4—底板木螺丝；5—盖板

门底弹簧的安装方法，参照图4-90，按下述步骤进行：

(1) 将顶轴承装于门框上部，顶轴套板2装于门扇顶端，两

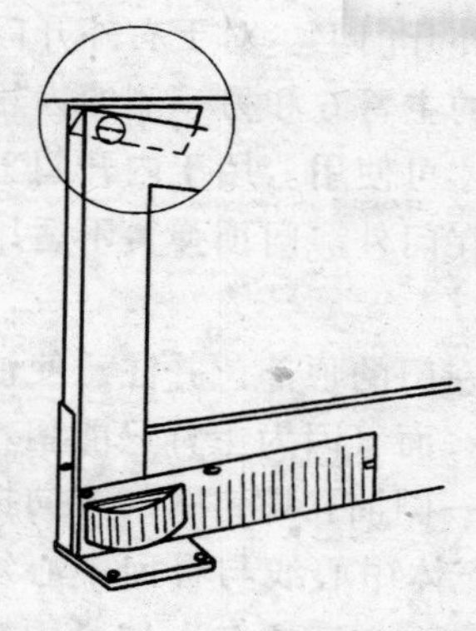

图 4-90　门底弹簧安装示意

者中心必须对准。

（2）从顶轴下部吊一垂线，找出安装在楼（地）面上的底轴的中心位置 3 和底板木螺丝孔的位置 4，然后将顶轴拆下。

（3）先将门底弹簧主体（指框架和底板等）装于门扇下部，再将门扇放入门框，对准顶轴和底轴的中心以及底板上木螺丝孔的位置，然后再分别将顶轴固定于门框上部，底板固定于楼（地）面上，最后将盖板 5 装在门扇上，以遮避框架部分。

直式 105 型门底弹簧，可参照上述方法安装。

3. 门顶弹簧

门顶弹簧又称门顶弹弓，装于门扇顶部，其特别是内部装有缓冲油泵，关门时速度较慢，行人可以从容通过，适用于机关、医院、学校、宾馆等建筑物的房门上。

门顶弹簧在安装使用时，应注意以下几点（图 4-91）：

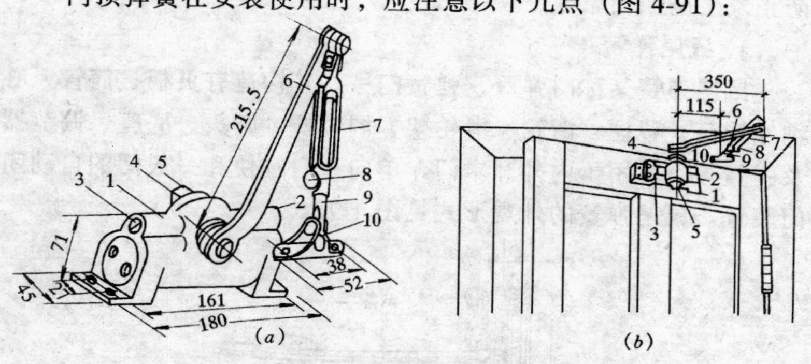

图 4-91　门顶弹簧及安装示意

（*a*）液压式门顶弹簧；（*b*）安装示意图（装于左内开门上）；
1—油泵壳体；2—速度调节螺钉；3—油孔螺钉；4—齿轮回转轴；5—齿轮回转轴盖；6—主臂；7—牵杆套梗；8—紧固螺钉；9—牵杆；10—牵杆臂架

这种产品，只适用于右内开门或左外开门上。对于右外开门或左内开门，必须把油泵壳体 1 上一侧的主臂 6 和另一侧的齿轮回转轴 4 上的盖 5 安装位置互相对调，才可使用。用于内开门上时，应装于门内；用于外门上时，应装在门外。门顶弹簧不适用于双向开启门。

其安装步骤，首先将油泵壳体安装在门的顶部，并注意使油泵壳体上速度调节螺钉 2 朝向门的合页一面（因为主臂只能朝着速度调节螺钉的方向扳动，不能朝着另一侧油孔螺钉 3 的方向扳动，否则会损坏油泵内部结构），油泵壳体中心线与合面中心线之间的距离应为 350mm；其次将牵杆臂架 10 套梗 7 上的紧固螺钉 8，并将门开启到 90°，使牵杆 9 伸延到所需长度，再拧紧紧固螺钉，即可使用。

速度调节螺钉供调节门的关闭速度之用，顺时针旋转为慢，逆时针旋转为快。

门顶弹簧使用一年后，即须加防冻机油。加油是拧出油孔螺钉即可进行加油，油满后再将油孔螺钉拧紧。

门顶弹簧上其余各处的螺钉和密封零件，不要随意拧动，以防止发生漏油现象。

4. 鼠尾弹簧

鼠尾弹簧又称门弹弓、弹簧门弓，其构造有页板、筒管、心轴、销钉、臂梗、滑轮、滑轮架、调节杆、圆头、底座、调节器及弹簧等，适用于内外开木门作单向开启轻便和一般门的自动闭门装置。鼠尾弹簧的外观形式见图 4-92。

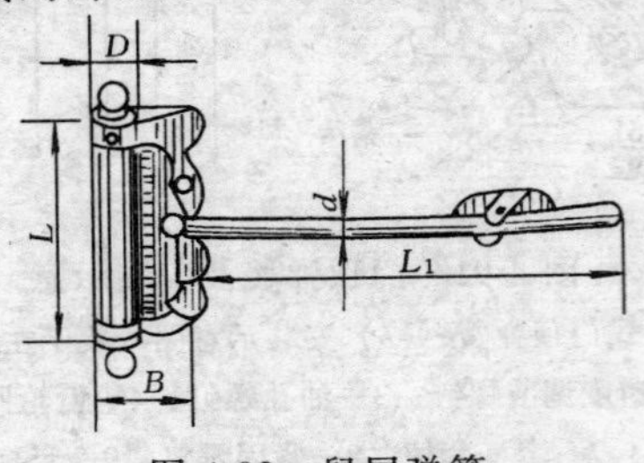

图 4-92　鼠尾弹簧

鼠尾弹簧的规格为 200～300mm 者，适用于轻便门扇上；400 和 450mm 者，适用于一般门扇上。安装时，弹簧松紧如不合适时，可用调节杆在调节器的圆孔中，转动调节器，即可将弹簧旋紧或放松，然后将销钉固定在新的圆孔位置中。如果门扇不需自动关闭时，可将臂梗垂直放下，鼠尾弹簧即失去自动关闭作用。

第五章　建筑装饰金属工程施工组织与管理

第一节　施工组织设计的概念、作用、任务和分类

一、建筑装饰金属工程施工组织设计的概念

建筑装饰金属工程施工组织设计，是用来指导建筑装饰金属工程施工全过程各项活动的一个经济、技术、组织等方面的综合性文件。

组织一个建筑装饰金属工程的全部施工活动，就像组织一场战役一样，要想取得战斗的胜利，必须在打仗前，在“知己知彼”的前提下，拟定一个周密的作战计划方案。同样，在建筑装饰金属工程施工前，必须进行调查了解，搜集有关资料，掌握工程性质和施工要求，结合施工条件和自身状况，拟定一个切实可行的工程施工计划方案。这个计划方案就是建筑装饰金属工程施工组织设计。

二、建筑装饰金属工程施工组织设计的作用

建筑装饰金属工程施工组织设计是建筑装饰金属工程施工前的必要准备工作之一，是合理组织施工和加强施工管理的一项重要措施。它对保质、保量、按时完成整个建筑装饰金属工程具有决定性的作用。

具体而言，建筑装饰金属工程施工组织设计的作用，主要表现在以下几个方面：

(1) 建筑装饰金属工程施工组织设计是沟通设计和施工的桥梁，也可用来衡量设计方案的施工可能性和经济合理性。

(2) 建筑装饰金属工程施工组织设计对拟定工程从施工准备到竣工验收全过程的各项活动起指导作用。

(3) 建筑装饰金属工程施工组织设计是施工准备工作的重要组成部分,同时对及时做好各项施工准备工作又能起到促进作用。

(4) 建筑装饰金属工程施工组织设计能协调施工过程中各工种之间、各种资源供应之间的合理关系。

(5) 建筑装饰金属工程施工组织设计是对施工活动实行科学管理的重要手段。

(6) 建筑装饰金属工程施工组织设计是编制工程概、预算的依据之一。

(7) 建筑装饰金属工程施工组织设计是施工企业整个生产管理工作重要组成部分。

(8) 建筑装饰金属工程施工组织设计是编制施工作业计划的主要依据。

三、建筑装饰金属工程施工组织设计的任务

施工组织设计的根本任务，是根据建筑装饰金属工程施工图和设计要求，从物力、人力、空间等诸要素着手，在组织劳动力、专业协调、空间布置、材料供应和时间排列等方面，进行科学、合理地部署，从而达到在时间上能保证速度快、工期短，在质量上能做到精度高、效果好，在经济上能达到消耗少、成本低、利润高等目的。

四、建筑装饰金属工程施工组织设计的分类

建筑装饰金属工程施工组织设计是一个总的概念。根据建筑装饰金属工程的规模大小、结构特点、技术繁简程度和施工条件的不同，建筑装饰金属工程施工组织设计通常又分为三大类，即建筑装饰金属工程施工组织总设计、单位建筑装饰金属工程施工组织设计、分部（分项）建筑装饰金属工程作业设计。

(一) 建筑装饰金属工程施工组织总设计

建筑装饰金属工程施工组织总设计是以民用建筑群以及结构复杂、技术要求高、建设工期长、施工难度大的大型公共建筑和高层建筑的装饰金属工程为对象编制的。在有了批准的初步设计或扩大初步设计之后才进行编制。它是对整个建筑装饰金属工程在组织施工中的统盘规划和总的战略部署，是编制年度施工计划的依据。

建筑装饰金属工程施工组织总设计一般以主持工程的总承包单位（总包）为主，有建设单位、设计单位及其他承建单位（分包）参加共同编制。

（二）单位建筑装饰金属工程施工组织设计

单位建筑装饰金属工程施工组织设计是以一个单位工程或一个不复杂的单项工程的装饰金属工程为对象编制的。在已列入年度计划，有了施工图设计并会审后，由直接组织施工的基层单位编制。它是单位建筑装饰金属工程施工的指导性文件，并作为编制季、月、旬施工计划的依据。

（三）分部（分项）建筑装饰金属工程作业设计

分部（分项）建筑装饰金属工程作业设计是以某些主要的或新结构、技术复杂的或缺乏施工经验的分部（分项）工程为对象编制的。它是直接指导现场施工和编制月、旬作业计划的依据。

五、建筑装饰金属工程施工组织设计的内容

不同的建筑装饰金属工程，有着不同的施工组织设计。建筑装饰金属工程的施工组织设计同其他装饰工程的施工组织设计一样，应根据工程特点以及施工条件等来进行编制。

建筑装饰金属工程施工组织设计的内容，主要包括以下几个方面：

（一）工程概况及工程特点

在编制施工组织设计前，首先要弄清设计的意图，即装饰的目的和意义。为此，应对工程进行认真分析、仔细研究，弄清工程的内容及工程在质量、技术、材料等各方面的要求，熟悉施工的环境和条件，掌握在施工过程中应该遵守的各种规范及规程，并根据工程量的大小、施工要求及施工条件确定施工工期。为使工程在规定的工期内保质保量地完成，还必须确定各种材料和施工机具的来源及供应情况。

（二）施工方案

选择正确的施工方案,是施工组织设计的关键。施工方案一般包括对工程的检验和处理方法、主要施工方法和施工机具的选择、施工起点流向、施工程序和顺序的确定等内容。特别是二次改造工程,在进行施工之前,一定要对基层进行全面检查,将原有的基层必须铲除干净,同时对需要拆除的结构和构件的部位数量、拆除物的处理方法等,均应作出明确规定。由于金属工程的工艺比较复杂,施工难度也比较大,因此在施工前必须明确主要施工项目。例如,金属门窗加工及安装方法、顶棚及隔墙装饰施工方法等。在确定现场的垂直运输和水平运输方案的同时,应确定所需的施工机具,此外还应该绘出安装图、排料图及定位图等。

（三）施工方法

施工方法必须严格遵守各种施工规范和操作规程。施工方法的选择必须是建立在保证工程质量及安全施工的前提下，根据各分部分项工程的特点，具体确定施工方法，特别是金属门窗加工及安装方法、顶棚及隔墙装饰施工方法等。

（四）施工进度计划

施工进度计划应根据工程量的大小、工程技术的特点以及工期的要求结合确定的施工方案和施工方法，预计可能投入的劳动力及施工机械数量、材料、成品或半成品的供应情况，以及协作单位配合施工的能力等诸多因素，进行综合安排。再根据下列步骤编制施工进度计划：

1. 确定施工顺序

按照建筑装饰金属工程的特点和施工条件等，处理好各分项工程间的施工顺序。

2. 划分施工过程

施工过程应根据工艺流程、所选择的施工方法以及劳动力来进行划分，通常要求按照施工的工作过程进行划分。对于工程量大、相对工期长、用工多等主要工序，均不可漏项；其余次要工序，可并入主要工序。对于影响下道工序施工和穿插配合施工较复杂的项目，一定要细分、不漏项；所划分的项目，应与建筑装饰金属工程的预算项目相一致，以便以后概算（决算）。

3. 划分施工段

施工段要根据工程的结构特点、工程量以及所能投入的劳动力、机械、材料等情况来划分，以确保各专业工作队能沿着一定顺序，在各施工段上依次并连续地完成各自的任务，使施工有节奏地进行，从而达到均衡施工、缩短工期、合理利用各种资源之目的。

4. 计算工程量

工程量是组织建筑装饰金属工程施工，确定各种资源的数量供应，以及编制施工进度计划，进行工程核算的主要依据之一。工程量的计算，应根据图纸设计要求以及有关计算规定来进行。

5. 机械台班及劳动力

机械台班的数量和劳动力资源的多少，应根据所选择的施工方案、施工方法、工程量大小及工期等要求来确定。要求既能在规定的工期内完成任务，又不能产生窝工现象。

6. 确定各分项工程或工序的作业时间

要根据各分项工程的工艺要求、工程量大小、劳动力设备资源、总工期等要求，确定分项工程或工序的作业时间。

（五）施工准备工作

施工准备工作是指开工前及施工中的准备工作。主要包括技术准备、现场准备以及劳动力、施工机具和材料物资的准备。其中，技术准备主要包括熟悉与会审图纸，编审施工组织设计，编审施工图预算以及准备其他有关资料等；现场准备主要包括结构状况、基底状况的检查和处理，有关生产和生活临时设施的搭设，以及水、电管网线的布置等。

（六）施工平面图

施工平面图主要表示单位工程所需各种材料、构件、机具的堆放，以及临时生产、生活设施和供水、供电设施等合理布置的位置。对于局部装饰金属工程项目或改建项目，由于现场能够利用的场地很小，各种设施都无法布置在现场，所以一定要安排好材料供应运输计划及堆放位置、道路走向等。

（七）主要技术组织措施

主要技术组织措施，主要包括工程质量、安全指标以及降低成本、节约材料等措施。

（八）主要技术经济指标

主要技术经济指标是对确定的施工方案及施工部署的技术经济效益进行全面的评价，用以衡量组织施工的水平。一般用施工工期、劳动生产率、质量、成本、安全、节约材料等指标表示。

第二节　建筑装饰金属工程的施工程序

建筑装饰金属工程同其他装饰工程一样，建筑装饰金属工程施工一般可划分为承接任务阶段、计划准备阶段、全面施工阶段、竣工验收阶段及交付使用阶段等几个程序。

一、承接任务阶段

建筑装饰金属工程施工任务的承接方式，同其他装饰工程一样有两种：一种是通过招标投标承接，一种是由建设单位委托施工单位承接。目前，广泛应用的是前一种。这样，有利于装饰行业的竞争与发展，有利于促进施工单位改善经营管理，提高企业素质。

投标，是指承包单位（施工单位）接受招标单位（建设单位）的邀请，参加承接工程竞争的业务活动。投标一般分为投标准备工作、施工现场调查、分析招标文件、制定报价策略等几项内容。

二、计划准备阶段

计划准备阶段分为开工前的计划准备阶段和开工前的现场准

备阶段。

（一）开工前的计划准备阶段

开工前的计划准备阶段是确保施工任务顺利进行的一个重要环节。要做好计划准备工作首先要对所承接的工作进行摸底。首先要详细了解工程概况、规模、工程特点、工期及与工程相关的各种资料及条件，然后对它们进行统筹安排；其次要根据工程规模，确定承包范围和承包内容并签定好合同，按合同范围和批准的扩大初步设计或技术设计，组织有关人员根据具体情况编制切实可行的施工组织总设计或施工计划，用于指导施工。

（二）开工前的现场准备阶段

开工前的现场准备阶段，主要是为后面的全面施工作准备，其内容很多也很繁琐，应认真仔细地做好。在整个准备阶段，一般着重抓好以下三个方面的工作：

1．技术资料的准备

技术资料主要是指由设计单位提供的建筑装饰金属工程的总平面图、平面、立面、剖面设计图及主要施工部位的技术设计和施工单位编制的施工组织总设计或施工计划。

2．场地清理

为保证全面施工的顺利进行，应彻底清除场地上的各种障碍物。同时，根据现场的具体条件合理布置临时设施（包括材料库、工棚、宿舍等）。

3．资源供应

在开工前必须全面落实各种资源的供应。根据工程量的大小及施工进度计划，合理安排劳动力和各种物资资源，以确保施工的顺利进行。

三、全面施工阶段

施工单位在充分进行开工前准备的基础上，根据现场的具体情况，在具备开工条件的前提下，可向建设单位提交开工报告，提出开工申请。在有关单位同意后即可进行开工，全面施工阶段便由此开始。

在全面施工阶段，应主要抓好下列几项工作：

1. 做好单位工程的图纸会审和技术交底

要求各施工班组必须严格按照设计施工图及有关施工规范和操作规程进行施工。

2. 编制各主要分部工程的施工组织计划

3. 搞好工种之间的协调

即要做好各施工工种之间的协调工作，以确保施工进度和工程质量。

4. 制定切实可行的质量安全措施

5. 搞好物资供应

对材料、成品或半成品进场要执行严格的检查验收，并妥善保管。

6. 做好各技术资料的整理工作

如图纸变更、隐蔽工作验收、各种签证、材料质保书及有关试验报告等。

7. 做好各分部工程竣工验收的准备

对于已完工的单位工程的施工现场应及时清理，以备验收。

四、竣工验收及交付使用阶段

工程结束，施工单位在确保合同内工作已全部保质保量完成的情况下，可向建设单位等有关单位出具竣工报告，提请竣工验收。经验收合格后，即可交付使用。如验收不符合有关规定的标准，必须采取措施进行整改，只有达到所规定的标准，才能交付使用。

第三节　建筑装饰金属工程的施工准备

一、建筑装饰金属工程施工准备工作的目的和任务

(一) 建筑装饰金属工程施工准备工作的目的

建筑装饰金属工程施工准备工作的主要目的，就是为全面施工创造良好的环境和条件，确保整个建筑装饰金属工程施工的顺

利进行。

准备工作应根据不同工程的特点认真仔细地进行。要认真分析和仔细研究在施工过程中可能遇到的各种问题，采取相应的预防措施。同时，在施工过程中，还要根据施工现场某些方面的实际情况的变化而相应变化。

因此，施工准备工作既要能贯穿整个施工全过程，又要能分阶段地进行，即前一个阶段一定要为后一个阶段创造良好的施工条件，以便使整个施工过程始终处于有计划、有准备、有节奏的连续施工状态中。

（二）建筑装饰金属工程施工准备工作的任务

建筑装饰金属工程施工准备工作的主要任务，就是要掌握工程的特点、技术和进度要求，了解施工的客观规律，合理安排、布置施工力量。为此，要充分、及时地从人力、物力、技术、组织等诸方面，为施工的顺利进行，创造一切必要的条件。

二、建筑装饰金属工程施工的技术准备

建筑装饰金属工程施工的技术准备主要在室内进行，其主要内容有熟悉和审查图纸、收集资料、编制施工组织设计、编制施工预算等。

（一）熟悉和审查图纸

施工图纸是施工的依据,按图施工是施工人员的职责。施工单位在承接施工任务后,首先要组织有关人员熟悉图纸,了解设计意图,掌握工程特点,参加设计交底和图纸会审。在图纸会审过程中,不仅要明确图纸上的一些具体要求,还要将图纸中某些不合理的地方和施工单位依照目前的施工条件还达不到的某些要求,提出来进行商讨,并与设计单位形成一致意见,做好原始记录。

在后面的施工过程中，若遇到某些情况与原设计不相符时，必须征得设计单位和建设单位的同意，方能更改设计，并由设计单位出具设计变更通知，切不可随心所欲、自作主张、任意更改。

（二）资料收集

一方面要从已有的图纸、说明书等文件资料着手，了解工程施工质量的要求；另一方面，要对现场情况进行实地调查、勘探，了解施工现场的地形地貌、气象资料、建筑物的施工质量、空间结构特点等。此外，还要了解有关技术经济条件，以便制定切实可行的、行之有效的施工组织设计，合理地进行施工。

（三）编制施工组织设计

施工组织设计作为一个指导性文件，是用来指导一个即将开工的金属工程进行施工准备和具体组织施工的基本技术经济文件，是工程施工准备和施工的重要依据。施工组织设计必须由施工单位在工程正式开工前，根据工程规模、特点、施工期限以及施工所在地区的自然条件、技术经济条件等因素进行编制，并报上级主管单位批准。

（四）编制工程预算

施工预算是施工单位以每一个分部工程为对象，根据施工图纸和国家或地方有关部门编制的施工预算定额等资料编制的经济计划文件。它是控制工程消耗和施工中成本支出的重要依据。根据施工预算中分部分项的工程量及定额工料用量，对各班组下达施工任务，以便实行限额领料及班组概算。在编制施工预算时，一定要结合拟采用的技术组织措施，以便在施工中对用工、用料实行切实有效地控制，从而能够实现工程成本的降低与施工管理水平的提高。

三、建筑装饰金属工程施工的施工条件与物资准备

建筑装饰金属工程施工的施工条件与物资准备，主要是为建筑装饰金属工程全面施工创造良好的施工条件和物质保证。它一般包括以下几项工作：

（一）施工现场准备

（1）进行金属工程施工的测量及定位放线，设置永久性坐标和参照点。

（2）水、电、道路等施工所必须的各项作业条件的准备。

（3）搭设临时设施。如工人的临时宿舍、现场办公用房、仓库、加工棚等。

（二）施工机具及物资的准备

根据施工方案中所确定的施工机械和机具计划，认真进行落实准备，按计划调拨进场安装、检验和试车。同时，还要根据施工组织设计，详细计算所需材料、半成品、预制构件的数量、质量、品种、规格，根据现场需要计划，按时进场。

（三）做好季节性施工准备

特别是冬、雨季的施工，要做好现场的防水、防冻、防滑及排水等措施的落实，以确保场地运输通畅及材料、机具和构件的安全完好，同时有益于保证金属工程施工质量。

（四）组织好施工力量

要调整和健全施工组织机构及各类分工。对特殊工种和缺门的工种，要做好技术培训；对计划、技术和安全等问题，要对职工进行交底和教育，督促、检查各施工作业班组做好作业条件的施工准备。

以上是建筑装饰金属工程施工准备工作涉及的主要问题。由于工程量、工程档次、施工的复杂程度以及地区条件等方面不尽相同，因而不同的建筑装饰金属工程的施工准备工作也就有所不同，必须周密地做好各项施工准备工作，确保整个建筑装饰金属工程施工工作的顺利进行。

第四节　建筑装饰金属工程的施工组织

建筑装饰金属工程施工组织设计是施工单位用来指导建筑装饰金属工程施工全过程各项活动的一个经济、技术、管理等方面的综合性文件。在其编制过程中，应根据工程特点、质量要求、施工条件和组织管理要求，选择合理的施工方案，制定切实可行的进度计划，合理规划施工现场布置，组织施工物资供应，拟定降低工程成本和保证工程质量与施工进度的技术、安全措施。

一、建筑装饰金属工程施工组织设计的编制依据和程序

单位建筑装饰金属工程施工组织设计一般由该工程主管工程师组织有关人员进行编制，并根据工程项目的大小，分别报主管部门审批。

（一）建筑装饰金属工程施工组织设计的编制依据

1. 主管部门的有关批文及要求

主管部门的有关批文及要求，主要是指上级主管部门对该工程的批示，施工单位对工程质量、工期等的要求，以及施工合同的有关规定等。

2. 经过会审的施工图

经过会审的施工图，主要是指该工程经过会审以后的全部施工图纸、图纸会审记录、设计单位变更或补充设计的通知以及有关标准图集等。

3. 施工时间计划

施工时间计划，主要是指工程的开、竣工日期的规定，以及其他穿插项目施工的要求等。

4. 施工组织总设计

如果单位建筑装饰金属工程是整个建筑装饰工程中的一个项目，那么应将建筑装饰金属工程施工组织总设计中的总体施工部署，以及与本工程施工有关的规定和要求作为编制的依据。

5. 工程预算文件及有关定额

工程预算文件及有关定额主要指详细的分部、分项工程量、预算定额和施工定额等。

6. 现场施工条件

现场施工条件，主要是指水、电的供应，临时设施的来源，劳动力、材料、机具等资源的来源及供应情况等。

7. 有关规范及操作规程

如建筑装饰装修工程质量验收规范、质量验评标准以及技术、安全操作规程等。

二、建筑装饰金属工程施工组织设计的编制程序

建筑装饰金属工程施工组织设计的编制程序，是指单位金属

工程施工组织设计的各个组成部分形成的先后顺序，以及它们相互间的制约关系。其编制程序，如图 5-1 所示。

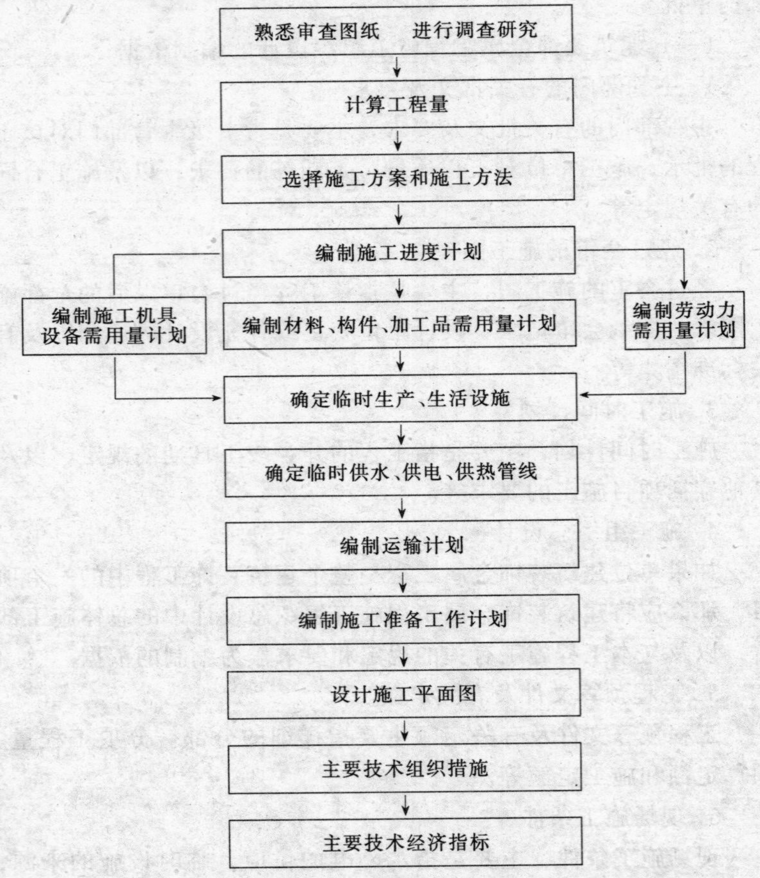

图 5-1　单位建筑装饰工程施工组织设计的编制程序

三、建筑装饰金属工程施工方案的选择

建筑装饰金属工程施工方案选择的合理与否，是整个建筑装饰金属工程施工组织设计成败的关键。建筑装饰金属工程施工方案的选择，主要包括施工方法和施工机械的选择、施工段的划分、施工开展的顺序以及流水施工的组织安排等。要选择合理的

建筑装饰金属工程施工方案，就必须熟悉建筑装饰金属工程施工图纸，明确工程特点和施工任务的要求，充分研究施工条件，正确进行技术经济比较。而且，选择的建筑装饰金属工程施工方案的合理与否，还直接关系到工程的成本、工期和工程质量。

（一）熟悉施工图纸，确定施工程序

熟悉建筑装饰金属工程施工图纸是掌握建筑装饰金属工程设计意图、明确建筑装饰金属工程施工内容、弄清建筑装饰金属工程特点的主要环节。对此，一般应注意以下几个方面的内容：

（1）核对图纸说明是否完整、规定是否明确、有无矛盾。

（2）检查图中尺寸、标高有无错误。

（3）检查设计是否满足施工条件，有无特殊施工方法和特定技术措施要求。

（4）弄清设计对材料有无特殊要求，对设计规定材料的品种、规格及数量能否满足。

（5）弄清设计是否符合生产工艺和使用要求。

（6）明确场外制备工程项目。

（7）确定与单位工程施工有关的准备工作项目。

施工单位的有关人员在充分熟悉图纸的基础上，由单位技术负责人主持召集由建设、设计、施工等单位有关人员参加的“图纸会审”会议。由设计人员向施工单位作技术交底，讲清设计意图和对施工的主要要求，施工人员则对施工图纸以及与该工程施工有关的问题提出咨询。对施工人员提出的咨询，各方应认真研究、充分讨论，逐一作出解释并做好详细记录。对图纸会审提出的问题或合理化建议，如需变更或补充设计时，应及时办理设计变更手续。未征得设计单位同意，施工单位不得随意更改图纸。

建筑装饰金属工程施工程序即施工流向，一般要求结合建筑装饰金属工程的特征、施工条件及质量要求来确定。在确定时，应考虑以下几个因素：

①生产工艺或使用要求。这是确定建筑装饰金属工程施工程序的最基本的因素。在一般情况下，生产上影响其他工段投产或

生产使用上要求急的工段或部位，应先安排施工。例如，某大厦装饰，一、二、三层为商场，四层以上为办公用房，要求商场在规定的时间内（整个大厦没有完全装饰好之前）开张营业。显然，在组织施工时，应先对商场进行装饰，以保证在规定的时间内交付使用，然后再对办公用房进行装饰。如果办公用房交付紧急，就应先对办公用房进行装饰，然后再对商场进行装饰。

②施工的繁简程度。通常将施工进度较慢、工期相对较长、技术较复杂的工段或部位先施工。

③选用的施工机械。

④施工组织的分层分段。施工层、施工段的划分部位，也是确定施工程序应考虑的因素。

⑤分部工程或施工阶段的特点。例如，对于外墙装饰可以采用自上而下的流向；对于内墙装饰，则可采用自上而下、自下而上或者自中而下再自上而中的三种施工程序。

A. 自上而下。这是指在土建结构封顶或屋面防水层完成后，装饰由顶层开始逐层向下的施工程序，一般有水平向下和垂直向下两种形式，如图 5-2 所示。其特点是主体结构完成后，建筑物有一个沉降时间，沉降变化趋向稳定，这样可保证室内装饰质量，减少或避免各工种操作互相交叉，便于组织施工，而且自上而下的清理也很方便。

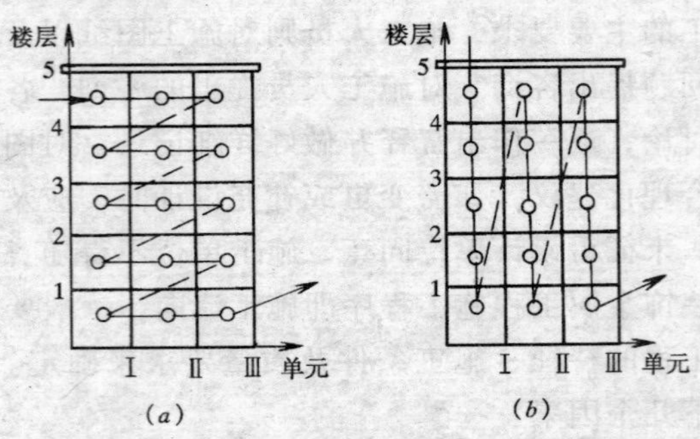

图 5-2 自上而下的施工流向

(a) 水平向下；(b) 垂直向下

B. 自下而上。这是指主体结构施工到三层以上时，装饰从底层开始，逐层向上的施工流向，通常可与土建主体结构平行搭接施工。同样，它也有水平向上和垂直向上两种形式，如图 5-3 所示。它的特点是可以与土建主体结构平行搭接施工，这样工期（指总工期）能相应缩短。但是，当装饰采用垂直向上施工时，如果流水节拍控制不当，就可能超过主体结构的施工速度，从而被迫中断流水。

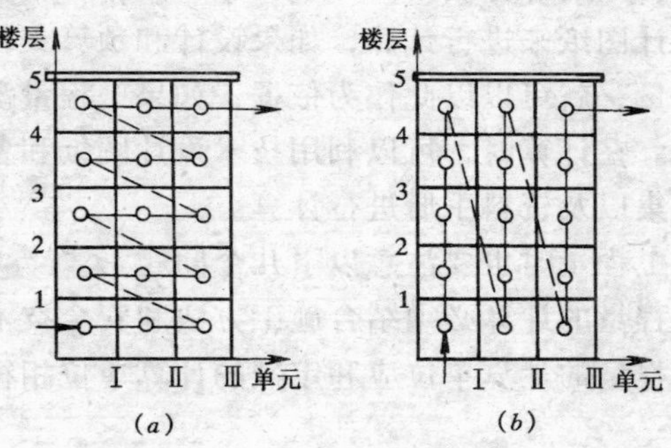

图 5-3　自下而上的施工流向

（a）水平向上；（b）垂直向上

C. 自中而下再自上而中。这种施工程序综合了前两种的特点，一般适用于高层建筑的装饰金属工程施工。

四、计算工程量，确定施工过程的先后顺序

（一）确定施工过程名称

任何一个建筑装饰金属工程都是由许多施工过程所组成的，每一个施工过程只能完成整个金属工程的某一部分。因此，在编制施工进度计划时，需要对所有的施工过程进行合理安排。对于劳动量大的施工过程，要一一列出；对于劳动量很小并且又不重要的施工过程，可以合并起来，作为一个施工过程。

在确定施工过程名称时，应注意以下几个问题：

（1）施工过程划分的粗细。分项越细项目就越多，整个施工就失去了主次；分项越粗项目就越少，则就失去了划分施工段的意义。

(2) 施工过程的划分，要结合具体的施工方法。

(3) 凡是在同一时期内，由同一工作队进行的施工过程可以合并在一起，否则就应当分列

(二) 工程量的计算

在划分施工段、编制施工进度计划时，要根据施工图和装饰工程预算工程量的计算规则计算工程量。在没有施工图时，可以根据技术设计图纸来进行计算，如果设计和预算文件中列有主要工程的工程量，就可以以此作为依据，如果工程量没有列出，则应另行计算。在计算时，可以利用技术设计图纸和各种结构、配件的标准图集以及资料手册进行计算。

在计算工程量时也要注意以下几个问题：

(1) 工程量的计算必须结合施工方法和安全技术的要求。

(2) 工程量的计算单位应和定额的计算单位相符合，避免换算。

(3) 为了便于计算和复核，工程量的计算应按一定的顺序和格式进行。

(三) 确定施工过程的先后顺序

施工过程先后顺序的确定，主要与下列因素有关：

1. 施工工艺

由于各施工过程之间客观上存在着工艺顺序的关系，因此在确定施工顺序时，必须遵循这种关系。例如，在门窗工程施工中，门窗扇的安装，通常是在抹灰及刷浆后进行，以避免污染门窗扇。

2. 施工方法和施工机械

3. 施工组织的要求

在门窗工程施工中，门窗扇的安装，通常是在抹灰后进行，而油漆和安装玻璃的顺序视具体情况而定，可以先油漆后安玻璃，也可以先安玻璃后油漆，但从施工组织的角度来看，前一种方案比较合理，因为先油漆后安玻璃，避免了在油漆时弄脏玻

璃。

4. 施工质量要求

严格按《建筑装饰装修工程质量验收规范》控制工程质量。

5. 气候条件

气候条件对施工顺序的确定影响也较大。例如，在雨期或冬季来临之前，应先做室外的各项施工过程为室内施工创造条件，同时，在冬季施工时，可先安装门窗玻璃，再做室内其他工程，这样就有利于保温和养护。

6. 安全技术要求

合理的施工顺序，必须使各施工过程的搭接不致于引起安全事故。例如，在与土建相配套的金属工程，不能在同一层上既安装楼板又进行金属工程施工。

五、选择施工方法和施工机械

施工方法和施工机械的选择是紧密联系在一起的，在技术上它们是解决各主要施工过程的施工手段和工艺问题。例如，外墙装饰的垂直运输问题，要解决这一问题，一方面可以通过“装饰工程施工技术”和“施工机械”的知识来解决；另一方面，也可以从施工组织的角度来考虑。不过从施工组织的角度来考虑还应注意以下几点：

（1）施工方法的技术先进性和经济合理性的统一。

（2）施工机械适用性与多样性的兼顾，尽可能地充分发挥施工机械的效率和利用程度。

（3）施工单位的技术特点和施工习惯以及现有机械的可能利用情况。

选择好施工方法和施工机械以后，还应确定施工过程的劳动量和机械数量。施工过程的劳动量和机械台班数量的计算，应根据现行的施工定额，并结合当时当地的具体情况加以确定。由于根据施工定额计算劳动量和机械台班量，是一项非常繁重的工作，因此，我们可以在现行施工定额的基础上，结合单位可能超额完成的情况，制定扩大的施工定额，作为计算生产资源需要量的依据。在缺乏扩大施工定额的前提下，也可以采用预算定额。

六、建筑装饰金属工程施工进度计划

单位建筑装饰金属工程施工进度计划是在确定的建筑装饰金属工程施工方案和施工方法的基础上，根据规定工期和技术物资的供应条件，遵守各施工过程合理的工艺顺序，统筹安排各项施工活动进行编制。它的任务是为各施工过程指明一个确定的施工日期，即时间计划并以此为依据确定施工作业所必须的劳动力和各种技术物资的供应计划。

（一）施工进度计划的概念

施工进度计划的图表形式有两种，即横道图和网络图。在此仅以横道图为例来介绍施工进度计划，其表格形式，见表 5-1。

单位施工进度计划 **表 5-1**

序号	施工项目	工程量		定额	劳动量		需要机械		每天工作班	每班工人数	工作天	施工进度								
		单位	数量		工种	工日数	机械台称	台班数				月								
												5	10	15	20	25	30	35	40	45

上面表格由左右两部分组成，左边部分反映建筑装饰金属工程所划分的施工项目、工程量、劳动量或机械台班量、工作班数、施工人数以及各施工过程的持续时间等计算内容；右边部分则用水平线段反映各施工过程的施工进度和搭接关系，其中的每一格根据需要可以代表一天或若干天。

单位工程施工进度计划是施工组织设计的重要内容，是控制各分部分项工程施工进度的主要依据，也是编制月度、季度施工作业计划及各项资源需用量计划的依据。它的主要作用是：

（1）安排施工进度，保证施工任务的如期完成。

（2）确定各分部分项工程的施工时间及其相互之间的衔接、

配合关系。

(3) 确定所需的劳动力、材料、机械设备等的资源数量。

(4) 具体指导现场的施工安排。

(二) 施工进度计划的类型

单位工程的施工进度计划根据施工项目划分的粗细程度，可分为控制性进度计划和指导性进度计划两类。

1. 指导性进度计划

指导性进度计划按分项工程或施工过程来划分施工项目，具体确定各施工过程的施工时间及其相互搭接、相互配合的关系。

2. 控制性进度计划

控制性进度计划按分部工程来划分施工项目，控制各分部工程的施工时间及其相互搭接、配合的关系。

编制控制性施工进度计划的单位工程，当各分部工程的施工条件基本落实后，在施工之前，还应编制指导性的分部工程施工进度计划。

(三) 施工进度计划的编制依据

单位工程施工进度计划的编制依据主要包括：设计图纸、施工组织总体设计对工程的要求及施工总进度计划、工程开工和竣工时间的要求、施工方案与施工方法、劳动定额及机械台班定额等有关施工定额和施工条件（如劳动力、机械、材料）等。

(四) 施工进度计划的编制程序

单位工程施工进度计划的编制程序，如图 5-4 所示。

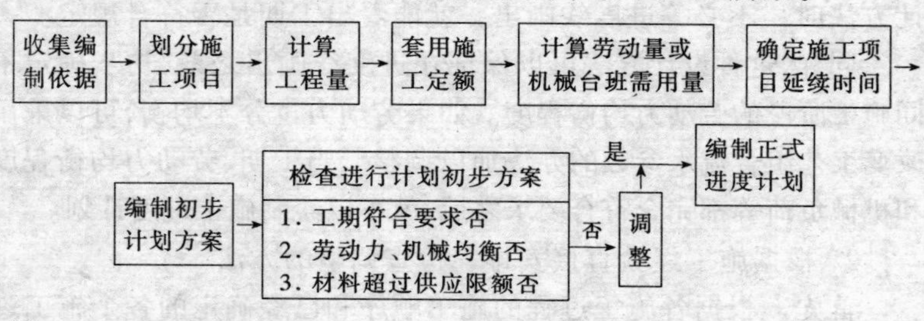

图 5-4 施工进度计划的编制程序

(五）时间计划

用横道图表达单位工程施工进度计划，有以下两种设计方法：

1. 按工艺组合组织流水施工的设计方法

为了简化设计工作，可将某些在工艺上和组织上有紧密联系的施工过程合并成为一个工艺组合。一个工艺组合内的几个施工过程在时间上、空间上能够最大限度地搭接起来。不同的工艺组合通常不能平行地进行施工，必须等一个工艺组合中的大部分施工过程或全部施工过程完成之后，另一个工艺组合才能开始。在划分工艺组合时，必须注意使每一个工艺组合能够交给一个混合工作队完成。例如，门窗安装、油漆、安装玻璃等，可以合并为一个门窗工程的工艺组合。

在工艺组合确定之后，首先从每一个工艺组合中找出一个主导施工的过程；其次，确定主导施工过程的施工段数及其持续时间；然后尽可能地使工艺组合中其余的施工过程都采取相同的施工段、施工分界和持续时间，以便简化计算工作；最后按节奏流水或非节奏流水的计算方法，求出工艺组合的持续时间。所有的工艺组合部可以按照上述同样的步骤进行计算。

将主要工艺组合的持续时间相加，就得到整个单位工程的施工工期。如果计算出的工期超过规定的工期，则可以改变一个或若干个工艺组合的流水参数，把工期适当地缩短；如果工期小于规定的工期，同样，也应改变一个或若干个工艺组合的流水参数，把工期适当延长。所以，当施工进度计划采用流水施工的设计方法时，不必等进度线画出，就能看出工期是否符合规定。

同样,这种设计方法可以保证在进度线画出之前,初步确定不同施工阶段的劳动力均衡程度。如果劳动力过分不均衡,可以采用改变工艺组合流水参数的办法加以调整。当工期、劳动力均衡程度和机械负荷等都完全符合要求之后,就可以绘制施工进度计划。

2. 根据施工经验直接安排、检查调整的方法

首先，根据各施工过程的施工顺序和已经确定的各个施工过程的持续时间，直接在施工进度计划图表的右边部分画出所有施

工过程的进度线，使各主要施工过程能够分别进行流水作业。然后，根据列出的进度表，对工期、劳动力的均衡程度、机械负荷等情况进行检查。如果工期不能满足要求、劳动力有窝工或赶工以及机械没有得到充分利用等情况，则各个施工过程的进度应适当加以调整，调整以后再检查，这样反复进行，直到上述各项条件都能够得到满足为止。

（六）资源计划

单位工程施工进度计划确定之后，可以根据单位工程施工进度计划，来编制各主要工种劳动力需要量的计划以及施工机械、机具、主要装饰材料、构配件等的需要量计划，以利于及时组织劳动力和技术物资的供应，保证施工进度计划的顺利进行。

1. 主要劳动力需用量计划

主要劳动力需用量计划，就是将各施工过程所需要的主要工种的劳动力，根据施工进度计划的安排进行叠加，编制出主要工种劳动力需要量的计划，见表5-2。它的利用是为施工现场劳动力的调整提供依据。

劳动力需用量计划 **表5-2**

序号	工作名称	总劳动量（工日）	每月需要量（工日）					
			1	2	3	4	…	12

2. 施工机械需用量计划

根据施工进度和施工方案确定施工机械的类型、数量及进退场时间。施工机械的需要量计划一般是将单位工程施工进度表中的每一个施工过程、每天所需用的机械类型、数量和施工日期进行汇总，见表5-3。

施工机械需用量计划 **表5-3**

序号	机械名称	机械类型（规格）	需要量		来源	使用起止时间	备注
			单位	数量			

3. 主要材料及构配件需要量计划

材料需要量计划的编制方法，是将施工预算中或进度表中各施工过程的工程量，按照材料的名称、规格、使用时间并考虑到各种材料消耗定额进行计算汇总即为每天（或旬、月）所需的材料数量。材料需要量计划，主要是为组织备料、确定仓库、堆场面积、组织运输之用。材料需要量计划格式，见表5-4。

主要材料需要量计划 表5-4

序号	材料名称	（规格）	需要量		供应时间	备注
			单位	数量		

对于一些构配件及其他加工品的需要量计划，同样可按编制主要材料需要量计划的方法进行编制，见表5-5。它是同加工单位签订供应协议或合同、确定堆场面积、组织运输工作的依据。

构件需要量计划 表5-5

序号	品名	规格	图号	需要量		使用部位	加工单位	供应日期	备注
				单位	数量				

第五节 制定建筑装饰金属工程的施工措施

技术组织措施是建筑装饰企业施工技术和财务计划的一个重要组成部分，其目的就在于通过采取技术方面和组织方面的具体措施，以全面和超额完成企业的计划任务。

一、技术组织措施的内容

技术组织措施的内容，一般包括以下几个方面：技术组织措施的项目和内容；各项措施所涉及到的工作范围；各项措施预期取得的经济效益。

单位工程施工组织设计中的技术组织措施，应根据施工企业技术组织措施计划，结合工程的具体条件，参考表5-6逐项拟订。

技术组织措施计划 表 5-6

<table>
<tr><th rowspan="3">措施项目和内容</th><th colspan="2">措施涉及的工程量</th><th colspan="6">经 济 效 果</th><th rowspan="3">执行单位及负责人</th></tr>
<tr><th rowspan="2">单位</th><th rowspan="2">数量</th><th rowspan="2">劳动量节约额（工日）</th><th colspan="5">降低成本额（元）</th></tr>
<tr><th>材料费</th><th>工资</th><th>机械台班费</th><th>间接费</th><th>节约总额</th></tr>
<tr><td></td><td></td><td></td><td></td><td></td><td></td><td></td><td></td><td></td><td></td></tr>
<tr><td>合计</td><td></td><td></td><td></td><td></td><td></td><td></td><td></td><td></td><td></td></tr>
</table>

二、建筑装饰工程成本的构成

1. 直接费用

直接费用，是指与建筑装饰产品直接有关的费用的总和。它由工人工资、机械费、材料费以及其他直接费用四个项目组成。

2. 间接费用

间接费用，即施工管理费用，是指组织与管理施工并为施工服务而支出的各种费用。

在制定降低成本计划时，应从以下几个方面考虑：

(1) 采用先进技术，改进施工操作方法，提高劳动生产率，节约单位工程施工劳动量以减少工资支出。

(2) 科学地组织生产，正确地选择施工方案。

(3) 节约材料、减少损耗、选择经济合理的运输工具，有计划地综合利用材料。

(4) 充分发挥施工机械的效能，提高其利用率，节约单位工程施工机械台班费支出。

通常用成本降低率来表示降低成本指标，其计算公式如下：

成本降低率（%）＝成本降低额/预算成本×100%

上式中，预算成本为工程设计预算的直接费用和间接费用之和；成本降低额通过技术组织措施计划来计算。

第六节 建筑装饰企业的技术管理

一、技术管理的概念

技术管理，是指建筑装饰企业在生产经营活动中，对各项技术活动与其技术要素的科学管理。所谓技术活动，是指技术学习、技术运用、技术改造、技术开发、技术评价和科学研究的过程；所谓技术要素，是指技术人才、技术装备和技术信息等。

建筑装饰企业的生产经营活动是在一定的技术要求、技术标准和技术方法的组织和控制下进行的，技术是实现工期、质量、成本、安全等方面的综合保证。现代技术装备和技术方法的生产力依赖于现代科学管理去挖掘，两者相辅相成。在一定技术条件下，管理是决定性因素。

二、技术管理的任务和要求

（一）技术管理的任务

建筑装饰企业技术管理的基本任务是：正确贯彻党和国家各项技术政策和法令，认真执行国家和上级制定的技术规范、规程，科学地组织各项技术工作，建立正常的技术工作秩序，提高建筑装饰企业的技术管理水平，不断革新原有技术和采用新技术，达到保证工程质量、提高劳动效率、实现安全生产、节约材料和能源、降低工程成本的目的。

（二）技术管理的要求

1. 正确贯彻国家的技术政策

国家的技术政策是根据国民经济和生产发展的要求和水平提出来的，如现行质量验收规范或规程，是带有强制性、根本性和方向性的决定，在技术管理中必须正确地贯彻执行。

2. 严格按科学规律办事

技术管理工作一定要实事求是，采取科学的工作态度和工作方法，按科学规律组织和进行技术管理工作。

3. 全面讲究经济效益

在技术管理中，应对每一种新的技术成果认真做好技术经济分析，考虑各种技术经济指标和生产技术条件，以及今后的发展等因素，全面评价它的经济效果。

三、技术管理的内容

建筑装饰企业技术管理的内容，可以分为基础工作和业务工作两大部分。

（一）基础工作

基础工作，是指为开展技术管理活动创造前提条件的最基本的工作。它包括技术责任制、技术标准与规程、技术原始记录、技术文件管理、科学研究与信息交流等工作。

（二）业务工作

业务工作，是指技术管理中日常开展的各项业务活动。它包括：施工技术准备工作、施工过程中的技术管理工作、技术开发工作等。

1. 施工技术准备工作

施工技术准备工作，包括图纸会审、编制施工线路设计、技术交底、材料技术检验、安全技术等。

2. 施工过程中的技术管理工作

施工过程中的技术管理工作，包括技术复核、质量监督、技术处理等。

3. 技术开发工作

技术开发工作包括科学研究、技术革新、技术引进、技术改造、技术培训等。

四、技术管理的基础工作

（一）技术责任制

技术责任制就是在企业的技术工作系统中，对各级技术人员建立明确的职责范围，以达到各负其责，各司其事，把整个企业的生产活动和谐地、有节奏地组织起来。技术责任制是企业技术管理的基础工作，它对调动各级技术人员的积极性和创造性，认真贯彻执行国家技术政策，搞好技术管理，促进生产技术的发展和保证工程质量都有着极为重要的作用。

1. 技术队长（项目部）的职责

（1）编制单位工程施工方案，制定各项工程施工技术措施，并组织实施。

（2）参与单位工程设计交底、图纸会审，向单位工程技术负责人及有关人员进行技术交底。

(3) 负责指导按设计图纸、规范、规程、施工组织设计与施工技术措施进行施工。

(4) 发现重大问题及时上报技术领导以求及时处理和解决。

(5) 负责组织复查单位工程的测量定位、抄平、放线工作。

(6) 指导施工队、班组的质量检查工作。

(7) 参加隐蔽工程验收，处理质量事故并向上级报告。

(8) 负责组织工程档案中各项技术资料的签证、收集、整理并汇总上报等。

2. 工程技术负责人的主要职责

工程技术负责人是第一线负责技术工作的人员，要对单位工程的施工组织、施工技术、技术管理、工程核算等全面负责。工程技术负责人的主要职责是：

(1) 搞好经济管理工作，参与开工前施工预算的编制审定工作与竣工后的工程结算工作。

(2) 搞好技术交底工作，要组织有关人员审查、学习、熟悉图纸及设计文件，并对施工现场有关人员进行技术交底。

(3) 搞好技术措施，负责编制施工组织设计，制定各种作业的技术措施。

(4) 搞好技术鉴定，负责技术复核。

(5) 搞好技术标准工作，负责贯彻执行各项技术标准、设计文件以及各种技术规定，严格执行操作规程、验收规范及质量评定标准。

(6) 搞好各项材料试验工作。

(7) 搞好技术革新，不断改进施工程序和操作方法。

(8) 搞好施工管理，负责施工日记及施工记录工作。

(9) 搞好资料整理，负责整理技术档案的全部原始资料。

(10) 搞好技术培训，负责对工人技术教育等。

(二) 技术标准与规程

技术标准与技术规程是施工企业技术管理、质量管理和安全管理的依据和基础，是标准化的重要内容。正确制定和贯彻执行技术标准与技术规程，是建立正常生产技术程序，完成建设任务的重要前提。

技术标准是对工程质量、规格及其检验方法等的技术规定，是施工企业组织施工、检验和评定工程质量等级的技术依据。技术标准按照适用范围，一般分为国家标准、部门标准和企业标准。技术规程是技术标准的具体化，因各地区操作方法和操作习惯不同，在保证达到技术标准要求的前提下，一般由地区和企业自行制定与执行。

技术标准和技术规程，在技术管理上具有法律作用，必须严肃认真地执行，违反标准与规程的做法应予以制止和纠正。

（三）技术原始记录

技术原始记录包括：材料、构配件及工作质量检验记录；质量、安全事故分析和处理记录；设计变更记录；施工日志等。

（四）技术文件管理

技术文件的内容十分丰富，例如各种图纸和说明书、各种技术标准、有关的技术档案与国内外技术资料等，都要求进行系统的科学管理。保证技术文件的完整性、正确性和及时性，组织有秩序地使用和流转，及时满足施工生产和科学研究的需要。

技术文件管理是一项复杂的工作，应该根据实际需要建立和健全管理技术文件的专职机构，公司一级一般应建立技术档案资料室；基层施工单位设立技术资料组或专职人员，实行集中统一管理。

五、技术管理制度

技术管理制度要贯彻在单位工程施工的全过程，主要有以下几项：

（一）图纸的熟悉、审查和管理制度

熟悉图纸是为了了解和审查它的内容和要求，以便正确地指导施工。审查图纸的目的，在于发现并更正图纸中的差错，对不明确的设计内容进行协商更正。管理图纸则是为了施工时更好地应用及竣工后妥善归档备查。

（二）技术交底制度

技术交底是在正式施工以前，对参与施工的有关人员讲解工程对象的设计情况、建筑和结构特点、技术要求、施工工艺等，以便有关人员（管理人员、技术人员和工人）详细地了解工程，心中有数，掌握工程的重点和关键，防止发生指导错误和操作错误。

（三）施工组织设计制度

每项工程开工前，施工单位必须编制建设工程施工组织设计。工程施工必须按照批准的施工组织设计进行。在施工过程中确需对施工组织设计进行重大修改的，必须报经原批准部门同意。

（四）材料检验与施工试验制度

材料检验与施工试验是对施工用原材料、构件、成品与半成品以及设备的质量、性能进行试验、检验，对设备进行调整和试运转，以便正确、合理地使用，保证工程质量。

（五）工程质量检查和验收制度

质量检查和验收制度规定，必须按照有关质量标准逐项检查操作质量和产品质量，根据建筑安装工程的特点分别对稳蔽工程、分项、分部工程和竣工工程进行验收，从而逐环节地保证工程质量。

（六）工程技术档案制度

工程技术档案，是指反映建筑工程的施工过程、技术状况、质量状况等有关的技术文件，这些资料都需要妥善保管，以备工程交工、维护管理、改建扩建使用，并对历史资料进行保存和积累。

（七）技术责任制度

技术责任制度规定了各级技术领导、技术管理机构、技术干部及工人的技术分工和配合要求。

（八）技术复核及审批制度

该制度规定对重要的或影响全工程的技术对象进行复核，避免发生重大差错影响工程的质量和使用。审批内容为合理化建议、技术措施、技术革新方案，对其他工程内容也应按质量标准规定进行有计划的复查和检查。

六、图纸会审

施工企业收到施工图，应组织有关人员学习、会审，使施工人员熟悉设计图纸的内容和要求，结合设计交底，明确设计意图，如发现设计图纸有错误之处，应在施工前予以解决，确保工程的顺利进行。

（一）图纸审查的步骤

图纸审查包括学习、初审、会审和综合会审四个阶段。

（1）学习图纸。施工队及各专业班组的各级技术人员，在施工前应认真学习。熟悉有关图纸，了解本工种、本专业设计要求达到的技术标准，明确工艺流程、质量要求等。

（2）初审。初审，是指各专业工种对图纸的初步审查，即在认真学习和熟悉图纸的基础上，详细核对本专业工程图纸的详细情节，如节点构造、尺寸等。初审一般由项目部组织。

（3）图纸会审。图纸会审，是指各专业工种间的施工图审查，即在初审的基础上，各专业间核对图纸，消除差错，协商配合施工事宜，如装饰与土建之间、装饰与室内给排水之间、装饰与建筑强电、弱电之间的配合审查。

（4）综合会审。综合会审，是指总包商与各分包商或协作单位之间的施工图审查，在图纸会审的基础上，核对各专业之间配合事宜，寻求最佳的合作方法。综合会审一般由总包商组织。

（二）建筑装饰企业审查图纸的组织

（1）规模大、构造特殊或技术复杂的工程图纸，一般由公司总工程师组织有关技术人员采用技术会议的形式进行审查。

（2）技术较为复杂或被列为企业重点的工程，除个别工程由公司总工程师负责图纸会审以外，一般由分公司主任工程师组织有关人员进行图纸会审。

（3）一般单位工程由项目部的技术负责人组织工长、技术员、图纸翻样员、质检员、预算员、测量员及有关的班组长等进行图纸会审，遇特殊技术问题，再上报分公司，由分公司组织有关技术人员攻关解决。

（三）学习、审查图纸的重点

施工企业在审查图纸之前，应先对图纸进行学习和熟悉，并将学习和审查有机地结合起来。学习、审查图纸的重点如下：

（1）设计施工图必须是有资质的设计单位正式签署的图纸，不是正式设计单位的图纸或设计单位没有正式签署的图纸不得施工。

（2）设计计算的假定条件和采用的处理方法是否符合实际情况，施工时有无足够的稳定性，对安全施工有无影响。

（3）核对各专业图纸是否齐全，各专业图纸本身和相互之间有无错误和矛盾，如各部位尺寸、平面位置、标高、预留孔洞、预埋件、节点大样和构造说明有无错误和矛盾。如有，应在施工前通知设计单位协调解决。

（4）设计要求的新技术、新工艺、新材料和特殊技术要求是否能做到，难度有多大，施工前应做到心中有底。

（四）对图纸会审中提出问题的处理

施工企业应认真做好图纸会审工作，并将图纸会审中发现的有关问题，用书面方式在设计交底会议上提出。设计交底工作原则上由建设单位组织，除建设单位外，应邀请设计单位、施工单位、监理单位的有关人员参加。对施工企业提出的有关问题，有关各方需共同洽商，并根据具体情况修改设计；对变动大且技术较复杂的问题，应另行补图。如果设计变更改变了原设计意图或工程投资增加较多时，应征得有关各方（特别是甲方和监理方）同意后，方可共同办理有关手续。

对工程规模大、技术复杂或工期长的特殊工程，应分阶段、分专业、分部位进行设计交底工作。

设计交底工作结束后，应形成“设计交底会议纪要”，由参加会议的几方签署意见后，即形成设计补充文件。施工企业应及时将设计变更内容在施工图上有所反映，对施工过程中所发生的技术性洽商，也应及时在施工图上进行注明，并及时向操作班组做好设计变更交底。

七、技术交底

（一）技术交底的内容

1. 图纸交底

图纸交底的目的在于使施工人员了解工程的设计特点、构造、做法、要求、使用功能等，以便掌握和了解设计意图和设计关键，以方便按图施工。

2. 施工组织设计交底

施工组织设计交底是将施工组织设计的全部内容向班组交待，使班组能了解和掌握本工程的特点、施工方案、施工方法、工程任务的划分、进度要求、质量要求及各项管理措施等。

3. 设计变更交底

设计变更交底是将设计变更的结果及时向施工人员和管理人员做统一的说明，便于统一口径，避免施工差错，也便于经济核算。

4. 分项工程技术交底

分项工程技术交底是各级技术交底的关键，主要包括施工工艺、质量标准、技术措施、安全要求及新技术、新工艺和新材料的特殊要求等。具体内容包括以下几个方面：

（1）图纸要求：设计施工图（包括设计变更）中的平面位置、标高以及预留孔洞、预埋件的位置、规格大小、数量等。

（2）材料：所用材料的品种、规格、质量要求等。

（3）施工方法：各工序的施工顺序和工序搭接等要求，同时，应说明各施工工序的施工操作方法、注意事项及保证质量、安全和节约的措施。

（4）各项制度：应向施工班组交待清楚施工过程中应贯彻的各项制度。如自检、互检、交接检查制度（要求上道工序检查合格后方可进行下道工序的施工）和样板制、分部分项工程质量评定以及现场其他各项管理制度的具体要求。

（二）技术交底的方法

技术交底应根据工程规模和技术复杂程度不同而采取相应的方法。重点工程或规模大、技术复杂的工程，应由公司总工程师组织有关部门（如技术处、质量处、生产处等）向分公司和有关施工单位交底，交底依据是公司编制的施工组织总设计；对于中小型工程，一般由分公司的主任工程师或项目部的技术负责人向有关职能人员或施工队长（或工长）交底；当工长接受交底后，应对关键性项目、部位、新技术推广项目和部位，反复、细致地向操作班组进行交底，必要时，需示范操作或做样板；班组长在接受交底后，应组织工人进行认真讨论，保证明确设计和施工意图，按交底要求施工。

技术交底分为口头交底、书面交底和样板交底等几种。如无特殊情况，各级技术交底工作应以书面交底为主，口头交底为辅。书面交底应由交、接双方签字归档。对于重要的、技术难度大的工程项目，应以样板交底、书面交底和口头交底相结合。样板交底包括施工分层做法、工序搭接、质量要求、成品保护等内容，待交底双方均认可样板操作并签字后，按样板做法施工。

第七节　建筑装饰企业的质量管理

建筑装饰工程质量管理，是建筑装饰企业管理中一个极为重要的组成部分。这是因为，建筑装饰工程质量的优劣，直接关系到人民的生活、工作和学习，严重者还会危及人民的生命财产。另外，建筑装饰工程质量不合格也无法交工，会给甲乙双方造成极大的经济损失。因此，建筑装饰企业应当加强全面质量管理，努力提高建筑装饰工程质量。

一、质量管理的发展概况

质量管理，是指企业为了保证和提高产品质量，为用户提供满意的产品而进行的一系列的管理活动，它在现代企业管理中处于核心地位。质量管理作为现代管理中的一个十分重要的分支学科，先后经历了质量检验阶段、统计质量管理阶段、全面质量管理阶段。现代质量管理实质上就是全面质量管理。

（一）质量检验阶段

质量检验阶段是质量管理发展的最初阶段，它是把检验与生产分开，成立专职检验部门，负责产品质量的检验，用检验的方法进行质量管理。

（二）统计质量管理阶段

统计质量管理阶段是质量管理发展的第二个阶段，它主要运用数理统计方法，从质量波动中找出规律性，消除产生质量波动的异常原因，使生产过程中的每一个环节都控制在正常而又比较理想的状态，从而保证最经济地生产出合格的产品。这种质量管理方法，一方面应用数理统计方法；另一方面，重于生产过程中的质量控制，起到预防和把关相结合的作用。

（三）全面质量管理阶段

1957 年美国通用电气公司质量总经理费根堡姆博士首次提出了全面质量管理的概念，并且于 1961 年出版了《全面质量管理》。该书强调执行质量职能是公司全体人员的责任，应该使全体人员都具有质量的概念和承担质量的责任。而要解决质量问题不能仅限于产品制造过程，在整个产品质量的产生、形成和实现的全过程中都需要进行质量管理，不仅仅限于检验和数理统计方法。

由于质量管理越来越受到人们的重视，并且随着实践的发展，其理论也日渐丰富和成熟，于是逐渐形成为一门单独的学科。其间，美国著名的质量管理专家戴明和朱兰博士分别提出了“十四点管理法则”和质量管理“三部曲”，对全面质量管理理论做了进一步的发展。

戴明提出的“十四点管理法则”为：①企业要创造一贯的目标，以供全体投入；②随时吸收新哲学、新方法，以应付日益变化的趋势；③不要依赖检验来达到质量，应重视过程改善；④采购不能以低价的方式来进行；⑤经常且持续地改善生产及服务体系；⑥执行在职训练且不要中断；⑦强调领导的重要；⑧消除员工的恐惧感，鼓励员工提高工作效率；⑨消除部门与部门之间的障碍；⑩消除口号、传教式的训话；⑪消除数字的限额，鼓励员工创意；⑫提升并尊重员工的工作精神；⑬推动自我改善及自我启发的方案，让员工积极向上；⑭促使全公司员工参与改变以达转变，适应新环境新挑战。

朱兰博士认为：产品质量经历了一个产生、形成和实现的过程。这一过程中的质量管理活动，根据其所要达到的目的不同，可以划分为计划（研制）、维持（控制）和改进（提高）三类活动，朱兰博士将其称之为质量管理的“三部曲”。

二、全面质量管理的概念、特点和基本观点

（一）全面质量管理的概念

全面质量管理（简称 TQC 或 TQM），是指企业为了保证和提高产品质量，运用一整套的质量管理体系、手段和方法所进行的全面的、系统的管理活动。它是一种科学的现代质量管理方法。

（二）全面质量管理的特点

1. 广义的质量概念

全面质量管理中的质量概念是全面的。它认为产品质量是由工序质量决定的，而工序质量是由工作质量决定的，工作质量是由人的素质决定的。因此，要想提高产品质量，首先必须提高工序质量、工作质量和人的素质。

2. 强调管理的全面性

全面质量管理强调“质量管理、人人有责”，要求企业的各个部门和全体人员，都投入到全面质量管理中来，即要求全企业管理、全过程管理和全员管理。

3. 有明确的观点

全面质量管理强调从系统论出发，全面地对各项管理进行分

析和对策研究，把提高人的质量意识、问题意识和改进意识作为改进质量的出发点。

4．具有一整套科学的工具体系

全面质量管理综合应用各种科学方法和计算理论，把“系统工程”、“数理统计”和“运筹学”等运用于管理之中，因而形成了一套行之有效的管理工具体系。

（三）全面质量管理的基本观点

（1）“用户第一、永远第一”的观点。

（2）“预防为主”的观点。

（3）“一切用事实和数据说话”的观点。

（4）“下道工序是上道工序的用户”的观点。

三、全面质量管理的任务

全面质量管理的基本任务是：建立和健全质量管理体系，通过企业经营管理的各项工作，以最低的成本、合理的工期生产出符合设计要求并使用户满意的产品。

全面质量管理的具体任务，主要有以下几个方面：完善质量管理的基础工作；建立和健全质量保证体系；确定企业的质量目标和质量计划；对生产过程各工序的质量进行全面控制；严格质量检验工作；开展群众性的质量管理活动；建立质量回访制度。

四、全面质量管理的基本方法

全面质量管理的基本方法是 PDCA 循环工作法。

（一）PDCA 循环工作法的基本内容

PDCA 循环工作法是把质量管理活动归纳为四个阶段，其中共有八个步骤，即计划阶段（Plan）、实施阶段（Do）、检查阶段（Check）和处理阶段（Action）。

1．计划阶段（P）

在计划阶段，首先要确定质量管理的方针和目标，并提出实现它的具体措施和行动计划。计划阶段包括四个具体步骤：第一步：分析现状，找出存在的质量问题，以便进行调查研究。第二步：分析影响质量的各种因素，找出薄弱环节。第三步：在影响质量的诸因素中，找出主要因素，作为质量管理的重点对象。第四步：制定改进质量的措施，提出行动计划并预计效果。

在计划阶段要反复考虑下列几个问题：①必要性（Why）：为什么要有计划？目的（What）：计划要达到什么目的？③地点（Where）：计划要落实到哪个部门：④期限（When）：计划要什么时候完成？⑤承担者（Who）：计划具体由谁来执行？⑥方法（How）：执行计划的打算？

2．实施阶段（D）

在这个阶段中，要按既定的措施下达任务，并按措施去执行。这是 PDCA 循环工作法的第五个步骤。

3．检查阶段（C）

这个阶段的工作是对措施执行的情况进行及时的检查，通过检查与原计划进行比较，找出成功的经验和失败的教训。这是 PDCA 循环工作法的第六个步骤。

4．处理阶段（A）

就是把检查之后的各种问题加以处理。这个阶段可分两个步骤：

第七步：正确的要总结经验，巩固措施，制订标准，形成制度，以便遵照执行。

第八步：尚未解决的问题转入下一个循环，再来研究措施，制定计划，予以解决。

（二）PDCA 循环工作法的特点

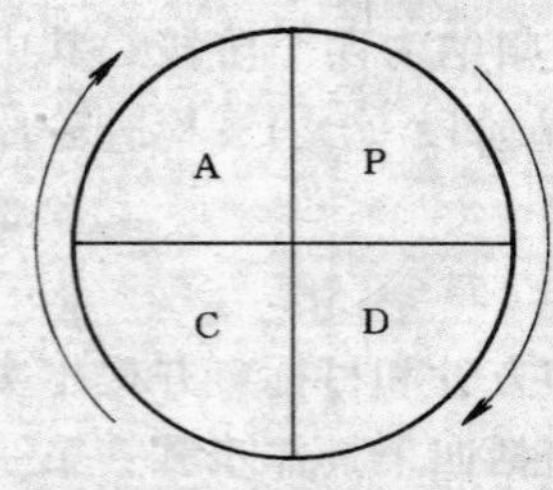

图 5-5　PDCA 循环工作循环示意图

（1）PDCA 循环像一个不断转动着的车轮，重复地不停循环。管理工作越扎实，循环越有效，如图 5-5 所示。

（2）PDCA 循环的组成是大环套小环，大小环不停地转动，但又环环相扣，如图 5-6 所示。

例如，整个公司是一个大的 PDCA 循环，企业各部门又有自己的小 PDCA

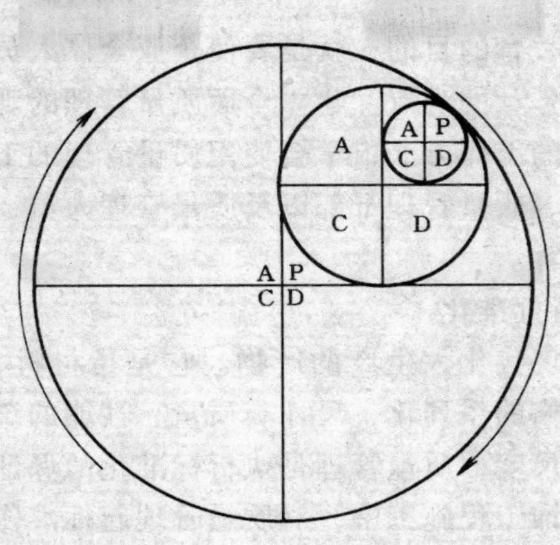

图 5-6 大环套小环示意图

循环，依次有更小的 PDCA 循环，小环在大环内转动，因而形象地表示了它们之间的内部关系。

（3）PDCA 循环每转动一次，质量就提高一步，而不是在原来水平上的转动，每个循环所遗留的问题再转入下一个循环继续解决，如图 5-7 所示。

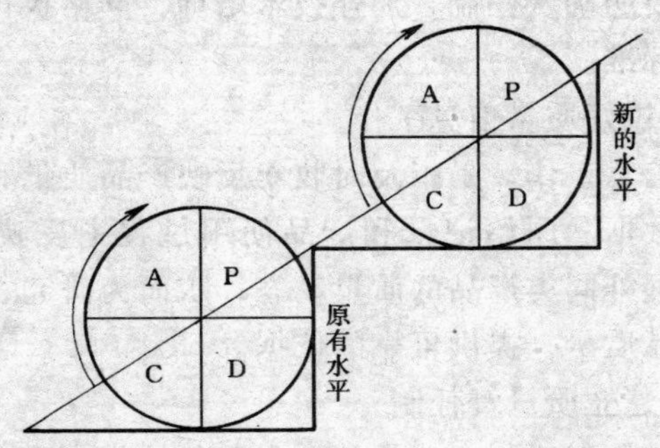

图 5-7 PDCA 工作循环阶梯形上升示意图

（4）PDCA 循环必须围绕质量标准和要求来转动，并且在循环过程中把行之有效的措施和对策上升为新的标准。

五、全面质量管理的基础工作

（一）开展质量教育

进行质量教育的目的，就是要使企业全体人员树立“质量第一，为用户服务”的观点，建立全面质量管理的观念，掌握进行全面质量管理的工作方法，学会使用质量管理的工具，特别是要重视对领导层、质量管理干部以及质量管理人员、基层质量管理小组成员的教育。

（二）推行标准化

标准化是现代化大生产的产物。它是指材料、设备、工具、产品品种及规格的系列化，尺寸、质量、性能的统一化。标准化是质量管理的尺度，质量管理是执行标准化的保证。

在建筑装饰工程施工中，对质量管理起标准作用的是：施工质量验收规范、工程质量评定标准、施工操作规程以及质量管理制度等。

（三）做好计量工作

测试、检验、分析等计量工作，是质量管理中的重要基础工作。没有计量工作，就谈不上执行质量标准；计量不准确，就不能判断质量是否符合标准。所以，开展质量管理，必然要做好计量工作。要明确责任制，加强技术培训，严格执行计量管理的有关规程与标准。

（四）搞好质量信息工作

质量信息工作，是指及时收集反映产品质量和工作质量的信息、基本数据、原始记录和产品使用过程中反映出来的质量情况，以及国外同类产品的质量动态，从而为研究、改进质量管理和提高产品质量，提供可靠的依据。

（五）建立质量责任制

建立质量责任制，就是把质量管理方面的责任和具体要求，落实到每一个部门和每一个工作岗位，组成一个严密的质量管理工作体系。

质量管理工作体系，是指组织体系、规章制度和责任制度三者的统一体。要将上自企业领导、技术负责人及各科室，下至每一个管理人员与工人的质量管理责任制度，以及与此有关的其他工作制度建立起来，不仅要求制度健全、责任明确，还要把质量责任、经济利益结合起来，以保证各项工作的顺利开展。

六、质量保证体系

（一）质量保证体系的概念

1. 质量保证的概念

质量保证，是指企业向用户保证提供产品在规定的期限内能正常使用。按照全面质量管理的观点，质量保证还包括上道工序提供的半成品保证满足下道工序的要求，即上道工序对下道工序实行质量担保。

质量保证体现了生产者与用户之间、上道工序与下道工序之间的关系。通过质量保证，将产品的生产者和使用者密切地联系在一起，促使企业按照用户的要求组织生产，达到全面提高质量的目的。

用户对产品质量的要求是多方面的，它不仅指交货时的产品质量，还包括在使用期限内产品的稳定性以及生产者提供的维修服务质量等。因此，建筑装饰企业的质量保证，包括建筑装饰产品交工时的质量和交工以后在产品的使用阶段提供的维修服务质量等。

由于质量保证的建立，使企业内部各道工序之间、企业与用户之间有了一条质量纽带，带动了各方面的工作，为不断提高产品质量创造了条件。

2. 质量保证体系的概念

质量保证不是生产的某一个环节问题，它涉及到企业经营管理的各项工作，需要建立完整的系统。所谓质量保证体系，就是企业为保证提高产品质量，运用系统的理论和方法建立的一个有机的质量工作系统。

这个系统，把企业各部门、生产经营各环节的质量管理职能组织起来，形成一个目标明确、权责分明、相互协调的整体，从而使企业的工作质量和产品质量紧密地联系起来；产品生产过程的各道工序紧密地联系在一起；生产过程与使用过程紧密地联系在一起；企业经营管理的各环节紧密地联系在一起。

由于有了质量保证体系，企业便能在生产经营的各环节及时地发现和掌握质量问题，把质量问题消灭在发生之前，实现全面质量管理的目的。

（二）质量保证体系的内容

建立质量保证体系，必须和质量保证的内容相结合。建筑装饰企业的质量保证体系的内容，包括施工准备过程、施工过程和使用过程三个部分的质量保证工作。

1. 施工准备过程的质量保证

施工准备过程的质量保证，主要有以下内容：

（1）严格审查图纸。为了避免设计图纸的差错给工程质量带来影响，必须对图纸进行认真地审查。通过审查，及早发现错误，采取相应的措施加以纠正。

（2）编制好施工组织设计。编制施工组织设计之前，要认真分析本企业在施工中存在的主要问题和薄弱环节，分析工程的特点，有针对性地提出防范措施，编制出切实可行的施工组织设计，以便指导施工活动。

（3）搞好技术交底工作。在下达施工任务时，必须向执行者进行全面的质量交底，使执行人员了解任务的质量特性，做到心中有数，避免盲目行动。

（4）严格材料、构配件和其他半成品的检验工作。从原材料、构配件、半成品的进场开始，就严格把好质量关，为工程施工提供良好的条件。

（5）施工机械设备的检查维修工作。施工前要搞好施工机械设备的检修工作，使机械设备经常保持良好的技术状态，不致发生机械故障，影响工程质量。

2. 施工过程的质量保证

施工过程是建筑装饰产品质量的形成过程，是控制建筑装饰产品质量的重要阶段。这个阶段的质量保证工作，主要有以下几项：

(1) 加强施工工艺管理。严格按照设计图纸、施工组织设计、施工验收规范、施工操作规程施工，坚持质量标准，保证各分部分项工程的施工质量。

(2) 加强施工质量的检查和验收。坚持质量检查和验收制度，按照质量标准和验收规程，对已完工的分部分项工程特别是隐蔽工程，及时进行检查和验收。不合格的工程，一律不验收。该返工的就返工，不留隐患。通过检查验收，促使操作人员重视质量问题，严把质量关。质量检查可采取群众自检、互检和专业检查相配合的方法。

(3) 掌握工程质量的动态。通过质量统计分析，找出影响质量的主要原因，总结产品质量的变化规律。

3. 使用过程的质量保证

建筑装饰产品的使用过程，是建筑装饰产品质量经受考验的阶段。建筑装饰企业必须保证用户在规定的期限内，正常地使用建筑装饰产品。这个阶段，主要有两项质量保证工作：

(1) 及时回访。工程交付使用后，企业要组织对用户进行调查回访，认真吸取用户对施工质量的意见，收集有关资料，并对用户反馈的信息进行分析，从中发现施工质量问题，了解用户的要求，采取措施加以解决并为以后工程施工积累经验。

(2) 保修。对于施工原因造成的质量问题，建筑装饰企业应负责无偿装修，取得用户的信任；对于设计原因或用户使用不当造成的质量问题，应当协助装修，提供必要的技术服务，保证用户正常使用。

(三) 质量保证体系的运行

质量保证体系在实际工作中是按照PDCA循环工作法运行的。

七、建筑装饰工程质量的检查

(一) 建筑装饰工程质量检查的依据

(1) 国家颁发的有关施工质量验收规范、施工技术操作规程和质量检验评定标准。如《建筑装饰装修工程质量验收规范》(GB 50210—2001) 等。

(2) 原材料、半成品、构配件的质量检验标准。

(3) 设计图纸、设计变更、施工说明以及承包合同等有关设计技术文件。

(二) 建筑装饰工程质量检查的内容

(1) 原材料、半成品、成品和构配件等进场材料的质量保证书和抽样试验资料。

(2) 施工过程的自检原始记录和有关技术档案资料。

(3) 使用功能检查。

(4) 项目外观检查（根据规范和合同要求，主要包括主控项目、一般项目和实测项目)。

(三) 质量检查的方法

质量检查的数量有全数检查和抽样检查两种，具体的数量应根据质量验收规范和承包合同的要求来确定。

(1) 看：即外观目测，是对照规范或规程要求进行外观质量的检查。如罩面板表面平整和洁净等

(2) 摸：即手感检查，用于装饰工程的某些项目。如油漆的平整度和光滑度等。

(3) 敲：敲是指运用专门工具进行敲击听音检查。如镶贴工程等，通过敲击听音可判断是否有空鼓现象。

(4) 照：照是指对于人眼不能直接达到的高度、深度或亮度不足的部位，可以借助于灯光或镜子反光来检查。如门窗框上口的填缝等。

(5) 靠：靠是指用工具（靠尺、楔形塞尺）测量表面的平整度。它适用于顶棚、墙面等要求平整度的项目。

(6) 吊：吊是指用工具（托线板、线锤等）测量垂直度。如用线锤和托线板吊测墙、柱的垂直度等。

(7) 量：量是指借助于度量衡工具进行检查，如用尺量门窗尺寸等。

(8) 套：套是指用工具套。如用方尺辅以楔形塞尺来测抹灰阴阳角的方正度等。

（四）材料验收标准

（1）建筑装饰装修工程所用材料的品种、规格和质量应符合设计要求和国家现行标准的规定。当设计无要求时应符合国家现行标准的规定。严禁使用国家明令淘汰的材料。

（2）建筑装饰装修工程所用材料的燃烧性能符合现行国家标准《建筑内部装修设计防火规范》(GBJ 50222)、《建筑设计防火规范》(GBJ 16）和《高层民用建筑设计防火规范》(GB 50045）的规定。

（3）建筑装饰装修过程所用材料应符合国家有关建筑装饰装修材料有害物质限量标准的规定。

（4）所有材料进场时应对品种、规格、外观和尺寸进行验收。材料包装应完好，应有产品合格证书、中文说明书及相关性能的检测报告，进口产品应按规定进行商品检验。

（5）进场后需要进行复验的材料种类及项目应符合本规范各章的规定。同一厂家生产的同一品种、同一类型的进场材料应至少抽取一组样品进行复验，当合同另有约定时应按合同执行。

（6）当国家规定或合同约定应对材料进行见证检测时，或对材料的质量发生争议时，应进行见证检测。

（7）承担建筑装饰装修材料检测的单位应具备相应的资质，并应建立质量管理体系。

（8）建筑装饰装修工程所使用的材料在运输、储存和施工过程中，必须采取有效措施防止损坏、变质和污染环境。

（9）建筑装饰装修工程所使用的材料应按设计要求进行防火、防腐和防虫处理。

（10）现场配制的材料如砂浆、胶粘剂等，应按设计要求或产品说明书配制。

八、建筑装饰企业的料具管理

料具，是建筑装饰装修材料和建筑装饰装修工程施工所用工具的总称。料具管理，是指为满足建筑装饰装修工程施工所需要的各种料具而进行计划、供应、保管、使用、监督和调节等方面的总称。料具管理可分为料具供应过程管理和料具使用过程的管理。

1. 料具供应管理

(1) 合理选择料具供应方式

选择什么样的料具供应方式，应结合本地区的物资管理体制、甲方的有关要求、工程规模和特点、企业常用供应习惯而确定。总之，料具供应应从实际出发，以确保施工需要并取得较好的经济效益。

1) 材料供应方式

①集中供应。这种供应方式一般适用于规模较大的建筑装饰装修工程。

②分散供应。这种方式一般适用于跨出本地区的建筑装饰装修工程或公司任务集中、不能全部保证材料供应的情况。

③分散与集中相结合。这种方式是对主要物资和短缺材料由公司一级材料部门采购、调度、储备、管理和供应，而对普通材料（如地方材料等）以及量少种类多且容易在市场采购的材料，则由基层单位采购、调度、储备和管理。

2) 工具供应方式　不同单位有不同的方法，但基本上有以下几种：

①由公司统一供应：它适合于工程较为集中的情况，公司根据基层施工单位的工具计划，综合平衡后，由供应部门调拨或采购供应。

②由基层施工单位自行采购供应：它适合于工程较为分散的情况或少量的低值易耗工具。

③租赁：租赁是为了提高工具的使用率，加速周转，一般对价值较大、使用时间较短的大型机械适用于租赁。

④工人自备：专业工种工人自备工具是为了加强工人维护、保养和爱护工具的责任心，对电工等小型专业工具，由专业工种工人自备，实行工具费津贴，按实际出勤天数返还给工人。

(2) 准确地确定施工料具的需用量计划

工程料具需用计划一般包括单位工程用料计划和分阶段用料计划。单位工程用料计划也称“一次性用料计划”，它反映单位工程从开始到竣工的整个施工全过程所需要的全部料具品种和数量。分阶段用料计划有年度用料计划、季度用料计划、月度用料计划等，它表示某一施工阶段所需要的料具品种和数量。

施工料具计划应根据已确认的施工方法、施工进度计划和材料的储备要求来确定，并以此计算料具的品种、数量和使用时间，料具计划一般由基层单位负责编制，报送有关部门（如分公司、公司、材料科、设备科等）审核，经综合平衡后执行。

2. 料具使用管理

在料具使用过程中，应做到以下几点：

1）工程所用主要材料应作为料具使用管理的重点。

2）周转性材料（指能多次使用于施工中的工具性材料或工具）的使用管理应做到周转速度快、周转次数多，以降低每次周转的材料摊销量和成本。

3）生产工具的管理，应做到尽可能延长工具寿命，减少损失和避免丢失的要求。

（1）料具使用管理的主要内容

建筑装饰工程料具使用过程的管理，主要是指施工现场的料具管理。它包括材料、工具自进场直至全部消耗或竣工退场的整个过程，可分为施工前的现场准备、施工过程中的管理、施工收尾阶段的管理三个阶段。

1）施工前的现场准备　做准备时，应注意以下几点：

①堆料现场的布置，要根据施工现场平面图进行。材料尽量靠近施工地点，便于使用，同时也要便于进料、装卸，避免发生二次搬运。②料场、仓库、道路不要影响施工用地，避免料场、仓库移动。③堆料场地及仓库的容量，要能存放施工供应间隔期的最大需用量，保证需要。④堆料场地要平整、不积水，构件存放场地要夯实。⑤仓库要符合防雨、防潮、防渗、防水、防盗的要求。⑥运输道路要坚实，循环畅通，有回转余地，雨季有排水

措施。

2）施工过程中的现场料具管理　主要内容有以下几点：

①建立健全现场料具管理的责任制，本着“干什么、用什么、管什么”的原则，分片、包干负责。力争做到活完料净，保持文明施工。②按照施工进度及时编报料具需用计划，组织料具进场。③对进场料具认真执行验收制度，并码放整齐，做到成行、成线、成堆，符合保管要求。④认真执行限额领料制度和各种料具的“定包”办法，组织和监督班组工人合理使用，认真执行回收、退料制度。⑤健全各种原始记录和台账，开展和坚持料具使用的核算工作。⑥根据施工不同阶段的需要及时调整堆料场地，保证施工要求和道路畅通。

3）施工收尾阶段的现场料具管理　主要内容有以下几点：

①严格控制进料，防止活完剩料，为工完场清创造条件。②对不再使用的临时设施提前拆除，并充分考虑临建拆除料的利用。③多余的料具要提前组织退库。④对施工产生的垃圾要及时组织复用和处理。⑤对不再使用的周转材料，及时转移到新的施工地点。

（2）料具使用管理的措施

料具使用管理的措施主要有以下几方面：

1）定额领料制度　定额领料，也叫“限额领料”，是现场材料管理中的一项领发料和用料制度，也是班组施工任务书管理的重要组成部分。它是以班组为单位，以所承担的施工任务为依据，规定了班组在保证质量、安全和时间的前提下，完成任务应消耗的材料数量。

定额用料的程序和做法，大体分为签发、下达、应用、检查、验收、结算六个步骤：

①定额用料的签发。由基层单位的材料定额员负责，根据班组作业计划（任务书）的工程项目和工程量，按施工定额，扣除技术措施的节约量，计算定额领料量，填写定额用料单（限额用料单），会同工长向班组交底。

②定额用料单的下达。用料单一式三份，一联存根，三联交材料部门发料，三联交班组作为领料凭证。

③定额用料单的应用。施工班组凭用料单在限额内领料，材料部门在限额内发料。

④定额用料单的检查。班组作业时，工长和材料定额员要经常检查用料情况，帮助班组正确执行定额，合理使用材料。

⑤定额领料单的验收。班组完成任务后，由工长组织有关人员验收质量、工程量的执行情况，合格后办理退料。

⑥定额用料单的结算。一般由材料定额员负责，根据验收合格的任务书，计算出材料应用量，与结清领退料手续的定额用料单实际耗用量对比，结出盈亏量，作出盈亏分析，登入班组用料台账。

2）材料承包制度　材料承包是定额领料制度的高级阶段，是一种责、权、利统一的经济制度。它主要有以下几种形式：

①单位工程材料费承包。②部位实物承包。③单项实物承包。

3）周转性材料的管理

①费用承包。一般以单位工程或分部、分项工程为对象，根据施工方案核定周转材料费用，由责任工长进行承包，按照实际付出的租赁费进行结算，实行节约奖、超耗罚，目的是加速周转。

②实物承包。一般是以分部、分项工程为对象，根据施工方案和拼装图核定各种周转性材料的需用量及损耗量、回收量，由专业班组承包，按照施工实际损耗量、回收量进行奖罚。

4）生产工具管理

①个人使用的工具，实行个人工具费的办法。②专业队组合用工具实行工具费“定包”办法。

第八节　建筑装饰企业的安全管理

一、安全法规

（一）安全生产法律制度

安全生产法规：是指国家关于改善劳动条件，实现安全生产，为保护劳动者在生产过程中的安全和健康而采取的各种措施的总和，是必须执行的法律规范。

技术规范：是指人们关于合理利用自然力、生产工具、交通工具和劳动对象的行为规则，如：操作规程、技术规范、标准和规定等。安全技术规范是强制性的标准。

规章制度：是指国家各主管部门及其地方政府的各种法规性文件、制定的各方面的条例、办法、制度、规程、规则和章程等。它们是具有不同的约束力和法律效力。企业制定的规章制度是为了保证国家法律的实施和加强企业内部管理，进行正常而有秩序地生产而制定的相应措施与办法。因此，企业的规章制度有两个特点：一是制定时必须服从国家法律、法规，不能凌驾于国家法律、法规之上；二是在本企业内具有约束力，全体员工必须遵守。

（二）增强法制观念、强化安全管理

法治是强化安全管理的重要内容。实践证明，在安全生产工作中，加强法制建设，增强法制观念，以法治安全，是极其必要的。我国国民经济还不够发达，企业科学管理水平还不高，技术力量还薄弱等，最重要的还是没有认真执行以法治安全，安全法制观念淡薄较为严重，主要表现在：

（1）有法不依，以权代法，以言代法，无视安全法规。

（2）违法不究，执法不严。

（3）经营承包、租赁，只求短期效益，不顾安全。

由此可见，大力加强安全法制建设，实行以法治安全，是强化安全生产管理的一项重要内容。

（三）加强法制宣传教育是强化安全管理的重要环节

采取各种有效形式，加强法制宣传教育，提高工作人员和广大员工的安全法制观念，使他们认识安全与法制的关系。做到人人学法、知法、懂法、守法，确保安全生产。

（四）有法必依，执法必严，违法必究，是强化安全管理的关键。

二、主要安全法律、法规内容

（一）国家有关安全生产的重要法规

1.《中华人民共和国宪法》（1993 年 3 月 29 日）

第四十二条　中华人民共和国公民有劳动的权利和义务。

国家通过各种途径，创造劳动就业条件，加强劳动保护，改善劳动条件，并在发展生产的基础上，提高劳动报酬和福利待遇。

国家对就业前的公民进行必要的劳动就业训练。

2.《中华人民共和国全民所有制工业企业法》（1988 年 4 月 13 日）

第四十一条　企业必须贯彻安全生产制度，改善劳动条件，做好劳动保护和环境保护工作。做到安全生产和文明生产。

3.《国营工业企业暂行条例》（1983 年 4 月 1 日）

第四十三条　企业必须依照法律规定做好环境保护和劳动保护工作，努力改善劳动条件，做到安全生产、文明生产。

第四十五条　企业要根据法律、法规，结合实际情况制定本企业的厂规厂纪、操作规程和岗位守则。

第五十二条　职工必须遵守安全操作规程、劳动纪律和其他规章制度。

在国家规定范围内，职工有要求在劳动中保证安全和健康的权利。

4.《中华人民共和国劳动法》（1994 年 7 月 5 日）

第五十二条　用人单位必须建立、健全劳动安全卫生制度，严格执行国家劳动安全卫生规程和标准，对劳动者进行劳动安全卫生教育，防止劳动过程中的事故，减少职业危害。

第五十三条　劳动安全卫生设施必须符合国家规定的标准。

第五十四条　用人单位必须为劳动者提供符合国家规定的劳动安全卫生条件和必要的劳动防护用品，对从事有职业危害作业的劳动者应当定期进行健康检查。

第五十五条　从事特种作业的劳动者必须经过专门培训并取得特种作业资格。

第五十六条　劳动者在劳动过程中必须严格遵守安全操作规程。

劳动者对用人单位管理人员违章指挥、强令冒险作业，有权拒绝执行；对危害生命安全和身体健康的行为，有权提出批评、检举和控告。

5.《中华人民共和国建筑法》（1997 年 11 月 1 日）

第三十六条　建筑工程安全生产管理必须坚持安全第一、预防为主的方针，建立健全安全生产的责任制度和群防群治制度。

第三十八条　建筑施工企业在编制施工组织设计时，应当根据建筑工程的特点制定相应的安全技术措施；对专业性较强的工程项目，应当编制专项安全施工组织设计，并采取安全技术措施。

第三十九条　建筑施工企业应当在施工现场采取维护安全、防范危险、预防火灾等措施；有条件的，应当对施工现场实行封闭管理。

施工现场对毗邻的建筑物、构筑物和特殊作业环境可能造成损害的，建筑施工企业应当采取安全防护措施。

第四十三条　建设行政主管部门负责建筑安全生产的管理，并依法接受劳动行政主管部门对建筑安全生产的指导和监督。

第四十四条　建筑施工企业必须依法加强对建筑安全生产的管理，执行安全生产责任制度，采取有效措施，防止伤亡和其他安全生产事故的发生。

建筑施工企业的法定代表人对本企业的安全生产负责。

第四十五条　施工现场安全由建筑施工企业负责。实行施工总承包的，由总承包单位负责。分包单位向总承包单位负责，服从总承包单位对施工现场的安全生产管理。

第四十六条　建筑施工企业应当建立健全劳动安全生产教育培训制度，加强对职工安全生产的教育培训；未经安全生产教育培训的人员，不得上岗作业。

第四十七条　建筑施工企业和作业人员在施工过程中，应当遵守有关安全生产的法律、法规和建筑行业安全规章、规程，不得违章指挥或者违章作业。作业人员有权对影响人身健康的作业程序和作业条件提出改进意见，有权获得安全生产所需的防护用品。作业人员对危及生命安全和人身健康的行为有权提出批评、检举和控告。

第四十八条　建筑施工企业必须为从事危险作业的职工办理意外伤害保险，支付保险费。

第四十九条　涉及建筑主体和承重结构变动的装修工程，建设单位应当在施工前委托原设计单位或者具有相应资质条件的设计单位提出设计方案；没有设计方案的，不得施工。

（二）国务院有关安全生产法规

1.《关于加强企业生产中安全工作的几项规定》（国经薄字244号）

该“规定”是国务院1963年3月30日发布的，主要有五项内容，即安全生产责任制、安全技术措施计划、安全生产教育、安全生产检查、伤亡事故调查处理，简称“五项规定”。“规定”明确提出了“管生产必须管安全”的原则和做到“五同时”，即在计划、布置、检查、总结、评比生产的同时要计划、布置、检查、总结、评比安全工作。强调了对伤亡事故和职业病处理必须坚持“三不放过”原则，即“事故原因不清不放过，事故责任者和群众没有受到教育不放过，没有防范措施不放过”。

2.国务院发布（1983）85号文

即《国务院批转劳动人事部、国家经委、全国总工会关于加强安全生产和劳动安全监察工作报告的通知》中指出：“在安全第一，预防为主的思想指导下搞好安全生产，是经济管理、生产管理部门和企业领导的本职工作，也是不可推卸的责任。我们决不能用无谓的牺牲为代价来换取生产成果。今后必须坚持贯彻‘管生产必须管安全’的原则。特别是当前在经济体制改革中要加强安全生产工作，讲效益必须讲安全。那种人为地把安全与生产割裂开来的做法是完全错误的。对于不关心工人疾苦、劳动安全、卫生，玩忽职守的官僚主义者，要进行坚决斗争；对于单纯追求产量，强令工人冒险蛮干，不管人身安全者，要查明情况，绳之以法，如果谁在宽容这种恶劣行为，就是对人民的渎职行为。”

（三）建设系统有关安全生产文件

（1）由国家建筑工程总局制定的《建筑安装工人安全技术操作规程》，1980 年 6 月 1 日颁布执行。规程分土木建筑、设备安装、机械施工三大部分，共 40 章 832 条。主要内容包括四方面，一是安全技术设施标准；二是安全技术操作标准；三是设备安全装置标准；四是施工组织及安全的一般要求。

（2）国家建筑工程总局于 1981 年 4 月 9 日发布的《关于加强劳动保护工作的决定》中提出了《十项措施》：①按规定使用安全“三保”；②机械设备防护装置一定要齐全有效；③塔吊等起重设备必须有限位保险装置，不准“带病”运转，不准超负荷作业，不准在运转中维修保养；④架设电线线路必须符合当地电业局规定，电气设备必须全部接零或接地；⑤电动机械和电动手持工具要装置漏电掉闸装置；⑥脚手架材料及脚手架的搭设必须符合规程要求；⑦各种缆风绳及其设置必须符合规程要求；⑧在建工程的楼梯口、电梯井口、预留洞口、通道口，必须有防护措施；⑨严禁赤脚或穿高跟鞋、拖鞋进入施工现场，高处作业不准穿硬底和带钉易滑的鞋靴；⑩施工现场的悬崖、陡坡等危险地区应有警戒标志，夜间要设红灯示警。

三、安全生产责任制

完善安全生产管理体制，建立健全安全管理制度、安全管理机构和安全生产责任制是安全管理的重要内容，也是实现安全生产目标管理的组织保证。

（一）安全生产管理体系

从 1985 年起我国实行国家监察、行政管理、群众（工会组织）监督相结合的管理体制。当前我国安全生产管理体制是“企业负责、行业管理、国家监察和群众监督、劳动者遵章守纪”。

1. 企业负责

企业必须坚决执行国家的法律、法规和方针政策，按要求做好安全生产工作；要自觉接受行业管理、国家监察和群众监督，并结合本企业情况，努力克服安全生产中的薄弱环节，积极认真地解决安全生产中各种问题。企业法定代表人是安全生产第一责任人。

2. 行业管理

各级综合管理部门和行业主管部门，根据“管生产必须管安全”的原则，管理本行业的安全生产工作，建立安全管理机构，配备安全技术干部，组织贯彻执行国家安全生产方针、政策、法规；制定行业的规章制度和规范标准；对本行业安全生产工作进行计划、组织和监督检查、考核；帮助企业解决安全生产方面的实际问题，支持、指导企业搞好安全生产。

3. 国家监察

由劳动部门按照国务院要求实施国家劳动安全监察。国家监察是一种执法监察，主要是监察国家法规、政策的执行情况，预防和纠正违反法规、政策的偏差，它不干预企事业内部执行法规、政策的方法、措施和步骤等具体事物。它不能替代行业管理部门日常管理和安全检查。

4. 群众（工会组织）监督

保护职工的安全健康是工会的职责。工会对危害职工安全健康的现象有抵制、纠正以至控告的权利，这是一种自下而上的群众监督。

5. 劳动者遵章守纪

对劳动者遵章守纪提出了具体要求。

（二）建筑装饰企业安全管理组织机构

保证安全生产，领导是关键。企业的经理是企业的第一责任者，在任期内，应建立健全以经理为首的分级负责安全管理保证体系，同时建立和健全专管成线，群管成网的安全管理组织机构。

1. 公司安全管理机构

建筑装饰企业要设专职安全管理部门，配备专职人员。企业安全管理部门是企业的一个重要生产管理部门，是企业经理贯彻执行安全生产方针、政策和法规，实行安全目标管理的具体工作部门，是领导的参谋和助手。安全生产管理工作技术性、政策性、群众性很强，因此安全管理人员应挑选责任心强，有一定的经验和相当文化程度的工程技术人员担任，以利于促进安全科技活动，进行目标管理。

2. 工程处（项目处）安全管理机构

公司下属工程处（项目处）是组织和指挥生产的单位对管生产、管安全有极为重要的影响。主任为本单位安全生产工作第一责任者，根据本单位的施工规模及职工人数设置专职安全管理机构或配备专职安全员，并建立工程处（项目处）领导干部安全生产值班制度。

3. 工地安全管理机构

工地应成立以工地主任为负责人的安全生产管理小组，配备专（兼）职安全管理员，同时要建立工地领导成员轮流安全生产值日制度，解决和处理生产中的安全问题和进行巡回安全监督检查。

4. 班组安全管理组织

加强班组安全建设是企业加强安全生产管理的基础。各生产班组要设不脱产安全员，协助班长搞好班组安全管理。各班组要坚持岗位安全检查、安全值日和安全日活动制度，同时要坚持做好班组安全记录。

（三）建筑装饰企业安全生产责任制

1. 为什么要制定安全生产责任制

安全生产关系到企业全员、全层次、施工全过程的一件大事，因此，企业必须制定安全生产责任制。

安全生产责任制是企业岗位责任制的一个主要组成部分，是企业安全生产管理中最基本的一项制度。安全生产责任制是根据“管生产必须管安全”、“安全生产人人有责”的原则，明确规定各级领导、各职能部门和各类人员在生产活动中应负的安全职责。

2. 怎样制定安全生产责任制

各单位应根据有关规定、条例要求和本单位建制及各部门、人员分工情况，制定本单位安全生产责任制，使企业的安全生产工作层层有人负责，责任明确，做到齐抓共管，实行全员安全目标管理。

3. 各级安全生产责任制的基本要求

（1）企业经理和主管生产的副经理对本企业的安全生产负总的责任。各副经理对分管部门安全生产负分管责任。认真贯彻执行安全生产方针政策、法令、规章制度；定期向企业职工代表会议报告企业安全生产情况和措施；制订企业各级干部的安全责任制等制度；定期研究解决安全生产中的问题；组织审批安全技术措施计划并贯彻实施；定期组织安全检查和开展安全竞赛等活动；对职工进行安全和遵章守纪教育；督促各级领导干部和各职能单位的职工做好本职范围内的安全工作；总结与推广安全生产先进经验；主持重大伤亡事故的调查分析，提出处理意见和改进措施，并督促实施。

（2）企业总工程师（主任工程师或技术负责人）对本企业安全生产的技术工作负总的责任。在组织编制和审批施工组织设计（施工方案）和采用新技术、新工艺、新设备时，必须制定相应的安全技术措施。

（3）工程处（项目处）主任、施工队长应对本单位安全生产工作负具体领导责任。认真执行安全生产规章制度，不违章指挥；制定和实施安全技术措施；经常进行安全生产检查，消除事故隐患，制止违章作业；对职工进行安全技术和安全纪律教育。

（4）工长、施工员、工程项目负责人对所管工程的安全生产负直接责任。组织实施安全技术措施，进行安全技术交底，对施工现场搭设的架子和安装电气、机械设备等安全防护装置，都要组织验收，合格后方能使用；不违章指挥；组织工人学习安全操作规程，教育工人不违章作业；认真消除事故隐患。

(5) 班组长要模范遵守安全生产规章制度，带领本班组安全作业；认真执行安全交底，有权拒绝违章指挥；班前要对所使用的机具、设备、防护用具及作业环境进行安全检查，组织班组安全活动日，开好班前安全生产会。

(6) 企业中的生产、技术、机动、材料、教育、劳资等各职能机构，都应在各自业务范围内，对实现安全生产的要求负责。

(7) 安全机构和专职人员应做好安全管理工作和监督检查工作。其主要职责是：

1) 贯彻执行安全法规、条例、标准、规定；

2) 做好安全生产的宣传教育和管理工作，总结交流推广先进经验；

3) 经常深入基层，指导下级安全技术人员工作，掌握安全生产情况，调查研究生产中的不安全问题，提出改进意见和措施；

4) 组织安全活动和定期安全检查；

5) 参加审查施工组织设计（施工方案）和编制安全技术措施计划，并对贯彻执行情况进行督促检查；

6) 与有关部门共同做好新工人、特殊工种工人的安全技术培训、考核、发证工作；

7) 制止违章指挥和违章作业，遇有严重险情，有权暂停生产，并报告领导处理；

8) 对违反安全规定和有关安全技术劳动保护法规的行为，经说服教育无效时，有权越级上报。

(8) 在有多个施工单位联合施工时，应由总包单位统一组织现场的安全生产工作，分包单位必须服从总包单位的指挥。对分包施工单位的工程，承包合同要明确安全责任，对不具备安全生产条件的单位，不得分包工程。

（四）建立健全安全档案

安全档案是安全管理基础之一，也是检查考核落实安全责任制的资料依据。同时，它为安全管理工作提供分析、研究资料，从而能够掌握安全动态，以便对每个时期的安全工作进行目标管理，达到预测、预报、预防事故的目的。

施工企业应建立的安全管理基础资料有：①安全组织机构；②各级领导和各职能部门的安全生产责任制；③安全生产规章制度；④安全技术资料（计划、措施、交底和验收）；⑤安全生产宣传教育、培训；⑥全检查考核（包括隐患整改）；⑦奖罚资料；⑧伤亡事故档案；⑨有关安全文件、安全会议记录；⑩总、分包工程安全文书资料。

三、安全技术措施计划

（一）安全技术措施计划的概念

1. 有关名词的含义

（1）安全技术措施计划：系指企业从全局出发编制的年度或数年间在安全技术工作上的规划。

（2）安全技术。即为控制或消除生产过程中的危险因素，防止发生人身事故而研究与应用的技术。简而言之，安全技术就是劳动安全方面的各种技术措施的总称。

（3）安全技术措施。系指为防止工伤事故和职业病的危害，从技术上采取的措施。

工程施工中，针对工程的特点、施工现场环境、施工方法、劳动组织、作业方法、使用的机械、动力设备、变配电设施、架设工具及各项安全防护设施等制定的确保安全施工的措施，称为施工安全技术措施。

（二）安全技术措施计划的内容、范围

安全技术：以防止工伤为目的的一切措施，包括如下内容：

（1）机器、机床、提升设备及电器设备等传动部分的防护装置，在传动梯、吊台、廊道上安设的防护装置及各种快速自动开关等。

(2) 电刨、电锯、砂轮、剪床、冲床及锻压机器上的防护装置，有碎片、屑末、液体飞出及有裸露导电体等处所安设的防护装置。

(3) 升降机和起重机械上各种防护装置及保险装置（如安全卡、安全钩、安全门、过速限制器、过卷扬限制器、门电锁、安全手柄、安全制动器等），桥式起重机设置固定的着陆平台和梯子；升降机和起重机械为安全而进行的改装。

(4) 各种联动机械和机械之间、工作场所的动力机械之间、建筑工地上为安全而设的信号装置，以及在操作过程为安全而进行联系的各种信号装置。

(5) 各种运输机械上的安全启动和迅速停车设备。

(6) 为安全而重新布置或改装的机械和设备。

(7) 电器设备安装防护性接地或接中性线的装置，以及其他防止触电的设施。

(8) 为安全而设低电压照明设备。

(9) 在各种机床、机器房、为减少危险和保证工人安全操作而设的附属起重设备；以及用机械化的操纵代替危险的手动操作等。

(10) 在生产区域内危险处装置的标志、信号和防护设施。

(11) 在工人可能到达的洞、坑、沟、升降口、漏斗等处安设的防护装置。

(12) 在生产区域内，工人经常往来的地点，为安全而设置的通道及便桥。

(13) 高处作业时，为避免铆钉、铁片、工具等坠落伤人而设置的工具箱及防护网。

(三) 宣传教育

(1) 编印安全技术劳动保护的参考书、刊物、宣传画、标语、幻灯及电影片等。

(2) 举行安全技术劳动保护展览室、设立陈列室、教育室等。

(3) 举办安全操作方法的教育训练及座谈会、报告会等。

(4) 建立与贯彻有关安全生产规章制度的措施。

(5) 开展安全技术劳动保护的研究与试验工作，添置所需工具、仪器等。

四、施工安全技术措施

(一) 编制施工安全技术措施的重要性

1. 编制施工安全技术措施必要性

建筑装饰金属工程施工是一项复杂的生产过程，产品是固定的，而且在同一个施工现场需要组织多工种，甚至多单位协同施工。为此，必须编制指令性的施工技术文件——施工组织设计或施工方案。而安全技术措施是施工组织设计（或方案）的重要组成部分。施工安全技术措施是针对该项工程施工中存在的不安全因素进行预先分析，从而进行控制和消除工程施工过程中的隐患，从技术上和管理上采取措施防止发生人身事故。

2. "安全第一，预防为主"是编制安全技术措施的指导思想

一个工程从开工到竣工是一个极其复杂的活动过程，尤其碰到一些技术难度大，危险性作业多，进度要求快的工程，更需要有一个周密的安全技术措施。对施工过程中每一项部署，都必须首先考虑、保证安全。

(二) 安全技术措施是具体指导安全施工的规定，也是检查施工是否安全的依据

在安全施工方面，尽管有国家、地区和企业的指令性文件，有各种规章制度和规范，但这些只是带普遍性的规定要求。对某一个具体工程，尤其是较为复杂的工程，或某些特殊项目来说，还需要有具体的要求。应根据不同工程的结构特点和施工方法，提出各种有针对性的、具体的安全技术措施，如安全网搭设，防火、防雷的措施等。它不仅具体地指导了施工，又是进行安全交底、安全检查和验收的依据，也是职工生命安全的根本保证。

(三) 施工安全技术措施编制的要求

1. 要在工程开工前编制，并经过审批

要求在开工前编制好安全技术措施，在工程图纸会审时，就必须考虑到施工安全。

2. 要有针对性

编制安全技术措施的技术人员必须掌握工程概况、施工方法、场地环境、条件等第一手资料，并熟悉安全法规、标准等才能有针对性的编写安全技术措施。

(1) 针对不同工程的特点可能造成施工的危害，从技术上采取措施，消除危险，保证施工安全。

(2) 针对不同的施工方法可能给施工带来不安全因素，从技术上采取措施，保证安全施工。

(3) 针对使用的各种机械设备、变配电设施给施工人员可能带来哪些危险因素，从安全保险装置等方面采取技术措施。

(5) 针对施工场地及周围环境，给施工人员或周围居民带来危害，以及材料、设备运输带来的困难和不安全因素，从技术上采取措施，给以保护。

(三) 施工安全技术措施的主要内容

工程大致分为两种：一是结构共性较多的称为一般工程；二是结构比较复杂、施工特点较多的称为特殊工程。

1. 一般工程安全技术措施的主要内容

(1) 脚手架、吊篮、工具式脚手架等选用及设计搭设方案和安全防护措施。

(2) 高处作业的上下通道及防护措施。

(3) 安全网（平网、立网）的架设要求、范围（保护区域）、架设层次、段落。

(4) 对施工用的电梯、井架（龙门架）等垂直运输设备，位置及搭设要求，稳定性、安全装置等的要求和措施。

(5) 施工洞口及临时的防护方法和立体交叉施工作业区的隔离措施。

(6) 编制施工临时用电的组织设计和绘制临时用电图纸。在建工程的外侧边缘与外电架空线路的距离没有达到最小安全距离而采取的防护措施。

(7) 中小型机具的使用安全。

(8) 防火、防毒、防爆、防雷等安全措施。

(9) 在建工程与周围人行通道及民房的防护隔离设置。

2. 特殊工程安全技术措施

对于结构复杂，危险性大，特性较多的特殊工程，应编制单项的安全措施，并要有设计依据、计算、详图、文字要求等。

3. 季节性施工安全措施

季节施工安全措施，就是考虑不同季节的气候，对施工生产带来的不安全因素，可能造成各种突发性事故，而从防护上、技术上、管理上采取措施。一般建筑装饰金属工程可在施工组织设计或施工方案的安全技术措施中编制季节性施工安全措施；危险性大、高温作业多的建筑装饰金属工程，应编制季节性的施工安全措施。季节性主要指夏季、雨季和冬季。

(1) 夏季施工安全措施。夏季气候炎热，高温时间持续较长，主要是做好防暑降温。

(2) 雨季施工安全措施。雨季进行作业，主要做好防触电、防雷、防坍塌、防台风。

(3) 冬季施工安全措施。冬季进行作业，主要应做好防风、防火、防滑、防煤气中毒、防亚硝酸钠中毒的工作。

(五) 认真贯彻执行施工安全技术措施

(1) 认真进行安全技术措施的交底。工程开工前，总工程师或技术负责人，要将工程概况、施工方法和技术措施，向参加施工的工地负责人、工长和职工进行安全技术交底。每个单项工程开始前，应重复进行单项工程的安全技术交底。对安全技术措施中的具体内容和施工要求，应向工地负责人、工长进行详细交底和讨论，使执行者了解其道理，为安全技术措施的落实打下基础，安全交底应有书面材料，有双方签字和交底日期。

(2) 安全技术措施中的各种安全设施、防护装置的实施应列入施工任务单，责任落实到班组或个人，并实行验收制度。

(3) 加强安全技术措施实施情况的检查，技术负责人、编制者和安全技术人员，要经常深入工地检查安全技术措施的实施情况，及时纠正违反安全技术措施的行为，要对施工安全技术措施及时补充和修改，使之更加完善、有效。各级安全部门要以施工安全技术措施为依据，以安全法规和安全规章制度为准则，经常性地对各工地实施情况进行检查，并监督各项安全措施的落实。

五、安全教育与培训

(一) 安全教育的目的与意义

安全是生产赖以正常进行的前提，也是社会文明与进步的重要尺度之一，而安全教育又是安全管理工作的重要环节，安全教育的目的，是提高全员安全素质、安全管理水平和防止事故、实现安全生产。

(1) 企业应建立三级安全教育和特殊工种安全培训制度。

(2) 安全教育是提高全员安全素质，实现安全生产的基础。通过安全教育，提高企业各级生产管理人员和广大职工搞好安全工作的责任感和自觉性，增强安全意识，掌握安全生产的科学知识，不断提高安全管理水平和安全操作技术水平，增强自我防护能力。

(3) 安全工作是与生产活动紧密联系的，与经济建设、生产发展、企业深化改革、技术改造同步进行；只有加强安全教育工作才能使安全工作不断适应改革形势的要求。改革开放以来大批的农民工进城从事建筑装饰金属工程施工，伤亡事故增多。其中，重要原因之一，是安全教育没有跟上，安全意识淡薄、安全素质差、安全知识匮乏。因此，在经济改革中，强化安全教育是十分重要的。

(二) 安全教育的内容

安全教育，主要包括安全生产思想、安全知识、安全技能三个方面的教育。

1. 安全生产思想教育

安全思想教育应从加强思想路线、方针政策和劳动纪律教育两个方面进行。

(1) 思想路线和方针政策的教育，一是提高各级领导干部和广大职工群众对安全生产重要意义的认识。从思想上、理论上认识社会主义制度下搞好安全生产的重大意义，以增强关心人、保护人的责任感，树立牢固的群众观点。二是通过安全生产方针、政策教育，提高各级领导、管理干部和广大职工的政策水平，使他们正确全面地理解党和国家的安全生产方针、政策、严肃认真地执行安全生产方针、政策和法规。

(2) 劳动纪律教育，主要是使广大职工懂得严格执行劳动纪律对实现安全生产的重要性。企业的劳动纪律是劳动者进行共同劳动时必须遵守的规则秩序。反对违章指挥，反对违章作业，严格执行安全操作规程，遵守劳动纪律是贯彻安全生产方针，减少伤亡事故，实现安全生产的重要保证。

2. 安全知识教育

企业所有职工必须具备安全基本知识。因此，全体职工都必须接受安全知识教育和每年按规定学时进行安全培训。安全基本知识教育的主要内容是：企业的基本生产概况；施工流程、方法；企业施工危险区域及其安全防护的基本知识和注意事项；机械设备、场内运输的有关安全知识；高处作业安全知识；各种机具的使用安全知识；消防制度及灭火器材应用的基本知识；个人防护用品的正确使用知识等等。

3. 安全技能教育

安全技能教育，就是结合本工种专业特点，实现安全操作、安全防护必须具备的基本技术知识要求。每个职工都要熟悉本工种、本岗位专业安全技术知识。安全技能知识是比较专门、细致和深入的知识。它包括安全技术、劳动卫生和安全操作规程。国家规定建筑登高架设、焊接等特种作业人员必须进行专门的安全技术培训，并经考试合格，持证上岗。

4. 法制教育

定期和不定期对全体职工进行遵纪守法的教育，以杜绝违章指挥、违章作业的现象发生。

(三) 安全教育的基本要求

1. 领导干部必须先受教育

安全生产工作是企业管理的一个组成部分，企业领导是安全生产工作第一责任者。“安全工作好不好，关键在领导”。领导的思想认识提高了，就能将安全生产工作列入重要议事日程，带头遵守安全生产规章制度，身教重于言教，必然对群众起到有效的教育作用。领导要自觉地学习安全法规、安全技术知识，提高安全意识和安全管理工作领导水平。企业主管部门也应经常对企业领导干部进行安全生产工作宣传教育、考核。

2. 新工人三级安全教育

(1) 三级安全教育是企业必须坚持的安全生产基本教育制度。对新工人都必须进行公司、工程处、班组的三级安全教育。

(2) 三级安全教育一般由安全、教育和劳资等部门配合组织进行。经教育考试合格者才准许进入生产岗位。不合格者必须补课、补考。

(3) 对新工人的三级安全教育，要建立档案，如职工安全生产教育卡等，新工人工作一个阶段后还应进行重复性的安全再教育，以加深安全的感性和理性认识。

(4) 三级安全教育的主要内容：

1) 公司进行安全基本知识、法规、法制教育，主要内容是：①党和国家的安全生产方针；②安全生产法规、标准和法制观念；③本单位施工过程及安全生产规章制度，安全纪律；④本单位安全生产的形势及历史上发生的重大事故及应吸取的教训；⑤发生事故后如何抢救伤员、排险、保护现场和及时报告。

2) 工程处（项目处）进行现场规章制度和遵章守纪教育，主要内容是：①本单位施工基本知识；②本单位安全生产制度、规定及安全注意事项；③本工种的安全技术操作规程；④机械设备、电气安全及高处作业安全基本知识；

3）班组安全生产教育由班组长主持进行，或由班组安全员及指定技术熟练、重视安全生产的老工人讲解。进行本工种岗位安全操作及班组安全制度、纪律教育。主要内容包括：①本班组作业特点及安全操作规程；②班组安全活动制度及纪律；③爱护和正确使用安全防护装置（设施）及个人劳动防护用品；④本岗位易发生事故的不安全因素及防范对策；⑤本岗位的作业环境及使用的机械设备、工具的安全要求。

3. 特种作业人员的培训

（1）1986 年 3 月 1 日起实施的 GB 5306—85《特种作业人员安全技术考核管理规则》是我国第一个特种作业人员安全管理方面的国家标准。对特种作业的定义、范围、人员条件和培训、考核、管理都做了明确的规定。

（2）特种作业的定义是“对操作者本人，尤其是对他人和周围设施的安全有重大危害因素的作业，称为特种作业”。直接从事特种作业者，称为特种作业人员。

（3）特种作业的范围

主要包括：①电工作业；②起重机械操作；③爆破作业；④金属焊接（气焊）作业；⑤机动车辆驾驶、轮机操作；⑥建筑登高架设作业；⑦符合特种作业基本定义的其他作业。

（4）从事特种作业的人员，必须经国家规定的有关部门进行安全教育和安全技术培训，并经考核合格取得操作证者，方准独立作业。

4. 经常性教育

安全教育培训工作，必须做到经常化、制度化，警钟长鸣。

（1）经常性教育主要内容

经常性教育的主要内容包括：①上级的劳动保护、安全生产法规及有关文件、指示；②各部门、科室和每个职工的安全责任；③遵章守纪；④事故案例及教训和安全技术先进经验、革新成果等

（2）采用新技术、新工艺、新设备、新材料和调换工作岗位

时，要对操作人员进行新技术操作和新岗位的安全教育，未经教育不得上岗操作。

(3) 班组应每周安排一次安全活动日，可利用班前或班后进行。

安全活动日的内容包括：①学习党、国家和企业随时下达的安全生产规定和文件；②回顾上周安全生产情况，提出下周安全生产要求；③分析班组工人安全思想动态及现场安全生产形势。

(4) 适时安全教育，根据建筑装饰金属工程施工的生产特点进行“五抓紧”的安全教育，即：①工程突击赶任务，往往不注意安全，要抓紧安全教育；②工程接近收尾时，容易忽视安全，要抓紧安全教育；③施工条件好时，容易麻痹，要抓紧安全教育；④季节气候变化，外界不安全因素多，要抓紧安全教育。节假日前后，思想不稳定，要抓紧安全教育，使之做到警钟长鸣。

(5) 纠正违章教育。企业对由于违反安全规章制度而导致重大险情或未遂事故的职工，进行违章纠正教育。

六、施工现场安全管理

(一) 施工现场安全管理

1. 加强施工现场安全管理的重要性

(1) 施工现场是企业安全系统管理的基础。施工现场安全管理是组织实施，保证生产处于最佳安全状态最重要的一环。

(2) 安全动态变化较大。因此必须强化施工现场安全动态管理。

(3) 社会经济变革，安全管理是否及时适应、配套跟上，首先在施工现场敏感地表现出来。如，随着经济体制的改革，建筑市场的开放，乡镇施工队伍发展很快，这些队伍由于没有很好地经过安全培训，职工队伍安全素质低，自我保护能力差，施工现场安全管理混乱，致使乡镇施工队伍重大伤亡事故频频发生。

2. 施工现场安全管理

施工现场安全管理主要分四大类：①安全组织管理（包括机构、制度、资料）；②场地设施管理（文明施工）；③行为安全规定；④安全技术管理。

（二）施工现场安全组织

（1）施工现场（工地）的负责人（或项目经理）为安全生产的第一责任者，应视工程大小设置专（兼）职安全人员和相应的安全机构。

（2）成立以工地负责人（项目经理）为主的，有施工员、安全员、班组长等参加的安全生产管理小组，并成立安全管理网络。

（3）要建立由工地领导参加的包括施工员、安全员在内的轮流值班制度，检查监督施工现场及班组安全制度贯彻执行，并做好安全值日记录。

（4）工地要建立健全各类人员的安全生产责任制、安全技术交底、安全宣传教育、安全检查、安全设施验收和事故报告等管理制度。

（5）班组新调入工地时，应将班组安全员名单报告工地安全生产管理小组。属特种作业人员班组还应报告本班组持有操作证情况。同时，工地安全生产管理小组要向班组进行安全教育和安全交底。

（6）总、分包工程或多单位联合施工工程，总包单位应统一领导和管理安全工作，并成立以总包单位为主，分包单位（或参加施工单位）参加的联合安全生产领导小组，统筹、协调、管理施工现场的安全生产工作。

（7）各分包单位（或参加施工单位）根据管生产必须管安全的原则，都应成立分包工程安全管理组织和确定安全负责人，负责分包工程安全管理，并服从总包单位的安全监督检查。

（三）施工现场的安全要求

1.一般工程的施工现场的基本要求

（1）施工现场的安全设施

施工现场的安全设施，如安全网、洞口盖板、护栏、防护罩、各种限制保险装置必须齐全有效，并且不得擅自拆除或移动，因施工确实需要移动时，必须经工地施工管理负责人同意，并需要采取相应的临时安全设施，在完工后立即复原。

（2）安全标牌

施工现场除应设置安全宣传标语牌外，危险部位还必须悬挂按照（GB 2893—82）《安全色》和（GB 2894—82）《安全标志》规定的标牌。夜间有人经过的坑洞等处还应设红灯示警。

2. 特殊工程施工现场

（1）特殊工程系指：工程本身的特殊性或工程所在区域的特殊性或采用的施工工艺、方法有特殊要求的工程。

（2）特殊工程施工现场安全管理，除一般工程的基本要求外，还应根据特殊工程的性质、施工特点、要求等制定针对性的安全管理和安全技术措施，基本要求是：

1）编制特殊工程现场安全管理制度并向参加施工的全体职工进行安全教育和交底。

2）特殊工程施工现场周围要设置围护，要有出入制度并设值班人员。

3）强化安全监督检查制度，并认真做好安全日记。

4）对于从事危险作业的人员在进入作业区时要进行安全检测，作业时应设监护。

5）施工现场应设医务室或医务人员。

6）要备有救灭火灾、防爆等灾害的器材物资。

3. 安全技术管理

单位工程的安全技术管理工作程序是：根据工程特点进行安全分析、评价、设计、制定对策、组织实施。实施中收集信息反馈，进行必要的技术调整或巩固安全技术效果。

（1）内业

内业即技术分析、决策和信息反馈的研究处理。安全技术资料是内业管理的重要工作，它不仅是施工安全技术的指令性文件、实施的依据和记录，而且是提供安全动态分析的信息流，并且对上级制定法规、标准也有着重要的研究价值。

单位工程安全技术管理基础资料包括：①施工现场安全管理组织机构；②施工现场安全管理生产岗位责任制；③施工现场安全管理生产规章制度；④施工组织设计（或方案）安全技术措施；⑤分部、分项安全技术交底书（包括采用新工艺、新技术、新设备、新材料安全交底书和安全操作规定）；⑥安全设施任务单，复杂或特殊要求的设施，还应有设计图纸、计算书；安全设施验收书（包括加工机具、用电等）；⑦施工现场安全生产活动记录；⑧安全教育档案（包括新工人进场培训考核资料、进场安全教育、变换工种安全教育和每月安全学习资料）；⑨班组安全生产活动记录（包括班组班前安全检查、安全交底和安全学习资料）；⑩安全检查和事故隐患整改记录等。

各种资料，应手续齐全，字迹清楚，并设专人管理。

（2）外业

外业主要是组织实施，监督检查。

1）作业部门（班组及人员）都必须遵照经审定批准的措施方案和有关安全技术规范进行施工作业。

2）各项安全设施如安全网、施工用电、洞口、临边等的搭设及其防护装置完成后必须验收，合格后才能使用。

3）各项安全措施、防护装置如确因施工工序中需要临时拆除或移位时，必须按规定报告经批准后方可拆除，并采取必要的其他防范措施，工序完工后要及时复原。

4）各施工作业完成后，安全设施、防护装置确认不再需要时，要经批准方可拆除。

七、安全检查

（一）安全检查的目的与意义

安全的基本含义是预知危险和消除危险，即告诉人们怎样识别危险和预防危险。

1．安全生产检查的意义

（1）通过检查，可以发现施工中的不安全（人的不安全行为和物的不安全状态）、不卫生问题，从而采取对策，消除不安全因素，保障安全生产。

(2) 利用安全生产检查，进一步宣传、贯彻、落实党和国家安全生产方针、政策和各项安全生产规章制度。

(3) 安全检查实质也是一次群众性的安全教育。通过检查，增强领导和群众安全意识，纠正违章指挥、违章作业，提高搞好安全生产的自觉性和责任感。

2. 安全检查的内容

安全检查的内容应根据施工特点，制定检查项目、标准。主要是查思想、制度、机械设备、安全设施、安全教育培训、操作行为、劳保用品使用、伤亡事故的处理等。

3. 安全检查的形式

安全检查有经常性、定期性、突击性、专业性、季节性等多种形式。

(1) 主管部门（包括中央、省、市级建设行政主管部门）对下属单位进行的安全检查。通过检查总结，积累安全生产经验，对基层推动作用较大。

(2) 定期安全检查。企业内部必须建立定期分级安全检查制度。一般中型以上的企业，每季度组织一次安全检查；工程处（项目处）每月或每周组织一次安全检查。每次安全检查应由单位领导或总工程师（技术领导）带队，有工会、安全、动力设备、保卫等部门派员参加。这种制度性的定期检查内容，属全面性和考核性的检查。

(3) 专业性安全检查。专业安全检查应由企业有关业务部门组织有关人员对某项专业（如：加工机具、电气等）的安全问题或在施工中存在的普遍性安全问题进行单项检查。这类检查专业性强，也可以结合单项评比进行，参加专业安全检查的人员，主要应由专业技术人员、懂行的安全技术人员和有实际操作、维修能力的工人参加。

(4) 经常性的安全检查。在施工过程中进行经常性的预防检查。能及时发现隐患，消除隐患，保证施工的正常进行，通常有：①班组进行班前、班后岗位安全检查；②各级安全员及安全值班人员日常巡回安全检查；③各级管理人员在检查生产同时检查安全。

(5) 季节性及节假日前后安全检查。季节性安全检查是针对气候特点（如：冬季、夏季、雨季、风季等）可能给施工带来危害而组织的安全检查。节假日（特别是重大节日，如：元旦、劳动节、国庆节）前、后防止职工纪律松懈、思想麻痹等进行的检查。

(6) 施工现场还要经常进行自检、互检和交接检查。

1) 自检。班组作业前、后对自身所处的环境和工作程序进行安全检查，可随时消除不安全隐患。

2) 互检。班组之间开展的安全检查。可以做到互相监督、共同遵章守纪。

3) 交接检查。上道工序完毕，交给下道工序使用前，应由工地负责人组织工长、安全员、班组及其他有关人员参加，进行安全检查或验收，确认无误或合格，方能交给下道工序使用。

八、建筑装饰金属工程施工现场有关安全要求

1. 现场用电与有关安全要求

建筑装饰金属工程施工现场临时用电应按现行国家标准和符合建设部《施工现场临时用电安全技术规范》(JGJ46—88) 执行外，并应遵守下列要求：

(1) 高层建筑施工现场临时用电及设备容量在 50kW 以上者，应制定安全用电技术措施和电气防火措施。

(2) 施工现场的一切电气线路、设备安装、维护必须由持证电工负责，并要定期检查，建立安全技术档案。

(3) 施工现场必须采用“三相五线制”供电。由专用变压器中性点直接接地供电的必须采用 TN—S 接零保护系统。当施工现场与外电线路共用同一供电系统时，电气设备应按要求作保护接零或做保护接地，但不得一部分设备作保护接零，另一部分设备作保护接地。潮湿或条件较差的施工现场的电气设备必须采用

保护接零。

(4) 各种电气设备应装专用开关和插销，插销上应具备专用的保护接零（接地）触头。严禁将导电触头误接作接地触头使用。

(5) 架空供电线路必须用绝缘导线，以绝缘于支承的专用电杆（水泥杆、木杆），或沿墙架设。电杆的拉线必须装设拉力绝缘子。严禁供电线路设在树上、脚手架上。

(6) 施工现场架空线路应装设在起重臂回转半径以外，如达不到此要求时，必须搭设防护架，或采用其他措施。

(7) 禁止使用不合格的保险装置和霉烂电线。一切移动式用电设备的电源线（电缆）全长不得有驳口，外绝缘层应无机械损伤。若地下水过大，不能达到上述要求者，必须另行制定切实有效的安全措施才能作业。

(8) 开关箱必须严格实行“一机一闸一漏电开关”制，严禁用同一个开关直接控制二台及二台以上用电设备（含插座）。开关箱内禁止存放杂物，门应加锁及应有防雨、防潮措施。

(9) 拆除施工现场线路时，必须先切断电源，严禁留有可能带电的导线。

(1) 拉闸停电进行电气检修作业时，必须在配电箱门挂上“有人操作，禁止合闸”的标志牌，必要时设专人看守。

2．临时用电

施工现场临时用电除必须严格执行《施工现场临时用电安全技术规范》JGJ46－88 和《建设工程施工现场供用电安全规范》GB50194—93 外还应遵守下列要求。

(1) 施工现场临时用电的安全管理要求

1) 施工现场必须按工程特点编制施工临时用电施工组织设计（或方案），并由主管部门审核后实施。

临时用电施工组织设计包括如下内容：①用电机具明细表及负荷计算书；②现场供电线路及用电设备布置图，布置图应注明线路架设方式、导线、开关电器、保护电器、控制电器的型号及规格；③接地装置的设计计算及施工图；④发、配电房的设计计算，发电机组与外电连锁方式；⑤大面积的施工照明，150 人及以上居住的生活照明用电的设计计算及施工图纸；⑥安全用电检查制度及安全用电措施。

2）各施工现场必须设置一名电气安全负责人，电气安全负责人应由技术好、责任心强的电气技术人员或工人担任，其责任是负责该现场日常安全用电管理。

3）施工现场的一切电气线路、用电设备的安装和维护必须由持证电工负责，并严格执行施工组织设计的规定。

4）施工现场应视工程量大小和工期长短，必须配备足够的（不少于 2 名）持有市、地劳动安全监察部门核发电工证的电工。

5）施工现场使用的大型机电设备，进场前应通知主管部门派员鉴定合格后才允许运进施工现场安装使用，严禁不符合安全要求的机电设备进入施工现场。

6）一切移动式电动机具（如切割机、手持电动机具等）机身必须写上编号，检测绝缘电阻、检查电缆外绝缘层、开关、插头及机身是否完整无损，并列表报主管部门检查合格后才允许使用。

7）施工现场严禁使用明火电炉（包括电工室和办公室）、多用插座及分火灯头，220V 的施工照明灯具必须使用护套线。

8）施工现场应设专人负责临时用电的安全技术档案管理工作。临时用电安全技术档案应包括以下内容：①临时用电施工组织设计；②临时用电安全技术交底；③临时用电安全检测记录；④电工维修工作纪录。

（2）施工现场对外电线路的安全距离及防护的要求

1）在建工程不得在高、低压线路下方施工；高低压线路下方，不得搭设作业棚，建造生活设施，或堆放构件、架具、材料及其他杂物等。

2）在建工程（含脚手架具）的外侧边缘与外电架空线路的边线之间必须保持安全操作距离。

3）旋转臂架式起重机的任何部位或被吊物边缘与10kV以下的架空线路边缘最小水平距离不得小于2m。

4）施工现场开挖非热管道沟槽的边缘与埋地电缆沟槽边缘之间的距离不得小于0.5m

5）对达不到有关规定的最小距离时，必须采取防护措施，增设屏障。遮栏、围栏或保护网，并悬挂醒目的警告标志牌。

6）在架设防护设施时，应有电气工程技术人员或专职安全人员负责监护，或采取停电后进行。

7）所架设的遮栏、围栏或保护网应有足够的强度和刚度，与带电体的安全距离应满足有关规定。

8）对与带电体的安全距离不能满足有关规定时，必须与有关部门协商，采取停电、迁移外电线路或改变工程位置等措施，否则不得施工。

9）在外电架空线路附近开挖沟槽时，必须防止外电架空线路的电杆倾斜、倾倒，或会同有关部门采取加固措施。

10）在有静电的施工现场内，集聚在机械设备上静电，应采取接地泄漏措施。

(3) 施工现场临时用电的接地与防雷安全要求

施工现场必须采用“三相五线制”供电，并必须符合下列要求：

1）由中性点直接接地的专用变压器供电的施工现场，必须采用TN—S保护接零系统（用电设备的金属外壳必须采用保护接零），专用保护接零线的首、末端及线路中间必须重复接地，重复接地电阻必须符合《施工现场临时用电安全技术规范》JGJ46—88的有关规定。

2）由公用变压器供电的施工现场，全部金属设备的金属外壳，必须采用保护接地。电气设备的金属外壳必须通过专用接地干线与接地装置可靠连接，接地干线的首、末端及线路中间必须与接地装置可靠连接，每一接地装置的接地电阻不得大于4Ω。

3）“三相五线制”的供电干线、分干线必须敷设至各级电制箱。

4）专用保护接零（地）线的截面积与工作零线相同，且不得小于干线截面积的 50%，其机械强度必须满足线路敷设方式的要求（架空敷设不得小于 10mm^2 的铜芯绝缘线）。

5）接至单台设备的保护接零（地）线的截面积不得小于接至该设备的相线截面积的 50%，且不得小于 2.5mm^2 多股绝缘铜芯线（设备出厂已配电缆，且必须拆开密封部件才能更换电缆的设备除外，如潜水泵）。

6）与相线包扎在同一外壳的专用保护接零（地）线（如电缆），其颜色必须为绿/黄双色线，该芯线在任何情况下不准改变用途。

7）专用保护接零（地）线在任何情况下严禁通过工作电流。

8）动力线路可装设短路保护，照明及安装在易燃易爆场所的线路必须装设过载保护。

9）用熔断器作短路保护时，熔体额定电流应不大于电缆线路或绝缘导线穿管敷设线路的导体允许载流量的 2.5 倍（即 $I_{熔} \leqslant 2.5I_{线}$），或明敷绝缘导线允许载流量的 1.5 倍（即 $I_{熔} \leqslant 1.5I_{线}$）。

10）用自动开关作线路短路保护时，自动开关脱扣器的额定电流不小于线路负荷计算电流，其整定值应不大于线路导体长期允许载流量的 2.5 倍（即 $I_{脱} \leqslant 2.5I_{线}$）。

11）装设过载保护的供电线路，其绝缘导线的允许载流量，应不小于熔断器熔体额定电流或自动开关过载电流长延时脱扣器整定电流的 1.25 倍（即 $I_{线} \geqslant 1.25I_{熔}$ 或 $I_{线} \geqslant 1.25I_{脱}$）。

12）保护、控制线路的开关、熔断器应按线路负荷计算电流的 1.3 倍选择（即 $I_{开} \geqslant 1.3I_{计}$）。

（4）施工现场的配电线路的安全要求

1）架空供电线路必须用绝缘导线，以绝缘于支承，用专用电杆（水泥杆、木杆）或沿墙架设。电杆的板线（拉线）必须装设拉力绝缘子，拉力绝缘子距离地面不得小于 2.5m，拉线的截面积不小于 3×ϕ4 镀锌铁线。严禁供电线路架设在树木、脚手架上。

2）架设室外供电线路时，施工操作人员必须遵守下列要求：

①电杆使用小车搬运时，应捆绑卡牢；人工抬运时，动作要一致，电杆不应离地过高；

②人工立杆，所用叉木应坚固完好，操作时，互相配合，用力均衡。机械立杆，两侧应设溜绳。立杆时坑内不得有人，基坑夯实后，方准拆去叉木或拖拉绳；

③登杆前，杆根应夯实牢固。旧木杆杆根单侧腐朽深度超过杆根直径的 1/8 以上时，应经加固后方能登杆；

④登杆操作脚扣应与杆径相适应。使用脚踏板，钩子应向上。安全带应拴于安全可靠处，扣环扣牢，不准拴于瓷瓶或横担上。工具、材料应用绳索传递，禁止上下抛扔；

⑤杆上紧线应侧向操作，并将夹紧螺栓拧紧。紧有角度的导线，应在外侧作业。调整拉线时，杆上不得有人；

③紧线用的铁丝或钢丝绳，应能承受全部拉力，与导线的连接，必须牢固。紧线时，导线下方不得有人。单方向紧线时，反方向应设置临时拉线；

①电缆盘上的电缆端头，应绑扎牢固。放线架、千斤顶应设置平稳，线盘应缓慢转动，防止脱杠或倾倒。电缆敷设至拐弯处，应站在外侧操作。

3）引入高层建筑内的供电线路，必须使用电缆穿钢管埋地敷设，引至各施工层的供电线路应用电缆沿管井、电缆井、电梯井架设，且每层不少于一个绝缘支承点。

4）室外供电线路的架设高度不小于 4m，电缆线路可放宽为 3m，但应保证施工机械及运输车辆安全通过。过通车道路的架设高度不小于 6m。

5）室内供电线路的安装高度不得小于 2.5m，并应保证人员正常活动不能触及供电线路。

6）锤击桩机的电源必须采用 YZA 系列安全型橡套电缆，其专用保护接零（地）芯线必须为绿/黄双色线，电缆全长不得有驳口，外绝缘层无机械损伤。

7）一切移动式用电设备的电源电缆全长不得有驳口，外绝缘层无机械损伤。

8）凡有接驳口及外绝缘层有明显机械损伤的电缆，必须按架空规定敷设。

（5）施工现场临时用电漏电保护装置的安全要求

施工现场的电气设备必须实行三级漏电开关保护，各级漏电开关的额定电流、额定动作电流、额定动作时间必须符合下列要求：

1）保护总干线的漏电开关（即总配电箱的漏电开关），其额定动作电流不大于250mA，动作时间在0.2s内。

2）保护分干线的漏电开关（即分配电箱内的漏电开关），其额定动作电流不大于150mA，动作时间在0.1s内。

3）保护额定电流或负荷计算电流大于30A的单台设备的漏电开关，其额定动作电流不大于设备的额定电流或负荷计算电流的0.1%，动作时间在0.1s内。

4）运行中发现漏电开关跳闸，必须检查该漏电开关所保护的线路或设备的绝缘情况，在确实排除故障后才允许再合闸送电，严禁将保护线路或设备的漏电开关退出运行。

5）定期检查各级的漏电保护开关，发现失灵必须立即更换。

6）失灵的漏电开关必须送专业生产厂或有维修资格的单位、部门维修，严禁现场电工或其他电工自行维修漏电开关。

7）常用漏电开关基本接线应符合有关规定。

（6）施工现场配电装置的安全要求

施工现场的配电装置必须符合下列要求：

1）必须严格执行一机一闸一漏电开关控制保护的规定。

2）控制保护设备的开关电器、熔断器的额定电流应不小于设备的额定电流或负荷计算电流的1.3倍，直接操作4.5kW及以下的单台电动机的刀闸开关，其额定电流应不小于设备电流的

3倍。

3）各种开关电器、控制电器、保护电器必须安装在门锁齐全、铁皮制造的配电箱内，严禁使用木质配电箱。

4）施工现场的配电箱必须用红油漆在箱门写上编号。

5）施工现场的配电箱安装高度不小于1.3m，移动式开关箱的高度不小于0.6m（箱底至地面、楼面或脚手架走道板），控制、保护固定安装设备的配电箱、开关箱距离设备的水平距离不得大于3m。

6）配电箱（开关箱）安装必须牢固，严禁放在地（楼）面及脚手架走道板上。

7）控制两个供电回路或两台设备及以上的配电箱，箱内的开关电器，必须在其外壳注明开关所控制的线路或设备名称（可用不干胶纸贴上）。

8）配电箱内的开关电器、控制电器、保护电器必须完好无损，可动部分灵活，箱内电器接线整齐，无外露导电部分，进出线必须从箱底进出，非电缆线路应加塑料护套保护线路进出位置。

（7）施工现场临时用电的安全要求

1）施工现场照明的电压等级、灯具及其安装高度必须符合《施工现场临时用电安全技术规范》（JGJ46—88）的要求。

2）生产工人必须遵守下列安全要求：

①使用移动式用电设备（如手持式电动工具）操作者，必须穿绝缘鞋、戴绝缘手套。

②电源电缆长的移动式用电设备，必须设专人执行，调整电缆（操作者必须穿绝缘鞋、绝缘手套）严禁电缆浸水。

3）现场电气人员的配备及其职责的基本内容

①施工现场必须视工作量大小配备足够的持证电工（不少于两名），电工应持市、地劳动安全监察部门核发的电工证；

②在现场电工中，应由项目负责人指定一名责任心强，技术较高的电工为现场电气负责人，电气负责人的职责是负责该现场

日常安全用电管理和保管安全用电技术档案；

③施工现场的一切用电设备的金属外壳必须接零（由专用变压器供电）或接地（由公用变压器供电）保护，现场电工必须熟悉现场的用电施工组织设计，正确安装、维护现场的电气设备；

④现场电工必须严格遵守操作规程、安装规程、安全规程，维修电气设备时应尽量断开电源，验明单相无电，并在开关的手柄上挂上“严禁合闸、有人工作”的标示牌方能进行工作，未经验电，则应按带电作业的规定进行工作；

⑤现场电工不得随意调整自动开关脱扣器的整定电流或开关、熔断器内的熔体规格，对总配电柜、干线、重要的分干线及大型施工机械的配电装置作上述调整时，必须得到电气质安员同意方能进行；

⑥现场的一切电气设备必须由持证电工安装、维护，非电工不得私自安装、维修、移动一切电气设备；

⑦运行中的漏电开关发生跳闸必须查明原因才能重新合闸送电，发现漏电开关损坏或失灵必须立即更换。漏电开关应送生产厂或有维修资质的单位修理，严禁现场电工自行维修漏电开关，严禁漏电开关撤出或在失灵状态下运行；

⑧一切用电设备必须按一机一闸一漏电开关控制保护的原则安装施工机具，严禁一闸或一漏电开关控制或保护多台用电设备(包括连接电气器具的插座)；

⑨严禁线路两端用插头连接电源与用电设备或电源与下一级供电线路；

⑩潮湿场所的灯具安装高度小于2.5m必须使用36V照明电压，人工挖孔桩孔内照明必须使用12V照明电压；

现场电工除做好规定的定期检查外，平时必须对电气设备勤巡、勤查，发现事故隐患必须立即消除。对上级发出的安全用电整改通知书必须在规定的期限内彻底整改，严禁电气设备带病运行。

3. 高处作业安全要求

(1) 高处作业应严格贯彻执行国家标准和建设部《建筑施工高处作业安全技术规范》JGJ80—91外，并应遵守下列要求：

1）对从事高处作业的人员，必须经过体格检查，经医务人员证明后，方可登高操作。不适宜于高处作业的人，禁止进行高处作业。

2）高处作业的环境、通道必须经常保持畅通，不得堆放与操作无关的物件。

3）超过2m的高处或悬空作业时，如无稳固的立足点或可靠防护措施，均应扣挂好安全带。

安全带使用前必须经过检查合格。安全带应绑在稳固的地方，扣环应悬挂在腰部的上方，并要注意带子不能与锋利或毛刺的地方接触，以防摩擦割断。

4）在同一垂直面上下交叉作业时，必须设置有效的安全隔离和安全网，下方操作人员必须配戴好安全帽。

5）高处作业衣着要灵便，禁止穿拖鞋、高跟鞋、硬底鞋和带钉易滑的鞋或光脚。所用材料要堆放平稳，工具应随手放人工具袋（套）内。上下传递物件禁止抛掷。

6）凡未搭设外脚手架平桥而必须探身进行外墙面工作或靠近墙顶操作者，应在外墙挂设安全网，必要时扣紧安全带。

7）没有安全防护设施，禁止在屋架上弦、支撑、挑梁和未固定的构件上行走或作业。高处作业与地面联系，应设通讯装置，并由专人负责。

8）乘人的外用电梯、吊机、吊笼，应有可靠的安全装置。除指派的专业人员外，禁止攀登起重臂、绳索和随同运料的吊篮、吊装物上下。

(2) 一般安全要求

1）高处作业的安全技术措施及其所需料具，必须列人工程的施工组织设计。

2）单位工程施工负责人应对工程的高处作业安全技术负责并建立相应的责任制。

施工前，应逐级进行安全技术教育及交底，落实所有安全技术措施和人身防护用品，未经落实时不得进行施工。

3）高处作业中的安全标志、工具、仪表、电气设施和各种设备，必须在施工前加以检查，确认其完好，方能投入使用。

4）攀登和悬空高处作业人员以及搭设高处作业安全设施的人员，必须经过专业技术培训及专业考试合格，持证上岗，并必须定期进行体格检查。

5）施工中对高处作业的安全技术设施，发现有缺陷和隐患时，必须及时解决；危及人身安全的，必须停止作业。

6）施工作业场所所有可能坠落的物件，应一律先行撤除或加以固定。

7）雨天和雪天进行高处作业时，必须采取可靠的防滑、防寒和防冻措施。凡水、冰、霜均应及时清除。

对进行高处作业的高耸建筑物，应事先设置避雷设施。遇有6级以上大风、浓雾等恶劣气候，不得进行露天攀登与悬空高处作业，暴风雪及台风暴雨后，应对高处作业安全设施逐一加以检查，发现有松动、变形、损坏或脱落等现象，应立即修理完善。

8）因作业必需，临时拆除或变动安全防护设施时，必须经施工负责人同意，并采取相应的可靠措施，作业后应立即恢复。

9）防护棚搭设与拆除时，应设警戒区，并应派专人监护。严禁上下同时拆除。

（3）洞口作业安全要求

1）进行洞口作业以及因工程和工序需要而产生的，使人与物有坠落危险或危及人身安全的其他洞口进行高处作业时，必须按下列规定设置防护设施：

①板与墙的洞口，必须设置牢固的盖板、防护栏杆、安全网或其他防坠落防护设施。

②电梯井口必须设置防护栏杆或固定栅门；电梯井内应每隔两层并最多隔10m设一道安全网。

②施工现场通道附近的各类洞口与坑槽等处，除设置防护设

施与安全标志外，夜间还应设红灯示警。

2）洞口根据具体情况采取设防护栏杆、加盖件、张挂安全网与装栅门等措施时，必须符合下列要求：

①楼板、屋面和平台等面上短边尺寸大于25cm的孔口，必须用坚实的盖板盖没。盖板应能防止挪动移位。

②楼板面等处边长为25～50cm的洞口、安装预制构件时的洞口以及缺件临时形成的洞口，可用竹、木等作盖板，盖住洞口。盖板须能保持四周搁置均衡，并有固定其位置的措施。

3）边长为50～150cm的洞口，必须设置以扣件扣接钢管而成的网格，并在其上满铺竹笆或脚手板。也可采用贯穿于混凝土板内的钢筋构成防护网，钢筋网格间距不得大于20cm。

4）边长在150cm以上的洞口，四周设防护栏杆，洞口下张设安全平网。

5）垃圾井道和烟道，应随楼层的砌筑或安装而消除洞口，或参照预留洞口作防护。管道井施工时，除按上款办理外，还应加设明显的标志。如有临时性拆移，须经施工负责人核准，工作完毕后必须恢复防护设施。

6）位于车辆行驶道旁的洞口、深沟与管道坑、槽，所加盖板应能承受不小于当地额定卡车后轮有效承载力2倍的荷载。

7）墙面等处的竖向洞口，凡落地的洞口应加装开关式、工具式或固定式的防护门，门栅网格的间距不应大于15cm，也可采用防护栏杆，下设挡脚板（笆）。

8）下边沿至楼板或底面低于80cm的窗台等竖向洞口，如侧边落差大于2m时，应加设1.2m高的临时护栏。

9）对邻近的人与物有坠落危险性的其他竖向的孔、洞口，均应予以盖没或加以防护，并有固定其位置的措施。

（4）悬空作业安全要求

1）悬空作业处应有牢靠的立足处，并必须视具体情况，配置防护栏网、栏杆或其他安全措施。

2）悬空作业所用的索具、脚手板、吊篮、吊笼、平台等设备，均需经过技术鉴定或检验方可使用。

3）构件吊装和管道安装时的悬空作业，必须遵守下列规定：

①钢结构的吊装，构件应尽可能在地面安装组装，并应搭设进行临时固定、电焊、高强螺栓连接等工序的高空安全设施，随构件同时上吊就位。拆卸时的安全措施，亦应一并考虑和落实。

②安装管道时必须有已完结构或操作平台为立足点，严禁在安装中的管道上站立和行走。

4）悬空进行门窗作业时，必须遵守下列规定：

①安装门、窗、油漆及安装玻璃时，严禁操作人员站在楼口、阳台栏板上操作。门、窗临时固定，封填材料未达到强度，以及电焊时，严禁手拉门、窗进行攀登。

②在高处外墙安装门、窗，无外脚手时，应张挂安全网。无安全网时，操作人员应系好安全带，其保险钩应挂在操作人员上方的可靠物件上。

③进行各项窗口作业时，操作人员的重心应位于室内，不得在窗台上站立，必要时应系好安全带进行操作。

（5）高处作业安全防护设施的验收

1）建筑装饰金属工程施工进行高处作业之前，应进行安全防护设施的逐项检查和验收。验收合格后，方可进行高处作业。

2）安全防护设施，应有单位工程负责人验收，并组织有关人员参加。

3）安全防护设施的验收，应具备下列资料：①施工组织设计及有关验算数据；②安全防护设施验收记录；③安全防护设施变更记录及签证。

4）安全防护设施的验收，主要包括以下内容：①所有临边、洞口等各类技术措施的设置状况；②技术措施所用的配件、材料和工具的规格和材质：③技术措施的节点构造及其与建筑物的固定情况；④扣件和连接件的紧固程度；⑤安全防护措施的用品及设备的性能与质量是否合格的验证。

5）安全防护设施的验收应按类别逐项查验。凡不符合要求者，必须修整合格后再进行查验。施工工期内还应定期进行抽查。

第九节　建筑装饰企业的班组管理

生产班组是施工企业的最基本生产单位，提高班组管理水平，是为社会提供更多更好的建筑产品，同时也为国家创造尽可能好的经济效益。因此搞好班组建设是企业生存和发展的重要基础工作。这里主要介绍班组的地位及作用、班组管理的基本内容与任务、班组的管理基础工作、班组的施工（生产）管理、班组的材料管理、班组的安全管理、班组的劳动定额管理、班组的经济核算、班组长的职责与权限。

（一）班组的地位及作用

1. 班组特点

生产班组和企业其他组织相比，有其共性，也有其特性。共性是：①一种以生产为目的的组织形式；②要贯彻企业的方针；③要服从企业的领导和安排，其生产活动都是企业生产活动的一个组成部分。

2. 班组的地位及作用

(1) 班组是办好企业的"基础"。一个企业，不论规模大小，它的基础的组织形式是班组，我们实施施工队的承包形式或工程项目实行项目法管理，都设有班组，而班组的组成人员是工人。

(2) 班组是企业进行生产活动的基本单位。企业的方针目标的实施，生产任务的完成，都要落实到班组。因为班组直接同劳动工具、劳动对象相结合，是直接生产者。

(3) 班组是为企业创造财富的基本单位。生产班组按照企业的计划，积极组织安全生产，对组内职工进行详细的工作考核，并提供产量、质量、消耗、出勤等原始材料。

(4) 班组是企业管理的落脚点。班组是企业最基层的管理组织。企业的各项经济政策，管理制度、思想政治工作，都渗透和落实到班组。企业对技术水平、工作态度、劳动纪律、劳动成果、文明施工等内容的检查考核都要通过班组进行。企业在管理方面的大量基础工作，如施工过程中的生产进度安排，劳动力调配、产品质量、工艺规程执行、工具保管、组织安全生产等项工作都是由班组首先执行的，因此，班组工作搞好了，企业管理才有了落脚点。

(5) 班组是提高职工队伍整体素质的主要阵地。企业应通过对职工的思想政治教育、岗位练兵、技术比武、师徒合同、实习代培等多种形式来提高职工队伍的整体素质。

(二) 班组管理的基本内容与任务

1. 班组管理的基本内容

(1) 根据企业的方针目标和工程队（项目组）下达的施工计划，有效地组织生产活动，保证全面均衡地完成下达的任务。

(2) 坚持执行和不断完善以提高工程质量、降低各种消耗为重点的多种形式经济责任制，抓好安全和文明施工，积极推行现代化管理方法和手段，不断提高班组管理水平。

(3) 组织职工参加政治、文化、业务学习，开展有益于身体健康的文体活动，以丰富职工的业余生活，陶冶职工情操。

(4) 开展技术革新、技术比武、岗位练兵和合理化建议活动，努力培养技术能手。

(5) 组织劳动竞赛，创建文明班组活动，不断激发班组成员的工作积极性。

(6) 搞好班组的施工管理，安全生产管理、全面质量管理、材料管理、机具设备管理、劳动管理和班组经济核算工作。

(7) 加强思想政治工作：对职工进行思想教育，搞好职工思想分析，掌握思想动态，及时做好日常的思想工作。做好施工（生产）管理过程中的组织协调、说服教育工作，提高整体劳动力。针对本班组的任务情况，组织好劳动竞赛。关心职工生活，及时解决能解决的问题。

2. 主要任务

(1) 千方百计完成生产任务：班组成员要以主人翁的态度，用最低的消耗，最好的质量，最快的速度，动员组织全班人员完成或超额完成生产任务，为社会主义建设多作贡献。

(2) 加强班组管理，开展劳动竞赛：班组管理是企业管理的基础。班组管理的内容有：生产管理、技术管理、材料管理、劳动管理、工具管理、质量管理、安全管理等，这些都要由班组自己来管理，特别要重视质量管理和安全管理。

(3) 加强思想政治工作，创建文明班组：班组既是企业施工（生产）管理活动的第一线，又是企业思想政治工作的一个重要阵地。要不断提高职工的思想道德素质，培养良好的职业道德。

(三) 班组管理的基础工作

1. 班容建设

班组班容就是要做到：一竞、二创、三全、四净。一竞就是开展班组劳动竞赛。二创就是创建文明班组、创文明施工。三全就是指标考核全、规章制度全、台账记录全。四净就是穿着干净、个人卫生干净、宿舍干净、环境干净等。创建出一个干净、舒畅、文明的环境。

2. 考核指标

生产班组的考核指标，主要是指人和材料（工具）的消耗。要认真推行任务单和限额领料单制度，由专人负责，随工程进展情况，逐旬、逐月进行记录对比和分析，做到工程项目一完，指标完成好坏即可计算出来。

3. 台账管理

班组的台账一般有：材料收、用，机具使用、出勤、定额执行、工资（奖金）分配和质量、安全生产和班组核算等。只要弄清台账的内容要求，并组织专人负责，搞好班组的台账管理是不难的。

4. 规章制度的管理

加强班组管理，必须建立以岗位责任制为中心的各项管理制度，它是企业各项规章制度的有机组成部分，班组工人分布在不同的操作岗位上，只有建立一套严格的规章制度，才能保证施工生产的正常进行，明确自己的任务和责任。

班组规章制度一般有：卫生值日制、班组工作制、奖金分配制、安全生产责任制（使用三宝）、质量负责制（三检制）、考勤制、定额考核制、学习培训制等等。

（四）班组的施工（生产）管理

班组的施工（生产）管理有计划管理、施工技术管理和班组文明施工三个内容：

1. 班组的计划管理

（1）班组计划管理的原则：企业的任务，经过层层分解，最后落实到班组。班组计划的完成，才能保证企业计划的实现，因此，必须搞好班组的计划管理。

班组计划管理的原则是：

1）严格执行计划，维护计划的严肃性，班组计划是企业计划的组成部分，必须严格执行，千方百计去完成。

2）在编制和安排作业计划时，要突出保重点，保形象，保工期项目。要正确处理好局部和全局的关系，积极去完成计划。

3）要牢固树立上一道工序为下一道工序服务的观点。企业的工程任务是要有多工种去完成。一个工程项目从开工到竣工，需要经过许多的施工工序，而工序之间，又互相联系，互相制约，所以班组在完成本工序任务的同时，必须要为下一道工序施工创造好条件，保证企业均衡生产，全面完成任务。

（2）班组计划管理的内容有：

1）根据任务，测算班组的生产能力，编制好班组作业计划，动员和组织班组做好各项准备工作，确保日、旬、月、年计划的完成。

2）对班组成员的计划，逐个逐项落实，做到一日一检查，一旬一小结，一月一总结，发现问题，要及时解决。

3）要及时平衡、调配，对已经变化了的计划，更需不失时机的调整补充，确保计划的完成。

(2) 班组计划的编制

1) 测算法测算出班组生产能力，使班组作业计划建立在可靠而又有余的基础上，可用班组生产作业大数内的总产量=劳动定额×班组人数×工作天数×班组平均达到劳动定额程度系数的方法来计算。

2) 平衡分析法：确定合理的劳动力组织去完成任务。

3) 派工法：使派出的小组保质保量完成任务。

4) 定期计划法：按规定的工期，有计划的派人去完成。

5) 网络计划法：它是一种现代化管理方法。是把整个施工过程中的各有关工作组成一个有机的整体，因而能全面明确地反映出各工序之间的相互制约和相互依赖的关系，使其成为整个施工组织与管理工作的中心。

(4) 班组作业计划的实施与检查

1) 做好施工前的准备工作，主要有技术交底（技术要求、轴线，标高、材质、施工方法、质量要求等）、物质准备（原材料、半成品、成品、工具、设备等）、现场准备（“四通一平”）和任务分工。

2) 做好作业计划中的控制，主要对控制点进度要及时检查，发现问题，及时调整。

(5) 班组的施工生产统计：就是将班组每人完成产品的数量、品种按要求填表上报，便于上级及时掌握班组的生产情况，组织均衡生产。

2. 班组施工技术管理

(1) 班组技术管理的基本内容：建筑装饰装修企业的施工生产活动，必须遵循国家和上级颁发的各种各类技术标准和技术规程，这样才能生产出合格的建筑产品。班组作为企业的最基本单位，严格执行技术标准和技术规程，具有更加重要的现实意义。

(2) 班组技术管理的主要任务

班组技术管理的主要任务是：严格执行技术管理制度；认真执行施工组织设计（技术措施）；使用合格材料和构件；做好工

程验收（质量检验与评定）。

3．班组文明施工

文明施工是班组管理工作的重要内容之一。搞好文明施工，不但可以创造良好的生产环境，而且对保证施工质量，降低工程成本以及安全生产都起着重要的作用。

班组文明施工的主要内容：

1）严格执行各项规章制度，企业里的各项规章制度是文明施工的准则，也是每个职工的行为规范。其中岗位责任制是企业管理中一项最重要、最基本的制度。班组必须认真贯彻执行，做到责任到队，挂牌施工、奖罚分明。

2）搞好场容场貌建设，做到现场材料堆放整齐，限额领料，工完场清。施工工具用完洗净，摆放规整，机械设备运转正常，保养清洁。

3）深入开展班组劳动竞赛。劳动竞赛评比活动，在各级竞赛领导小组的统一部署下，公司组织有关职能部门参加评比。

4）搞好各种形式的思想教育、宣传、鼓动工作，组织技术比武，调动个人积极性，牢固树立主人翁责任感，爱企业、爱本职工作，做一个“有理想、有道德、有文化、有纪律”的新型劳动者，为国家做出更大的贡献。

(5）操作认真，一丝不苟。做到：精心施工，始终贯彻本工序的事情本工序做完，不给下道工序留下隐患。认真执行“三检”，做到按期交工，质量优良，资料齐全，内容真实。

（五）班组的材料管理

1．材料的基本概念

材料是物资的一部分，是施工企业在施工生产过程中的劳动对象。它被用来施工（加工）成工程（产品）的实体，或者被劳动手段所消耗，或者辅助施工生产的进行。

2．材料分类

材料分类的方法很多，按在施工生产中的作用可以划分为：①主要材料：经过加工，在施工生产中起主要作用的材料（构成工程（产品）实体的成分），如钢材、木材、水泥、砂、石等。辅助材料：辅助施工生产的进行中，不起主要作用的材料。原料：从自然界中经过劳动生产出来的物资。燃料：在施工生产过程中，通过燃烧产生能量转化的物资。工具：在施工生产中所使用的器具。

3. 材料管理

材料管理是施工企业管理的重要组成部分。班组的材料管理主要做好材料计划、验收、使用、保管、统计、核算等工作。

班组要根据工程任务中的材料消耗定额来核算材料需用量，考核班组完成任务的实际经济技术指标，这也是衡量班组节约或浪费材料时一个重要标志。

（1）材料的领用：班组要认真贯彻执行限额领料制度，应该健全领、发料台账，并应按月考核定额指标执行情况。

（2）材料的验收：材料的验收是指进入厂（场）入库前的材料，按照规定的程序和手续，严格进行检查和验收。

1）核对入厂（场）材料凭证：材料领（拨）单、质量检验合格证、化学成分分析等。

2）分数量、品种、规格检验；对按重量供应的材料，应过磅检斤；对按数量供应的材料，应计点件数或用求积折算法进行验收；对按理论计算的材料，则应进行检尺计量后再换算成重量或体积等。

3）对凭证不齐的材料，应作待验材料处理，待凭证到齐后再进行验收使用。

4）规格质量不合要求的材料，不准使用。

5）对数量不符的材料，做好记录，保持原状，暂不能动用。

（3）材料的保管：材料验收入厂（场）后，应根据各种材料的物理性能、化学成分、体积大小和包装等不同情况，分别妥善保管，专人负责，做到：材料不短缺、不损坏、不变质、不混号，堆放合理，使用方便。并建立台帐。

（4）材料的退库：退料是班组保证工程成本真实性，合理使用和节约材料的一项重要措施，因此，在施工生产任务完成后，要把剩余或节约的材料及时办理退料手续。

(5) 材料的经济核算：在材料管理工作中，占用和消耗的劳动量（活劳动和物化劳动）与取得的有用成果之间的比较，我们称之为材料的经济效益。

1) 材料的经济核算就是讲材料的经济效益。换句话，就是投入与产出、费用与效用的比较。对班组材料经济效益的评价公式是：

效益＝劳动效果（实物）/劳动消耗量（实物）＞1

或者是：经济效益＝劳动效果－劳动消耗量＞0

2) 目前对班组材料技术经济指标一般只考核材料消耗定额完成率，其计算公式为：

材料消耗定额完成率＝单位产品材料实际消耗量/单位产品材料消耗定额×100％

小于100％时，表明班组材料消耗节约；反之班组在材料消耗上有浪费，应查找原因，制定措施，落实责任，限期改正。

3) 要做好班级材料的经济核算工作。必须努力做到以下几方面的工作：有适应材料供应管理工作特点的核算组织（员）；有明确的核算指标；有准确的核算记录；有定期公布、检查、分析、评比制度。

（六）班组的安全管理

1. 班组安全生产管理的主要内容

班组是企业从事生产活动的最基层组织。班组安全工作是基础，只有搞好班组的安全生产，整个企业的安全生产才有保证。

2. 班组的生产安全责任制

(1) 认真执行企业（处、厂、队、车间）的各项安全生产的规章制度、规定。

(2) 自觉遵守生产纪律，严格按照本工种安全技术操作规程作业，接受安全教育，牢固树立“安全第一”的思想，不断增强安全意识和自我防护能力。

（3）经常开展班组工作范围内的安全检查，发现隐患，积极处理，本班组解决不了的，要立即报告领导求得解决。

（4）积极参加班组的安全值日和安全交底活动，参加班前安全交底会。同时做好交底记录。

（5）认真执行安全技术措施，确保作业区的安全生产。

（6）人人正确使用和爱护劳动防护用品、安全设施和施工机具，随时消除危险隐患。

（7）积极参加伤亡事故的调查处理。出了事故坚决执行“三不放过”的原则，并积极组织抢救。

（8）积极参加各项安全活动，虚心接受安全操作方法的检查，坚决做到不违章作业，抵制违章指挥；以身作则，遵章守纪，确保安全生产。

（七）班组的劳动定额管理

1．劳动定额管理的基本概念

定额是正常生产条件下，对生产一定的合格产品或完成一定工作所规定的必要的劳动消耗标准。班组的劳动定额管理，就是对班组职工的劳动实行定额，即定量管理，是班组管理的一个组成部分。

2．班组劳动定额的特点

班组的劳动定额管理，具有下列明显的特点：

（1）技术性：有施工生产工艺技术不断进步，机械化程度不断提高的大生产条件下，劳动定额管理的技术性也越来越强、实际上成为一项技术性工作。

（2）群众性：劳动定额管理的工作对象是全体职工，特别是一线的生产班组，尤其在当前劳动用工制度改革和工资改革的情况下，劳动定额成为直接影响工人收入的一个重要因素，是一项群众性工作。

（3）经济性：劳动定额管理要解决的问题，归根结底是经济问题。

（4）基础性：劳动定额管理是班组管理的一项重要基础工作，不仅是劳动工资管理的基础，也是班组经济核算的基础。

3．劳动定额的形式

国家颁布的LD/T72—94劳动定额中，已改变了传统的复式定额表现形式，全部采用单式，即：时间定额（工日/＊＊）表示。

（1）定额时间构成　包括准备时间与结束时间（作业时间（基本时间＋辅助时间），作业宽放时间（技术性宽放时间＋组织性宽放时间）、个人生理需要与休息宽放时间。

（2）定额时间的概念

1）时间定额（亦称工时定额）。生产单位合格产品或完成一定的工作任务的劳动时间消耗的限额。

2）产量定额。单位时间内生产合格产品的数量或完成工作任务量的限额。

时间定额与产量定额互为倒数。

4．班组劳动定额管理的内容

目前班组劳动定额管理内容主要有：

（1）工程任务单（施工任务单），这是实行劳动定额考核的主要工具和核算定额完成情况的主要凭证。由工长签发，经定额员审定定额，登记台账，编号后签发到班组。班组长接受任务以后，要如实地逐日记录实用工时。施工过程中，定额员与工长应随时了解工程进展和工效情况，发现问题及时解决。完工后工长要及时检查验收，准确计量完工产品或工程量，经质检员检查合格签字交定额员结算。

（2）计工单（考勤表）：是考勤计工的原始凭证，要如实记工。

（3）停工证：是记录停工的主要凭证，要求真实准确。

（4）非生产用工证：是记录非生产、非作业工时的主要凭证，要求真实准确。

（5）生产用工台账：是记录生产用工的主要原始资料，要求真实准确。

(6) 工程任务单台账：是记录任务单执行情况的台账，要求及时完整。

(7) 劳动定额完成情况统计：一般采用定期报表的形式进行。

(8) 工资及奖金分配表：是工资奖金分配的主要资料，要求正确，公布于众。

(9) 工程验收台账：是记录工程验收的原始资料，要求正确、完整。

(八) 班组的经济核算

班组的经济核算是社会主义制度下，有计划的管理企业的基本形式，是以生产班组为单位的群众经济核算，也是运用经济手段管理班组的重要方法，是企业核算的基础。

1. 班组核算的内容

(1) 施工企业的产品成本是指完成一定量的建筑安装工程所耗费的各种直接费和间接费的总和，也就是从为获得承揽工程的施工到施工完毕交付建设单位使用这个阶段内，对该工程所支付出的各种费用的总和。

(2) 工程成本的范围，遵照国家有关部门的统一规定：工程施工过程中的成本支出，包括直接用于工程施工生产的各种费用(直接费) 和间接使用于工程施工生产的各种费用 (间接费)。

(3) 工程成本包括直接费和施工管理费。其中直接费开支的项目有：人工费；材料费；机械使用费；其他支出。施工管理费是为组织和管理建筑安装施工所发生的各项经营管理费用，如工作人员工资、生产工人辅助工资、办公费、劳动保护费等。

工程成本的主要形式：

(1) 根据成本核算的需要，施工企业的班组核算一般以计划成本 (预算成本) 和实际成本的比较，可以揭示成本的节约和超支，抓住主要矛盾，找出降低工程成本的途径。

(2) 班组核算的内容主要有：

1）人工成本。为完成一定量的产值或产量所发生的人工费支出的总额，主要考核人工利用和定额执行情况。

2）材料成本。为完成一定量的产值或产量所耗用的各种材料费用的总和，主要考核材料使用和消耗情况。

3）机械成本。为完成一定量工程的产量或产值所发生的机械使用费的总额，主要考核机械利用和使用状况。

2. 班组核算的基础工作

要搞好班组核算，必须做好以下的基础工作：

(1) 积累好原始记录：在工程施工生产过程中，各种原始记录是技术经济活动的第一次直接记载，是考核的主要依据。与班组核算有关的原始记录，主要有：

1）材料方面的原始记录：一般有工程材料限额领料单，材料领用单、半成品委托加工单、材料退库单等。

2）工程施工生产过程中的原始记录：一般有隐蔽工程记录、质量（安全）事故处理报告、设计、变更通知单等。

3）劳动管理方面：施工任务书、工资奖金分配表、考勤记录、停窝工记录等。

4）机械设备方面：机械租赁合同，机械使用情况表等。

(2) 建立各种定额资料：定额是对班组评价施工生产活动好坏的尺度之一，因此班组必须建立下列各种定额资料：

1）工程用料的消耗定额：完成一定量的工程所耗用的各种材料的标准数量；

2）劳动定额：完成一定量的工程所需投入的人工数量；

3）机械设备使用定额：完成一定工程量所需各种类型机械设备的台班数；

4）认真搞好计量工作：计量工作是班组进行核算的必要条件，班组在从事施工生产活动中，离不开计量工作。

班组要有必要的计量工具和设有兼职计量员。计量员要有高度的工作责任性，使各项原始资料真实可靠、准确无误、保证经济核算工作的顺利进行。

3. 班组经济核算的方法

（1）劳动效率：根据工程任务单下达任务，验收核算结果，其核算结果就是实际的劳动效率。

（2）材料消耗：班组按具体的工程对象签发材料定额（限额领料单），以实际耗用量为结果进行核算和比较。

（3）机械费：班组核算，只作好台班即可，将实用台班数与预算台班数比较就是核算的结果。

班组核算得出的结果要进行对比分析，认真总结，发扬长处，克服短处，使班组管理水平真正提高一步。

（九）班组工程质量及质量管理

1. 班组对工程质量应负责任

工程（产品）质量管理是企业管理的核心，也是企业经济效益的基础，而班组工作质量直接影响着工序质量，因此，班组在提高工程质量的工作中，负有重要责任：

（1）坚持“质量第一”的方针和“谁施工，谁负责工程质量”的原则，认真贯彻和执行国家和本企业的质量管理制度。严格按照各项技术操作规定认真进行操作，以自身的工作质量来保证所承担的工作质量。

（2）严格按图施工，认真执行上级和企业的技术规范、操作规程、技术措施、严格执行“三检”制，确保工程质量符合设计与标准要求。

（3）每道工序（或分项工程）完工后，应按国家下达的《建筑安装工程质量检验评定标准》中的有关规定进行全面检查，并如实填写质量自检记录，送交有关人员复查和签认，评定质量等级。

（4）遵守国家计量法，认真执行本企业计量管理制度，合理使用和爱护计量工具，使之保持良好状态。

（5）爱护国家财产，保护好原材料、半成品，做到成品不损坏、不污染。

（6）杜绝使用不合格的原材料、半成品、成品、设备，并及时向领导提出报告。

2．工程质量的检查

班组要对分项工程质量负责，要认真抓好质量“三检”活动，通过质量检查达到保证、预防、报告的作用，把好质量关，保证企业的工程（产品）质量，使用户满意（下道工序）。

班组对工程质量的检查，通过全数检验、抽样检验和审核检验的方法进行，使企业质量建立在可靠的保证基础上。

3．工程质量的评定

分项工程和分部工程的评定统计每月一次，单位工程评定统计一般一季一次。

在工程质量评定管理中，合格率与优良率按下式计算统计：

分项工程点合格率＝合格总点数/实测总点数×100％

工程质量合格率＝统计期内评为合格的工程项数/统计期内评定的工程总项数×100％

工程质量优良率＝统计期内评为优良的工程项数/统计期内评定的工程总项数×100％

4．质量事故的管理

在工程建设施工中，由于多种原因，有时会发生一些工程质量事故。

“质量事故”是指在建筑安装工程的施工中，其质量不符合设计或生产要求，超出施工验收技术规范或安装质量标准所允许的偏差范围，降低了设计标准，不管是什么原因造成的事故（如设计错误、设备、材料不合规格、施工错误等）一般需要作返工加固处理。质量事故按其严重程度不同，分为“一般”和“重大”质量事故两种。

（1）一般事故

指返工损失金额一次在100元或100元以上1000元以下的质量事故。

（2）重大事故

符合下列情况之一者，称为重大事故：

1）建筑物、构筑物的主要结构倒塌。

2）超过规范的基础不均匀下沉、建筑物倾倒、结构开裂或主体结构强度严重不足。

3）凡质量事故，经技术鉴定，影响主要构件强度、刚度及稳定性，从而影响结构安全和建筑寿命，造成不可挽回的永久性缺陷。

4）造成重要设备的主要部件损坏，严重影响设备及其相应系统的使用功能。

5）返工损失金额在1000元以上的（包括返工损失的全部工程价款）。

质量事故的管理，包括一是质量事故的统计上报，二是质量事故的返工处理。

质量事故发生后，要及时向上级和有关部门报告，取得有关部门的许可后，要及时组织力量进行处理。并召开专题会，分析原因，查明责任，确定性质，从中吸取教训。班组要做到“三不放过”，即事故原因不清楚不放过，事故责任者和群众没有受到教育不放过，没有防范措施不放过。对事故的上报，应按规定逐级上报，并由质检部门负责统计返工损失率。

参考文献

［1］ 中国建筑装饰协会．建筑装饰实用手册．北京：中国建筑工业出版社，2000

［2］ 李永盛，丁洁民．建筑装饰工程施工．上海：同济大学出版社，1999年

［3］ 赵子夫，唐利．建筑装饰工程施工工艺．沈阳：辽宁科学技术出版社，1998

［4］ 杨天佑．建筑装饰工程施工．北京：中国建筑工业出版社，1997

［5］ 顾建平．建筑装饰施工技术．天津：天津科学出版社，1997

［6］ 《点支式玻璃幕墙工程技术规范》（CECS 127：2001）。中国工程建设标准化协会标准．

［7］ 雍本．装饰工程施工手册．北京：中国建筑工业出版社，1997

［8］ 王海平，董少锋．室内装饰工程手册．北京：中国建筑工业出版社，1992

［9］ 韩建新，颜宏亮．21实际建筑新技术论丛．上海：同济大学出版社，2000

［10］ 陈世霖．当代建筑装修构造施工手册．北京：中国建筑工业出版社，1999

［11］ 张士炯主编．建筑装饰五金手册．北京：中国建筑工业出版社，1997

［12］ 中国建筑装饰协会．建筑装饰实用手册3（建筑装饰材料与五金）．北京：中国建筑工业出版社，1996

［13］ 邓文英主编．金属工艺学．北京：高等教育出版社，2000

［14］ 李继业主编．建筑装饰材料．北京：科学出版社，2002

［15］ 张海梅主编．建筑材料．北京：科学出版社，2001

［16］ 宋文章等编．如何选用居室装饰材料．北京：化学工业出版社，2000

［17］ 江正荣，朱国梁．简明施工手册（第三版）．北京：中国建筑工业出版社，1997

［18］ 广州市建筑集团有限公司编．实用建筑施工安全手册．北京：中国建筑工业出版社，1998

［19］ 朱治安主编．建筑装饰施工组织与管理．天津：天津科学技术出版社，1997
［20］ 贾亚洲主编．金属切削机床概论．北京：机械工业出版社，2000
［21］ 司乃钧，许德珠主编．热加工工艺基础（金属工艺学Ⅱ）．北京：高等教育出版社，1997
［22］ 刘念华主编．建筑装饰施工技术．北京：科学出版社，2002